普通高等院校"十四五"计算机基础系列教材

U0180496

大学计算机基础

占 俊 钱 伟◎主 编

席 奇 顾 勤 李淑兰◎副主编

中国铁道出版社有限公司

CHINA RAILWAY PUBLISHING HOUSE CO., LTD.

内 容 简 介

本书依据教育部高等学校大学计算机课程教学指导委员会编制的《大学计算机基础课程教学基本要求》，并结合当前计算机的发展以及应用型本科院校的实际情况而编写，知识点覆盖了全国计算机等级考试一、二级的内容。

本书以计算思维为引领，引导读者理解计算机的基本工作原理，在清晰阐述计算机基础知识和应用技术的基础上，介绍计算机新技术的发展和应用，注重基础性和实用性。为了帮助读者更好地掌握计算机基础知识和操作技术，本书还配有习题与上机实验指导《大学计算机基础实验指导》（陈丽娟、饶国勇主编，中国铁道出版社有限公司出版）。

本书图文并茂、重点突出、通俗易懂、实用性强，既可作为各专业特别是理工科各专业大学计算机课程的教材，又可作为各类计算机培训机构的教材或自学者的读物。

图书在版编目（CIP）数据

大学计算机基础/占俊，钱伟主编. —北京：中国
铁道出版社有限公司，2022.8
普通高等院校"十四五"计算机基础系列教材
ISBN 978-7-113-29419-9

Ⅰ.①大… Ⅱ.①占… ②钱… Ⅲ.①电子计算机-
高等学校-教材 Ⅳ.①TP3

中国版本图书馆CIP数据核字（2022）第120248号

书　　　名：大学计算机基础
作　　　者：占　俊　钱　伟

策　　　划：曹莉群　　　　　　　　　　　　编辑部电话：（010）51873371
责任编辑：曹莉群
封面设计：刘　颖
责任校对：孙　玫
责任印制：樊启鹏

出版发行：中国铁道出版社有限公司（100054，北京市西城区右安门西街8号）
网　　　址：http://www.tdpress.com/51eds/
印　　　刷：三河市航远印刷有限公司
版　　　次：2022年8月第1版　2022年8月第1次印刷
开　　　本：787 mm×1 092 mm 1/16　印张：18　字数：532千
书　　　号：ISBN 978-7-113-29419-9
定　　　价：39.80元

前　言

当前，信息技术日新月异，物联网、云计算、大数据、人工智能等新概念、新技术的出现，在各个领域都引发了一系列革命性的突破。计算机课程的改革如同信息技术的发展一样迅速，主要的变化是教育部高等学校大学计算机课程教学指导委员会提出了以计算思维为切入点的大学计算机课程的教学改革思路，目的是着力提升大学生的信息素养，在学生掌握一定计算机基础知识、技术和方法的基础上，培养学生的计算思维能力，适应信息化社会对人才需求的新变化，以及利用计算机解决本专业领域问题的能力。

本书以突出"应用"和强化"能力"为目标，结合目前计算机基础教育改革新理念、新思想、新要求和新技术，以及多年来的教学改革实践和建设成果，组织教学工作一线的教师和专家，经过数月研讨编写而成。为了贯彻和实施以计算思维为切入点的教学改革，适应计算机基础教学的新变化，在大学计算机基础课程中增加了信息安全和计算机新技术等内容。编者从教学实际出发，以提高应用能力为目的，结合计算机学科的特点，有选择地确定了本书的具体内容，以期体现计算机最基本、最重要的概念、思想和方法。

本书全面系统地介绍了大学计算机基础相关知识。全书共 9 章，包括计算与计算机的基础知识、计算机系统、信息的表示、Windows 10 操作系统、文字处理、电子表格处理、演示文稿制作、计算机网络基础知识、信息安全技术等内容。本书既注重基础引导、应用能力的培养、操作技能的提高，同时还涵盖了全国计算机等级考试一级、二级的相关知识点。

本书由景德镇学院占俊、钱伟任主编，由席奇、顾勤、李淑兰任副主编。本书编写过程中得到了中国铁道出版社有限公司和编者学校的大力支持和帮助，在此表示衷心感谢。

由于编者水平有限，书中难免会有不妥和疏漏之处，敬请各位读者批评指正。

编　者

2022 年 5 月

目 录

第1章

计算机基础

计算机是一种由程序控制的信息处理工具，它能自动、高速地对信息进行存储、传送和处理。计算机的广泛应用，推动了社会的发展与进步，对人类社会的生产和生活产生了极其深刻的影响。本章主要介绍计算机的发展历程和机器计算的主要思想、计算机的主要类型、计算机的技术特征和对社会的影响，以及计算思维的基本方法等。

 ## 1.1 计算机的发展

计算技术的发展历史是人类文明史的一个缩影。计算机的产生和发展经历了漫长的历史过程，在这个过程中，科学家们经过艰难的探索，发明了各种各样的计算机，推动了计算机技术的发展。

拓展阅读

计算工具的
发展

1.1.1 早期计算机器的发展

算盘作为主要的计算工具流行了相当长的一段时间，直到中世纪，欧洲哲学家们提出一个大胆的问题：能否用机械来实现人脑活动的个别功能？最初的目的并不是制造计算机，而是试图从某个前提出发，机械地得出正确的结论，即思维机器的制造。

1. 机器计算的萌芽

1275年，西班牙学者雷蒙德·露利（R. Lullus）发明了一种称为"旋转玩具"的思维机器。在旋转玩具中，数值可以由圆盘的旋转角度表示，数字的正、负可以由转动方向确定。旋转玩具引起许多著名学者的研究兴趣，促使了能进行简单数学运算的计算机器的产生。数学家笛卡尔（Rene Descartes，1596—1650）曾经预言："总有一天，人类会造出一些举止与人一样的'没有灵魂的机械'来。"

1623年，德国的契克卡德（W. Schickard）教授为他的朋友天文学家开普勒（Kepler）设计了一种能做四则运算的机器，但是这种机器没有实物作为佐证。

2. 帕斯卡加法器

1642年，法国数学家布莱士·帕斯卡（Blaise Pascal，1623—1662）制造了第一台能进行6位十进制加法运算的机器（见图1-1）。帕斯卡加法器由一系列齿轮组成，利用发条作为动力装置。帕斯卡加法器主要的贡献在于：某一位小齿轮或轴完成10个数字的转动，促使下一个齿轮转动一个数字，从而解决了机器计算的自动进位问题。

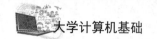
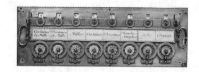

图 1-1　帕斯卡发明的加法器和它的内部齿轮结构（1642 年）

3. 莱布尼茨的二进制思想

1673 年，德国数学家戈特费里德·威廉·莱布尼茨（Gottfried Wilhelm Leibniz，1646—1716）在帕斯卡加法器的思想和工作的影响下，制造了能进行简单加、减、乘、除的计算机器。机器的关键部件是梯形轴，即齿长不同的圆柱，第一次实现了带有可变齿数的齿轮，这种数字齿轮保证了乘除法的进行。

1679 年莱布尼茨发明了一种算法，用两个数（1 和 0）代替原来的 10 个数。1701 年他写信给在北京的神父闵明我（Grimaldi）和白晋（Bouvet），告知自己的新发明，希望能引起他心目中的"算术爱好者"康熙皇帝的兴趣。但是，关于这个神奇的数字系统，莱布尼茨只有几页异常精练的描述，没有建立一个完整的二进制数计算的理论体系。

4. 巴贝奇的自动计算机器

1822 年，英国剑桥大学著名数学家查尔斯·巴贝奇（Charles Babbage，1792—1871）设计了差分机和分析机（见图 1-2）。巴贝奇的目标是制作一台可以计算多项式的"差分机"（加法机），用于快速编制对数、三角函数以及其他算术函数的数学用表。他整整用了 10 年时间，于 1822 年完成了第一台差分机，它可以处理 3 个不同的 5 位数，计算精度为 6 位数字，可以演算出几种函数表。

差分机由以前每次只能完成一次算术运算，发展为自动完成某个特定的完整运算过程。之后，巴贝奇又设计了一种程序控制的通用分析机。这种分析机由 3 部分构成：第 1 部分是保存数据的齿轮式寄存器，巴贝奇称为"堆栈"，它与差分机类似，但计算不在寄存器内进行，而是由新的机构来实现；第 2 部分是对数据进行各种运算的装置，巴贝奇命名为"工场"；第 3 部分是对操作顺序进行控制，并对所要处理的数据及输出结果加以选择的装置。为了加快运算的速度，巴贝奇设计了先进的进位机构。他估计使用分析机完成一次 50 位数的加减法只要 1 s，相乘则要 1 min。同时，在多年的研究制造实践中，巴贝奇写了世界上第一部关于计算机程序的专著。分析机是现代程序控制计算机的雏形，设计理论非常超前，但限于当时的技术条件未能最终形成产品。

图 1-2　巴贝奇发明的差分机和分析机复制品模型（1822 年）

5. 爱达与程序设计

爱达（Ada Augusta Byron，1815—1852）是著名英国诗人拜伦之女，她对数学有极高的兴趣。1842 年，爱达花了 9 个月的时间翻译意大利数学家米那比亚（Luigi Menabrea）论述巴贝奇著作《分析机概论》的备忘录。在爱达的译文里，她附加了许多注记，详细说明了用计算机进行伯努利数的运算方式，这被认为是世界上第一个计算机程序，因此，爱达也被认为是世界上第一位程序设计师。巴贝奇在他的著作《经过哲学家的人生》中写道："我认为她（译注：爱达）为米那比亚的备忘录增加了许多注记，并加入了一些想法。虽然这些想法是由我们一起讨论出来的，但是最后写进注记里的想法确确实实是她自己的构想。我将许多代数运算的问题交给她处理，这些工作与伯努利数的运算相关。在她送回给我的文件中，修正了我先前在程序里的重大错误。"

爱达在文章中创造出了许多巴贝奇也未曾提到的新构想，爱达曾经预言："这个机器未来可以用来排版、编曲或是各种更复杂的用途。"爱达建立了循环和子程序的概念，为计算程序拟定过算法，创作了第一份"程序设计流程图"。

6. 布尔与数理逻辑

英国数学家布尔（G. Boole，1815—1864）的第一部著作是《逻辑的数学分析》。1854 年，布尔再次出版了《思维规律的研究——逻辑与概率的数学理论基础》。凭借这两部著作，布尔建立了一门新的数学学科：布尔代数。布尔代数建立了一个完整的二进制数计算理论体系。

现代计算机理论的一个基本要求是所有信息都可用符号编码，而最简单的编码是采用二进制。人们平时接触的各种复杂事物的信息都可以用简单的 0、1 表示吗？若表示出来了又可通过哪种方式进行运算得到人们想要的结果呢？布尔完成了这项伟大的工作，他将人类的逻辑思维简化为一些二进制数学运算（布尔代数），发明了用二进制语言描写和处理各种逻辑命题。虽然计算机科学的发展证明了布尔代数的重大意义，但当时布尔的工作并没有得到充分的重视。

1.1.2　电子计算机的发展

现代计算机是指利用电子技术代替机械或机电技术的计算机，现代计算机经历了 80 多年的发展，其中最重要的代表人物有英国科学家艾伦·麦席森·图灵（Alan Mathison Turing，1912—1954）和美籍匈牙利科学家约翰·冯·诺依曼（John von Neumann，1903—1957），他们（见图 1-3）为现代计算机科学奠定了基础。

图灵　　　　　　　　　　　　　　　冯·诺依曼

图 1-3　为现代计算机科学奠定基础的杰出科学家图灵和冯·诺依曼

1. 图灵与人工智能

1936 年，图灵在他具有划时代意义的论文《论可计算数及其在判定问题中的应用》中，论述了一种理想的通用计算机，被后人称为"图灵机"。1950 年，图灵发表了另一篇著名论文

《计算机器与智能》，论文中指出：如果一台机器对于质问的响应与人类做出的响应完全无法区别，那么这台机器就具有智能。这一论断称为图灵测试，它奠定了人工智能的理论基础。

图灵并不只是一位纯粹的抽象数学家，他还是一位擅长电子技术的工程专家。他设计制造的破译机Bombe（炸弹）实质上是一台采用继电器的高速计算装置。图灵以独特的思想创造的破译机，一次次成功地破译了德国法西斯的密码电文。

冯·诺依曼生前曾多次说："如果不考虑查尔斯·巴贝奇等人早先提出的有关思想，现代计算机的概念当属于艾伦·图灵"。由此可见，图灵对计算机科学影响巨大，为了纪念图灵的杰出贡献，美国计算机协会（ACM）专门设立了图灵奖，它是计算机学术界的最高成就奖。

2. 第一台现代电子数字计算机ABC

第一台现代电子数字计算机是ABC（Atanasoff-Berry Computer，阿塔纳索夫—贝瑞计算机），它是美国科学家约翰·文森特·阿塔纳索夫（John Vincent Atanasoff）和他的研究生克利福特·贝瑞（Clifford Berry）在1937年设计，于1942年测试成功的（见图1-4）。1990年，阿塔纳索夫获得了全美最高科技奖"国家科技奖"。

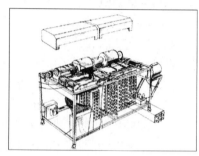

图1-4　第一台现代电子数字计算机 ABC 复制品和设计草图（1939 年）

ABC计算机采用二进制电路进行运算；存储系统采用不断充电的电容器，具有数据记忆功能；输入系统采用了IBM公司的穿孔卡片；输出系统采用高压电弧烧孔卡片。

阿塔纳索夫提出了现代计算机设计最重要的3个基本原则：

① 以二进制的方式实现数字运算和逻辑运算，以保证运算精度；

② 利用电子技术实现控制和运算，以保证运算速度；

③ 采用计算功能与存储功能的分离结构，以简化计算机设计。

3. ENIAC计算机

1943年，第二次世界大战时期，美国因新式火炮弹道计算需要运算速度更快的计算机。宾夕法尼亚大学莫尔学院36岁的物理学家约翰·莫克利（John Mauchly）教授和他24岁的学生普雷斯伯·埃克特（Presper Eckert）博士，向军方代表戈德斯坦提交了一份研制ENIAC计算机的设计方案，军方提供了48万美元的经费资助。1946年2月，莫克利成功研出了ENIAC计算机。ENIAC采用了18 000多个电子管，10 000多个电容器，7 000个电阻，1 500多个继电器，功率为150 kW，质量达30 t，占地面积170 m²。

莫克利在设计ENIAC之前曾经拜访过阿塔纳索夫，并一起讨论过ABC计算机的设计经验。因此，他在ENIAC的设计中采用了全电子管电路，没有采用二进制。ENIAC的程序为外插型，即用线路连接、拨动开关和交换插孔等形式实现。它没有存储器，只有20个10位十进制数的寄存器，输入/输出设备有卡片、指示灯、开关等。ENIAC进行一个2 s的运算，需要用两天的时间进行准备工作，为此埃克特与同事们讨论过"存储程序"的设计思想，遗憾的是没有形成文字记录。

ENIAC的任务是分析炮弹轨迹，它能在1 s内完成5 000次加法运算，也可以在0.003 s的时间内完成2个10位数乘法，一条炮弹轨迹的计算只需要20 s，比炮弹的飞行速度还快。

4. 冯·诺依曼与EDVAC计算机

1944年，冯·诺依曼专程到莫尔学院参观了还未完成的ENIAC，并参加了为改进ENIAC而举行的一系列专家会议。冯·诺依曼对ENIAC计算机的不足之处进行了认真分析，并讨论了全新的存储程序的通用计算机方案。当军方要求设计一台比ENIAC性能更好的计算机时，他提出了EDVAC方案。

1945年，冯·诺依曼发表了计算机史上著名的论文 *First Draft of a Report on the EDVAC*（EDVAC计算机报告的第一份草案），这篇手稿为101页的论文，称为"101报告"。在"101报告"中，冯·诺依曼提出了计算机的五大结构，以及存储程序的设计思想，从而奠定了现代计算机设计的基础。

1952年，EDVAC计算机投入运行，主要用于核武器的理论计算。EDVAC的改进主要有两点：一是为了充分发挥电子元件的高速性能采用了二进制；二是把指令和数据都存储起来，让机器能自动执行程序。EDVAC使用了大约6 000个电子管和12 000个二极管，占地面积约为45.5 m²，质量为7.85 t，功率为56 kW。EDVAC利用水银延时线作主存，可以存储1 000个44位的字，用磁鼓作辅存，并且具有加减乘除的功能，运算速度比ENIAC提高了240倍。EDVAC系统结构如图1-5所示。

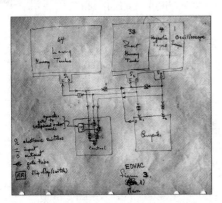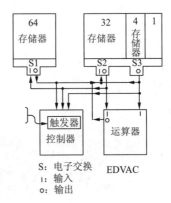

图 1-5　EDVAC 系统结构草图（设计者不详）

5. IBM System 360计算机

1964年由IBM公司设计的IBM System 360是现代计算机最典型的代表产品，如图1-6所示。IBM 360采用晶体管和集成电路作为主要器件。IBM System 360的贡献在于通用化、标准化、系列化，而且从IBM System 360开始有了计算机兼容的重要概念。

IBM System 360计算机的开发过程可说是历史上最大的一次豪赌，为了研发这台大型计算机，IBM征召了6万多名新员工，创建了5座新工厂，耗资50亿美元，历时5年时间进行研制，而当时出货的时间不断延迟。IBM System 360的系统结构设计师是吉恩·阿姆达尔（Gene Amdahl，1922—2015，美国），项目经理是弗雷德里克·布鲁克斯（Frederick P. Brooks）。布鲁克斯事后根据这项计划的开发经验，编写了《人月神话：软件项目管理之道》一书，记述了人类工程史上一项里程碑式的大型复杂软件系统的开发经验。

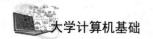

图 1-6　IBM System 360 计算机和机房工作现场（1964 年）

现代计算机诞生后，计算机的基本元器件经历了电子管、晶体管、中小规模集成电路、大规模和超大规模集成电路 4 个发展阶段。计算机的运算速度显著提高，存储容量大幅增加。同时，软件技术也有了较大的发展，出现了操作系统、编译系统、高级程序设计语言、数据库等系统软件，计算机的应用开始进入许多领域。

1.1.3　微型计算机的发展

1. Altair 8800 微型计算机（牛郎星）

微型计算机（Microcomputer，简称微机）的研制起始于 20 世纪 70 年代。早期微型计算机产品有 Kenbak 公司 1971 年推出的 Kenbak-1，这台微型计算机没有微处理器，也没有操作系统。1973 年推出的 Micral-N 是第一台采用微处理器（Intel 8008）的商用微型计算机，它同样没有操作系统，而且销量极少。1975 年推出的 Altair 8800（牛郎星）是第一台现代意义上的通用型微型计算机。如图 1-7 所示，最初的 Altair 8800 微型计算机包括：一个 Intel 8080 微处理器、256 B 存储器（后来增加为 4 KB）、一个电源、一个机箱和有大量开关和显示灯的面板。Altair 8800 微型计算机当时的市场售价为 375 美元，与当时的大型计算机相比较，它非常便宜。

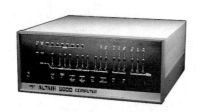 

图 1-7　Altair 8800 微型计算机（1975 年）

Altair 8800 微型计算机发明人爱德华·罗伯茨（Edward Roberts，1942—2010，美国）是美国业余计算机爱好者，他拥有电子工程学位。早期的牛郎星微型计算机非常简陋，既没有输入数据的键盘，也没有输出计算结果的显示器。插上电源后，使用者需要用手拨动面板上的开关，将二进制数"0"或"1"输进机器。计算完成后，面板上的几排小灯泡忽明忽灭，用发出的灯光信号表示计算结果。

Altair 8800 完全无法与当时的 IBM System 360、PDP-8 等大型计算机相比，更像是一台简陋的游戏机，它只能勉强算是一台微型计算机。现在看来，正是这台简陋的 Altair 8800 微型计算机，掀起了一场改变整个计算机世界的革命。它的一些设计思想直到今天也具有重要的指导意义，如开放式设计思想（如开放系统结构、开放外设总线等）、微型化设计方法（如追求产品的短小轻薄）、OEM 生产方式（如部件定制、贴牌生产等）、硬件与软件分离的经营模式（早期计算机硬件和软件由同一厂商设计）、保证易用性（如非专业人员使用、DIY）等。Altair

8800的发明造就了一个完整的微型计算机工业体系，并带动了一批软件开发商（如微软公司）和硬件开发商（如苹果公司）的成长。

2. 苹果微型计算机Apple II

1976年，青年计算机爱好者斯蒂夫·乔布斯（Steve Jobs，1955—2001，美国）和斯蒂夫·沃兹尼克亚（Steve Wozniak）凭借1 300美元，在家庭汽车库里开发出了 Apple I（苹果）微型计算机。1977年，乔布斯推出了经典机型Apple II（见图1-8）。这台机器在当时的市场大受欢迎，计算机从此进入了发展史上的黄金时代。

图 1-8　Apple II 微型计算机（1977 年）

Apple II微型计算机采用摩托罗拉（Motorola）公司 M6502芯片作为CPU，整数加法运算速度为50万次/s。它有4 KB动态随机存储器（DRAM）、16 KB只读存储器（ROM）、8个插槽主板、1个键盘、1台显示器，以及固化在ROM芯片中的 BASIC语言，售价为1 300美元。Apple II微型计算机风靡一时，成为当时市场上的主流微型计算机。1978年苹果公司股票上市，3周内股票价格达到17.9美元，股票总值超过了福特汽车公司，成为当时最成功的公司。

3. 个人计算机IBM PC 5150

微型计算机发展初期，大型计算机公司对它不屑一顾，认为那只是计算机爱好者的玩具而已。但是苹果公司的Apple II微型计算机在市场取得了极大成功，以及由此而引发的巨大经济利益，引起了大型计算机公司的高度重视。

1981年8月，IBM公司推出了第一台16位个人计算机IBM PC 5150（见图1-9）。IBM公司将这台计算机命名为PC（Personal Computer，个人计算机）。现在PC已经成为计算机的代名词。微型计算机终于突破了只为个人计算机爱好者使用的状况，迅速普及到工程技术领域和商业领域。

图 1-9　IBM PC 5150 和主板（1981 年）

IBM PC继承了开放式系统的设计思想，IBM公司公开了除BIOS（基本输入/输出系统）之外的全部技术资料，并通过分销商传递给最终用户，这一开放措施极大地促进了微型计算机的发展。第一台IBM PC采用了总线扩充技术，并且IBM公司放弃了总线专利权。这意味着其他公司也可以生产同样总线的微型计算机，这给兼容机的发展开辟了巨大的空间。

进入20世纪90年代后，每当英特尔公司推出新型CPU产品时，马上会有新型个人计算机推出。第一台个人计算机与目前个人计算机的性能比较如表1-1所示。个人计算机在过去40多年里发生了许多重大变化。

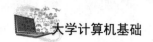

表 1-1　第一台个人计算机与目前个人计算机的性能比较

技术指标	第一台个人计算机	目前个人计算机
机器型号	IBM PC 5150	HP Laptop 15-dh0007TX PRC
推出日期	1981 年 8 月	2019 年 5 月
CPU 型号	Intel 8088（1 核）	Intel Core i7 9750H（6 核）
CPU 频率	4.77 MHz	2.6 GHz
内存容量	64 KB DRAM	16 GB DDR4
主板类型	XT	ATX
外存容量	5.25 英寸软驱 160 KB	3.5 英寸硬盘 2 TB
光驱规格	无	DVD 刻录光驱
显示器	单色 11.5 英寸 CRT	彩色 23 英寸 LCD（触摸屏）
显示模式	单色，720×350 像素，文本处理	彩色，1 920×1 080 像素，3D 图形处理
音频系统	内置扬声器	6 声道集成声卡＋音箱＋麦克风
网络系统	无	1 000 Mbit/s 网卡＋无线网卡＋蓝牙
操作系统	DOS 1.0（字符操作界面）	Windows 10（图形操作界面）
启动时间	16 s 左右	50 s 左右
操作方式	87 键键盘	107 键无线键盘＋无线鼠标
其他接口	1 个 LPT 并口，2 个 COM 串口	8 个 USB 接口，2 个 IEEE 1394 接口
市场价格	3 045 美元	12 000 元

通过表 1-1 可以看出，微型计算机在性能上得到了极大的提高，功能越来越强大，应用涉及各个领域。有统计资料表明，微型计算机自 20 世纪 70 年代问世以来，至今已售出 20 亿台左右。其中，75% 用于办公，25% 用于个人用途，桌上型微型计算机占了 81.5%。根据国家统计局统计数据表明，2020 年我国电子计算机整机产量累计值达 4.05 亿台，其产量比上一年累计增长 16%。

● 拓展阅读

计算机的类型

1.2　计算机技术特征与文化

1.2.1　计算机技术的主要特点

计算机是一种相对其他能力而言比较便宜，而且功能强大的工具。同一台计算机能够做许多不同的工作，如科学计算、数据处理、图形设计、工业控制、文字排版、气象预报、游戏娱乐、通信交流、语音识别等。因此，计算机在社会各个领域都有广泛的应用。要完全列举计算机在各个领域中的应用几乎是一件不可能完成的任务。下面通过几方面来探讨计算机技术的主要特点。

1. 计算机的高速计算特点

19 世纪一位外国数学家将圆周率 π 的值计算到小数点后面 707 位，共花费了 15 年的时间。1984 年一位日本人用计算机将 π 的值计算到 1 000 万位，只用了 24 h。

英国气象学家刘易斯·弗莱·理查森（Lewis Fry Richardson，1881—1953）编写的《利用数值方法做天气预报》一书中，讲述了如何进行气象预报的数值计算。为了求得准确的数据，理查逊在 1916 年—1918 年组织了大量人力进行了第一次数值气象预报尝试，由许多人用手摇计算机进行了 12 个月的计算才完成，这次实验虽然失败了，但给了人们有益的启示。在理查森试验的 20 年后，电子计算机的问世使数值气象预报得以实现。1950 年，美国科学家第一次成功地预测了 24 h 后的天气。

数值气象预报是依靠流体力学理论，通过精确的数值计算，模拟大气运动规律。简单地说是将流体力学和热力学的基本定律用一组数学公式表达出来，然后用超级计算机对这些公式和海量气象数据进行计算求解，预报某一地区未来的天气情况。数值气象预报的计算量非常巨大，一个 7 天的气象预报，包括气压、风力、风向、温度、湿度、高度、降雨量 7 个指标，至少需要求解 3 亿个以上的方程组，如此巨大的数据计算工作必须借助超级计算机才能完成。

由以上案例可以看到，对于一个复杂的事情，只要它能够分解成简单的重复计算工作，然后编制一个合理的计算机程序，就可能完成这个复杂的工作。

2. 计算机的综合应用特点

信息管理系统（MIS）具有数据转换、识别、分类、加工、整理、存储、分析等功能；它还具备预测、计划、控制和辅助决策等功能，因此在社会中具有广泛的应用，如企业资源计划、电子政务系统、电子商务系统、地理信息系统、教学管理系统、信息检索系统、决策支持系统等。

（1）MRP-II（制造业资源计划）

MRP-II 是通过科学管理方法建立的计算机信息系统软件。MRP-II 是一种计划主导型的管理模式，它将企业宏观决策的经营规划、销售、采购、制造、财务、成本和适应国际化业务需要的多语言、多币制、多税务等功能集成于一体，在确保企业正常进行生产的基础上，最大限度地降低库存量、缩短生产周期、减少资金占用、降低生产成本，形成一个全面的生产管理集成化系统，从而提高企业的经济效益和市场竞争能力。2013 年以来，全球制造业为实现柔性制造、占领世界市场、取得高回报率所建立的计算机信息系统越来越多地选用了 MRP-II 软件。

（2）ERP（企业资源计划）

ERP 是新一代制造业资源计划（MRP）软件。ERP 在 MRP-II 的基础上扩展了管理范围，给出了新的结构，它将客户需求和企业内部的制造活动以及供应商的制造资源整合在一起，体现了完全按用户需求制造的思想。

（3）电子政务

电子政务是指利用计算机技术、网络技术和软件技术，建立一个综合的电子化信息平台。联合国经济社会理事会将电子政务定义为：政府通过计算机和通信技术，密集性和战略性地应用于组织公共管理的方式。电子政务旨在提高效率，增强政府的透明度，改善财政约束，改进公共政策的质量和决策的科学性，建立良好的政府之间、政府与社会、社区以及政府与公民之间的关系，提高公共服务的质量，赢得广泛的社会参与度。电子政务系统的硬件设备部分包括客户计算机、服务器主机、网络通信设备、信息安全设备等；网络技术部分包括内部局域网（LAN）、虚拟专用网（VPN）、因特网（Internet）、移动通信网、网络安全等技术；软件部分包括数据库管理系统、信息发布平台、信息管理平台、信息加密系统等。电子政务的基本功能有：新闻、政策法规发布，用户信息查询服务，用户网上办事服务等数十种。

（4）GIS（地理信息系统）

GIS 是在计算机系统支持下，对地球表层空间的有关地理分布数据进行采集、存储、管理、运算、分析、显示和描述的计算机信息系统。GIS 综合了地理学、地图学、遥感技术和计算机技术，可以对地球上存在的现象和发生的事件进行成图和分析。GIS 技术把地图的视觉效果和地理分析功能与数据库操作（如查询、统计和分析等）集成在一起，从而对公众和社会解释事件、预测结果、规划战略等。

从以上案例可以看到，计算机信息管理系统涉及经济学、管理学、统计学、地理学、计算

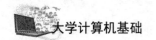
机科学等很多学科和专业领域，是各个专业综合交叉的技术。可见计算机应用具有极强的专业综合特色。

1.2.2 摩尔定律与计算机的发展

1. 摩尔定律

1965年4月19日，美国《电子学》杂志发表了英特尔公司前董事长、创始人之一高登·摩尔（Gorden Moore）撰写的文章《让集成电路填满更多的元件》。文中预言：半导体芯片上集成的晶体管和电阻数量将每年增加一倍。1975年，摩尔在IEEE国际大会上提交了一篇论文，根据当时的实际情况对摩尔定律进行了修正，把"每年增加一倍"改为"每两年增加一倍"。经常被引用的"18个月增加一倍"是由前英特尔首席执行官大卫·豪斯（David House）所说。摩尔定律的发展趋势如图1-10所示。

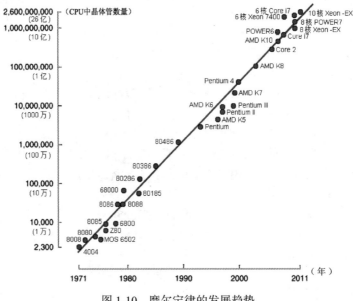

图1-10 摩尔定律的发展趋势

2. 摩尔定律的准确性

人们发现，摩尔定律不仅适用于对存储器芯片的描述，也精确地说明了CPU的处理能力和硬盘存储容量的发展。该定律成为计算机工业对性能预测的基础。1971年推出的第一款4004 CPU晶体管为2 300个，2008年生产的酷睿i7 CPU晶体管数量达到了7.31亿个。在37年的时间里，芯片上晶体管的数量增加了32万倍，同时计算能力也得到极大的提高。摩尔定律说明，计算能力相对于时间周期呈指数级上升。摩尔定律所阐述的趋势一直延续至今，并且异常准确。

3. 摩尔定律与产品性价比的关系

集成电路芯片的集成度越高，晶体管的价格越便宜，这引发了摩尔定律的经济学效益。随着技术的进步，每隔一年半，集成电路芯片产量就可以增加一倍，换算为成本，即每隔一年半成本可降低一半，平均每年成本可降低30%左右。例如，20世纪60年代初，一个晶体管售价10美元左右；随着晶体管不断缩小，2013年英特尔公司生产的酷睿i7四核CPU，在160 mm^{2}的硅核心上集成了7.31亿个晶体管，市场报价1 254元（约206美元），每个晶体管的价格只有0.000 03美分。可见摩尔定律说明了计算机硬件性能在不断提高，价格反而在不断降低。

4. 摩尔定律与硬件设备的更新规律

性能不断提高，价格不断降低的硬件设备，要在市场上寻找出路，只有引诱用户不断更新计算机设备，这就导致了从 PC、XT、AT、386、486……一直到酷睿 i7 计算机的不断更新。

5. 摩尔定律与计算机技术的提高

早期计算机 CPU 芯片中的晶体管很少（8088 为 3 万个），微机性能很低，只能在字符界面工作，用户使用非常不便。随着集成电路芯片性能的提高，386（28 万个晶体管）计算机开始使用 Windows 3.1 图形界面。集成电路芯片发展到奔腾 CPU（310 万个晶体管）后，计算机开始处理音频和视频等多媒体数据。当集成电路芯片发展到奔腾 4 CPU（1.25 亿个晶体管）后，需要进行海量数据计算的 3D 图形、3D 游戏场景和高清视频（分辨率为 1 920×1 080 像素），可以在计算机上体验。下一步有望实现的虚拟现实（VR）技术，需要更加强大的计算能力和网络数据传输能力，这也刺激着集成电路芯片性能不断提高，价格不断降低。

6. 摩尔定律与软件规模的不断增大

早期计算机由于存储容量的限制，系统软件的规模和功能受到很大限制。随着内存容量按照摩尔定律的速度增长，系统软件的程序代码行数也急剧增加。例如，BASIC 语言源代码在 1975 年只有 4 000 行，20 年后发展到大约 50 万行；微软 Word 文字处理软件在 1982 年推出第一版时为 2.7 万行代码，20 年后增加到大约 200 万行。摩尔定律引发系统软件规模不断增加，软件功能不断增强的同时，也导致软件复杂性的增长速度甚至超过摩尔定律。

7. 摩尔定律引发的半导体工艺危机

从经济角度看，建立一座 22 nm（纳米）的集成电路芯片工厂需要 100 多亿美元，比一座核电站的投资还大。从技术角度看，随着硅片上晶体管密度的增加，其复杂性和差错率也将呈指数增长，这使全面彻底的芯片测试几乎不可能完成。如果将原子假设成一个球体，标准原子的直径大约为 10^{-10} m（0.1 nm）。目前，集成电路中晶体管之间的最小距离（线宽）为 22 nm，相当于 220 个原子的宽度，一旦晶体管之间的最小距离缩小到 50 个原子时，半导体材料的物理、化学性质将发生质的变化，致使采用现行工艺的半导体器件不能正常工作。这时计算能力将无法维持指数级的增长，摩尔定律将走到尽头，这会对计算机的性能提高产生重大影响。

1.2.3　计算机文化的主要特征

不同的社会形态有不同的文化，原始社会的文化是渔猎文化，农业社会的文化是农业文化，工业社会的文化是工业文化，信息社会的文化是信息文化。

1. 计算机文化的特征

文化概念的内涵极为广泛和深刻，精神方面包括语言、文字、思想、道德、传统、宗教信仰、风俗习惯等，物质方面渗透生产、生活、住房、饮食、交通、旅游、娱乐、体育等领域。

人类文化的发展与传播文化的媒体技术关系极大。1968 年，美国一位计算机科学家设想过将来的计算机将成为"超级媒体"，并希望它能像活字印刷术那样对人类产生革命性的冲击。技术的发展证实了他的预言，在计算机的支持下，无纸贸易、无纸办公、无纸新闻、无纸出版正在成为现实。

计算机文化的形态体现为：计算机理论及其技术对自然科学和社会科学的广泛渗透；人类创造的计算机软件和硬件设备大大丰富了文化的物质基础；计算机应用介入人类社会的方方面面，从而形成一些新的科学思想、科学方法和价值标准。

计算机文化在网络文化中表现得最为充分。网络技术的发展使人们在信息交流时在时间和空间上的距离大大缩小。

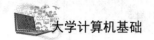

2. 网络文化的外在特点

（1）新媒体

计算机网络是一种全新的文化媒体，它以人类最新科技成果的互联网和手机为载体，依托计算机网络系统，运用一定的语言符号、声响符号和视觉符号等，传播思想、文化、风俗民情，表达看法观点，宣泄情绪意识等。网络媒体不仅能够实现文字、音频、视频等多种形式的信息传播，而且形成一套具有网络特色的符号系统，如特定的语言（如顶、亲、打酱油、水军等），特殊的图形符号（如@、☺、^_^等），这些符号系统为某些群体的网民所接受和掌握，形成新的网络文化。

（2）全球化

早期由于地理阻隔、语言不通和科技落后等原因，不同地域的人类文明之间很难进行文化交流，各种文化具有很大的独立性和地域性。网络文化打破了不同文化的地域限制和时空隔断，形成网络文化的全球化。可以预料，网络文化发展的全球性必将给各种现有的文化带来难以估量的深刻影响。

（3）虚拟性

网络文化具有虚拟性，它依赖于虚拟的网络空间而存在，这是网络文化一切特性的基础。在计算机网络诞生前，人们生活在一个实体空间。计算机网络诞生后，人们的生存空间发生了全新的变化。人们在实体空间建立起来的生活准则和生活习惯正在被打破，取而代之的是一个全新的网络虚拟空间。当人们在网络环境中把虚拟现实作为一种真实存在时，人们的虚拟意识也由此产生。

3. 网络文化的传播特点

（1）匿名性

网络交往表现为计算机与计算机之间数据的交换，相互交往的人并不知道对方的真实身份。在网络交流中，人们可以隐藏自己的相貌、年龄、地位等在实体空间里不能隐藏的东西。更重要的是，人们在网络空间里完全摆脱了在真实社会中受到的各种约束、规范和心理压力，可以完全按照自己希望的方式表现自我，所表现的东西往往是隐藏在内心深处的一些思想观念和价值观等，它们可能是个人感情的真实流露，也可能是一种虚假表象。

（2）广泛性

由于客观条件和诸多因素的限制，以往文化的主导者是社会精英阶层，他们人数虽少，却把持着文化话语权。这种少数人主宰文化世界的状况，直到网络文化兴起后才发生根本性的转变。从理论上看，网络文化是一种没有门槛、没有限制的文化交流与沟通，而且能够实现全民参与。在网络文化面前，大家都是平等的文化参与者，没有身份和地位的高低之分。可以说，网络文化第一次实现文化的全民参与。

（3）时效性

网络信息的传播不受时间、地点和空间的限制，只要能上网，就可以在网上尽情地浏览、下载和交流，人们传播和交流信息的方式打破了时间和空间上的限制。互联网的普及大大加快了信息的传输速度，使信息的收集、资料的查询变得更加快捷和有效。通过网络可以随时了解世界各地正在发生的事。

4. 网络文化的本质特点

（1）平等性

与报纸、广播、电视等传播媒体相比，计算机网络更富平等性。人们在面向庞杂的网络资源时，可以根据个人的兴趣、爱好和需要进行信息选择或信息交流，每一个人都能够从容地选择和吸收信息。网络文化中最彰显个性的是各种"客"文化，如博客、播客、闪客等。多种多样的"客"充分展示网络文化的平等性和互动性，也显示出网络平台非常适合个性的生存与发展。

（2）交互性

在网络中每个网民不仅是信息资源的消费者，而且是信息资源的生产者和提供者。人们的信息获取方式由传统的被动式接受，变为主动参与，这提高了信息的传播效果，激发了人类的创造性思维。

（3）开放性

互联网上不同主题的论坛、社交网络等，向任何感兴趣的人开放，因此任何人都可以根据自己的意愿，去获取自己想得到的任何信息，任意与世界各地网民进行联络、交流，自由地访问各种信息资源。各种观点、思想、民族文化在这里都可以找到自己的位置。

5. 信息社会的基本特征

（1）战略资源

在工业社会，能源和材料是最重要的资源。信息技术的发展，使人们逐渐认识到信息在促进经济发展中的重要作用，信息被当作一种重要的战略资源。一个企业如果不实现信息化，就很难提高企业自身的竞争能力。目前，信息产业已经成为国家最重要的产业。美国学者M.U.Poftat提出一种宏观经济结构理论，将信息产业、工业、农业、服务业并列为四大产业。统计资料表明，从2006年开始信息产业已经成为世界第一大产业。

（2）文化冲突

网络文化在逐步消除信息交流中的文化差异和隔阂，改善人类的信息环境、走向全球化的同时，又给各国保持政治独立、文化独特性带来新的矛盾和冲突。多样化的文化交流有益于相互吸纳，但也会发生碰撞，各民族文化之间的挑战、摩擦和冲突不可避免。

（3）舆论风险

网络文化极大地改变了社会舆论的生态环境，形成了新的舆论媒体。与传统舆论媒体比较，网络舆论媒体已具备与之相抗衡的实力。拥有数十万、数百万甚至数千万"粉丝"的网络意见领袖，完全有能力在网络舆论上兴风作浪。一个主观故意的"微博"，完全可以挑起不小的是非波澜。网络越是发展，社会风险的治理成本也越高。如何认识、把握、管理网络舆论媒体，已成为世界各国政府十分关注又十分头痛的问题。

1.2.4　信息素质的特征与评价

信息素质是信息化社会对人们提出的要求。随着社会信息化进程的加快，各种形式的信息接踵而至。然而身处信息海洋，人们却有被其淹没而不知所措的感觉。在搜索引擎中输入一个热门关键词，便可以搜索到几十万个网页链接，全部阅读它们几乎是不可能的，而且也没有必要。人们应该具备基本的获取、判断和分析能力：究竟需要什么样的信息，什么时候需要信息，如何高效获取信息，如何鉴别信息的价值等，因此信息素质已经成为继科学素质和人文素质之后，人们基本素质的又一重要组成部分。

1. 信息素质的定义

2003年9月20日，联合国教科文组织召开的信息素质专家会议发布了《布拉格宣言：走向具有信息素质的社会》，会议将信息素质定义为一种能力，它能够确定、查找、评估、组织和有效地生产、使用和交流信息，并解决面临的问题。

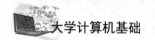

2. 信息素质的特征

信息素质包括信息意识和信息能力两方面。信息意识是指对新信息的敏感，保持追求新知识的热情，对信息的性质、价值及功能具有清楚的认识；信息能力指人们获取、判断、组织和利用信息的能力。个人信息能力的大小在很大程度上决定着他的社会活动能力和工作能力，使其在纷繁无序的信息中鉴别出自己所需的信息，并充分利用。

1.3 计算思维的基本方法

1.3.1 计算思维的基本特征

长期以来，计算机被社会看作是一种高科技工具，计算机学科也被视为一门专业性很强的工具学科。专业性意味着认知门槛高，工具意味着它是一种辅助性学科，这种狭隘的认知是计算机向各行各业渗透的最大障碍。计算机大师艾兹格·韦伯·迪科斯彻（Edsger Wybe Dijkstra，1930—2002，荷兰）说过："我们使用的工具影响着我们的思维方式和思维习惯，从而也将深刻地影响着我们的思维能力。"

"计算思维"是卡内基梅隆大学（CMU）前计算机科学系主任、美国国家自然基金会计算与信息科学工程部助理部长周以真（Jeannette M. Wing）教授于2006年3月正式提出的一种理论。周以真教授提出以下计算思维的观点和方法。

1. 计算思维的广泛性

计算思维是每个大学生必须掌握的基本技能，它不仅仅属于计算机科学家。教育应使每个孩子在培养解析能力时，不仅掌握阅读、写作和算术（3R），还要具有计算思维。

应当为大学新生开设一门"怎么像计算机科学家一样思维"的课程，面向所有专业的学生；应当传播计算机科学的快乐、崇高和力量，致力于使计算思维成为常识。

一个人可以主修计算机科学而从事任何行业。例如，一个人可以主修英语或者数学，而从事各种各样的职业；一个人可以主修计算机科学，而从事医学、法律、商业、政治以及任何类型的科学和工程，甚至艺术工作。

2. 计算思维的基本原则

计算思维是一种递归思维，它是并行处理的思维方法。

计算思维是概念化的，不是程序化的。计算思维不光是编程，还要求在抽象的层次上进行思维。

计算思维是人的，不是计算机的思维方式。计算思维是人类求解问题的思维方法，而不是让人类像计算机那样思考。计算机枯燥而且沉闷，人类聪明且富有想象力，是人类赋予了计算机激情。

计算思维是数学思维和工程思维的相互融合。计算机科学本质上来源于数学思维，但是受计算设备的限制，迫使计算机科学家必须进行工程思考，不能只是数学思考。图灵和冯·诺依曼是"数学思维"和"工程思维"的典型代表人物。

3. 利用计算思维解决问题的方法

计算思维建立在计算过程的能力和限制之上。需要考虑哪些事情人类比计算机做得好？哪些事情计算机比人类做得好？最根本的问题是：什么是可计算的？

当人们求解一个特定的问题时，首先会问：解决这个问题有多么困难？什么是最佳的解决方法？表述问题的难度取决于人们对计算机理解的深度。

为了有效求解一个问题，可能要进一步提问：一个近似解就够了吗（如 Excel 中的计算精度是否需要 16 位以上）？是否允许漏报和误报（如视频播放时的数据丢失）？计算思维就是通过简化、转换和仿真等方法，把一个看起来困难的问题，重新阐释成一个人们知道怎样解决的问题。

计算思维采用抽象和分解的方法，将一个庞杂的任务或设计分解成一个适合于计算机处理的系统。计算思维是选择合适的方式对问题进行建模，使它易于处理。在人们不必理解每一个细节的情况下，就能够安全地使用或调整一个大型的复杂系统。

上述周以真教授关于计算思维的主要观点，是指导人们利用计算机解决问题的思维方式。

4. 解决复杂问题的方法

大问题的复杂性是指随着问题规模的增长，问题的复杂性呈非线性增加的反应。在计算机领域，问题的大小与计算的复杂性直接相关。

例如，对矩阵乘法这类问题，2 阶矩阵相乘是个小问题，而 1 000 阶矩阵相乘是个大问题。

又如，在 CPU 等大型集成电路芯片中，集成了数亿个晶体管，因此在设计中变得非常复杂，稍有不慎就会造成产品瑕疵。

再如，在软件工程中，随着问题规模的增大，系统的复杂性也在增大。每个新的信息项、功能或限制都可能影响整个系统的其他元素。因此，随着问题复杂性的增加，系统分析的任务将呈几何级数增长。在研制一个大系统时，控制和降低系统的复杂性，是区分和选择各种计算机技术的重要因素。

为了解决大问题的复杂性，哲学家和数学家笛卡儿在《方法论》一书中提出了一些基本方法，笛卡儿的主要思想如下。

第一，决不把任何我没有明确地认识为真的东西，当作真的加以接受。也就是说，小心避免仓促的判断和偏见，只把那些十分清楚地呈现在我的心智之前，使我根本无法怀疑的东西放进我的判断之中。

第二，把我考察的每一个难题，都尽可能地分成细小的部分，直到可以而且适于加以圆满解决的程度为止。

第三，按照次序引导我的思想，以便从最简单、最容易认识的对象开始，一点一点上升到对复杂对象的认识，即便是那些彼此之间并没有自然先后次序的对象，我也给它们设定一个次序。

第四，把一切情形尽量完全地列举出来，尽量普遍地加以审视，使我确信毫无遗漏。

1.3.2　计算机如何解决问题

人们使用计算机解决问题时，必须人为地规定计算机的操作步骤，告诉计算机"干什么"和"怎么干"，也就是按照任务的要求写出一系列计算机指令，这些指令的集合称为程序。当然，指令必须是计算机能够识别和执行的指令。计算机的指令是有限的，用它们可以编制出解决各种不同任务的程序。计算机能够自动连续地执行程序中指令规定的操作，是因为计算机是按照"存储程序"原理进行工作的。其实，计算机硬件设备只能进行基本的数学运算与逻辑比较，计算机的各种功能是在计算机程序指挥下完成的。简单地说，有多少种程序，计算机就有多少种功能。

计算机解决一个问题时，大致要经历以下步骤：

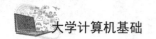

1. 问题的可计算性

计算机的优势在于数值计算，很多非数值问题（如文字识别、图像处理等）都可以转化成为数值问题交给计算机处理。但是，使用计算机解决的问题应该在有限步骤内被解决，如"哥德巴赫猜想"就属于不可计算的问题，因为计算机没有办法给出数学意义上的证明。因此，没有任何理由期待计算机能解决世界上所有的问题。

2. 对象的离散化

计算机处理的对象一部分本身就是离散化的，如数字、字母、符号等；但是还有很多处理对象是连续型的，如色彩、声音、交流电压等。凡是"可计算"的问题，处理对象都是离散型的，因为计算机建立在离散数字计算的基础上。所有连续型问题必须转化为离散型问题后（数字化），才能被计算机处理。例如，在计算机屏幕上显示一张图片时，计算机必须将图片在水平和垂直方向分解成一定分辨率的像素点（离散化），然后将每个像素点再分解成红绿蓝（RGB）3 种基本颜色；每种颜色的变化分解为 0 ~ 255（1 字节）个色彩等级。这样计算机就会得到一大批有特定规律的离散化数字，就能任意处理这张图片了，如图片的放大、缩小、旋转、变形、变换颜色等操作。

3. 解决问题的算法

通俗地讲，算法就是完成任务的步骤。例如，Windows 系统如何在硬盘中找到用户指定的文件；媒体播放器如何将 MP3 文件转换成动听的音乐；搜索引擎如何在因特网中找到用户需要的网页等，这些问题都需要利用算法来解决。解决一个具体问题时，必须给出所求问题的已知条件，列举所要求的结果，分析已知条件和要求结果之间的联系，然后建立相应的求解方法，即确定解决问题的算法步骤。然后将算法步骤表达为数学模型、系统结构图、程序流程图等形式。

4. 程序设计

将解决问题的算法步骤转变为程序设计，然后编辑、调试和测试程序代码，直到输出所要求的结果。

图灵在《计算机器与智能》论文中指出："如果一个人想让机器模仿计算员执行复杂的操作，他必须告诉计算机要做什么，并把结果翻译成某种形式的指令表，这种构造指令表的行为通常称为编程。"

1.3.3 计算机不能解决的问题

大多数机器只能做某一类事情，如电视机只能看电视，冰箱只能存储食物等。为什么计算机能做多种不同的事呢？是不是计算机什么事都能做？其实，计算机的根本问题是"可计算"问题，可计算性是指一个实际问题是否能够使用计算机来解决。在实际工作中，不可计算的问题有二义性、复杂性、可行性、组合爆炸等诸多问题。

1. 二义性问题

利用计算机解决问题时，必须有充分的已知条件，而且对结果有明确的要求。简单地说，就是问题没有二义性。例如，"为我做一个西红柿炒鸡蛋"这样的问题，计算机是无法解决的。因为这个问题存在太多的二义性，如西红柿要多大？成熟到什么程度？是否要全红色的？用什么品种？"一个"的含义是多少（1 个西红柿还是 1 斤西红柿）？"炒"的含义又是什么，需要火炒吗？用什么火（柴火、煤火、液化气火、电磁炉等）？炒多长时间？等等。

二义性是一种语法的不完善说明，在计算机应用中应当避免这种情况出现。有两个解决二义性的基本方法。一种方法是设置一些规则，该规则可在出现二义性的情况下指出哪一个是正确的；另一种方法是将问题改变成一个强制正确的格式，这样就可以进行计算机编程处理。

2. 复杂性问题

弗里德里希·克拉默（Friedrich Cramer，1923—2003，德国）在经典著作《混沌与秩序——生物系统的复杂结构》中，给出了几个简单例子，用于分析程序的复杂性。

【例1-1】序列 aaaaaaa…

这是一个简单系统，相应的程序为：在每一个a后续写a。这个短程序使这个序列得以随意复制，不管多长都可以办到。

【例1-2】序列 aabaabaabaab…

与例1-1相比，该例要复杂一些，是一个准复杂系统，但仍可以很容易地写出程序：在两个a后续写b并重复这一操作。

【例1-3】aabaababbaabaababb…

与例1-2相似，也可以用很短的程序来描述：在两个a后续写b并重复。每当第三次重写b时，将第二个a替换为b。这样的序列具有可定义的结构，由对应的程序来表示。

【例1-4】aababbababbbabaaababbbab…

这个例子中信息的排列毫无规律，如果希望编程解决，就必须将字符串全部列出。

这就可以得出一个结论：一旦程序的大小与试图描述的系统大小相提并论时，便无法编程。或者说，当系统的结构不能被描述，或描述它的最小算法与系统本身具有相同的信息比特数时，则称该系统为根本复杂系统。在达到根本复杂之前，人们仍可以编写出能够执行的程序，否则计算机不能进行处理。

3. 梵天塔问题

相传印度教的天神梵天建了一座神庙。神庙里竖有3根宝石柱子，柱子由一个铜座支撑。梵天将64个直径大小不一的金盘子，按照从大到小的顺序依次套在第一根柱子上，形成一座金塔，即所谓的梵天塔。天神让庙里的僧侣们将第一根柱子上的64个盘子借助第二根柱子全部移到第三根柱子上，即将整个塔迁移，同时定下了3条规则：一是每次只能移动一个盘子；二是盘子只能在3根柱子上来回移动，不能放在他处；三是在移动过程中，3根柱子上的盘子必须始终保持大盘在下，小盘在上。

只有3个盘子的梵天塔问题的解决过程如图1-11所示。3个盘子的搬移次数为：$2^3-1=7$。梵天塔有64个盘子，移动盘子的次数为：$2^{64}-1=18\ 446\ 744\ 073\ 709\ 551\ 615$。假设僧侣们移动一次盘子需要1 s，一年有31 536 000 s，则僧侣们一刻不停地来回搬动，也需要大约5 849亿年的时间。

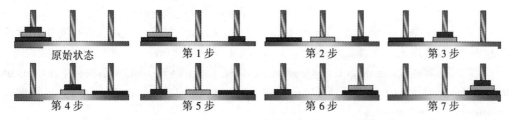

图 1-11 有 3 个盘子时梵天塔的解题过程

假设将梵天塔的3个柱子命名为A、B、C，盘子按1～64进行编号，然后利用计算机将盘子的搬动顺序全部列举出来。如果计算机以每秒1 000万个盘子的速度进行计算，则需要花费

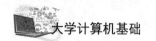

大约58 490年的时间才能完成计算，这还不包括将结果打印出来的时间。从梵天塔问题可以看出，理论上可以计算的问题，在实际中并不一定可行。

4. 组合爆炸问题

根据笛卡儿积规则，当2个元素和2种状态具有相互作用时，会有4种不同的组合。例如，二进制有2个元素（0和1），如果采用2位二进制数，则有 $2^2=4$ 种不同的组合。例如，分析计算机日常使用的密码问题，如果规定密码只能采用 $0 \sim 9$ 这十个数字，而且只用6位密码，则有：$10^6=1\,000\,000$ 种密码组合；如果密码允许采用 $0 \sim 9$ 这十个数字和26个英文字母的任意组合，还是采用6位密码，则有：$(10+26)^6=2\,176\,782\,336$ 种密码组合；如果在以上组合中不断增加密码的位数，并将所有可能的密码组合计算出来，计算机必将遇到"组合爆炸"问题。对于"组合爆炸"问题，利用计算机来破解密码是无法处理的。

计算的复杂性包括空间和时间两方面的复杂性。组合爆炸问题体现了时间的复杂性。从以上分析可以知道，并不是所有问题都是可计算的，即使是可计算的问题，也要考虑在实际中是否可行。

1.3.4 计算机主要应用领域

计算机的主要应用领域可归纳为以下7个方面。

（1）科学计算（或称为数值计算）

早期的计算机主要用于科学计算。目前，科学计算仍然是计算机应用的重要领域，主要用于计算科学研究和工程技术中提出的复杂计算问题。70多年来，一些现代尖端科学技术的发展都是建立在计算机的科学计算基础上的，如卫星轨迹计算、气象预报等。

（2）数据处理

数据处理是目前计算机应用最广泛的一个领域之一，可以利用计算机来加工、管理与操作任何形式的数据资料，如企业管理、物资管理、报表统计、账目计算和信息情报检索等。

（3）过程控制

过程控制也称为实时控制，是指利用计算机及时采集检测数据，按最优值迅速地对控制对象进行自动控制或自动调节，如对数控机床和流水线的控制。在日常生产中，也可以用计算机来代替人工完成那些繁重或危险的工作，如对核反应堆的控制等。

（4）计算机辅助工程

计算机辅助工程是指以计算机为工具，配备专用软件辅助人们完成特定任务，以提高工作效率和工作质量为目标。比较典型的有如下几种：

计算机辅助设计（Computer-Aided Design,CAD）技术：综合利用计算机的工程计算、逻辑判断、数据处理功能，与人的经验和判断能力相结合，形成一个专门系统，用来进行各种图形设计和绘制，对所设计的部件、构件或系统进行综合分析与模拟仿真实验。

计算机辅助制造（Computer-Aided Manufacturing,CAM）技术：利用计算机对生产设备进行控制和管理，实现无图纸加工。

计算机辅助教育（Computer Based Education，CBE）：主要包括计算机辅助教学（Computer-Aided Instruction，CAI）、计算机辅助测试（Computer-Aided Test，CAT）和计算机管理教学（Computer Managed Instruction，CMI）等。

电子设计自动化（Electronic Design Automation，EDA）技术：利用计算机中安装的专用软件和接口设备，用硬件描述语言开发可编程芯片，将软件进行固化，从而扩充硬件系统的功能，提高系统的可靠性和运行速度。

（5）电子商务

电子商务是指通过计算机和网络进行商务活动，是在Internet与传统信息技术的丰富资源相结合的背景下应运而生的一种网上相互关联的动态商务活动。电子商务是在1996年开始的，起步虽然不早，但因其高效率、低成本、高收益和全球性等特点，很快受到各国政府和企业的广泛重视，有着广阔的发展前景。

目前，许多公司通过Internet进行商业交易，他们通过网络与顾客、批发商和供货商等联系，在网上进行业务往来。

（6）娱乐

计算机已经走进了千家万户，工作之余人们可以使用计算机欣赏影视和音乐，进行各种娱乐活动等。

（7）网络通信

计算机技术与现代通信技术的结合构成了计算机网络。计算机网络的建立，不仅解决了一个单位、一个地区、一个国家中计算机与计算机之间的通信，各种软、硬件资源的共享，也大大促进了国际间的文字、图像、视频和声音等各类数据的传输与处理。

（8）人工智能

人工智能是计算机科学研究领域最前沿的学科之一，近几年来已应用在机器人、语音识别、图像识别、自然语言处理和专家系统等方面。

1.4 计算机新技术及应用

计算机新技术研究的热点很多，如量子计算机、3D打印、可视化计算、虚拟现实、远程沉浸、移动计算、情感计算、感知计算等，本节讨论几种影响较大的计算机新技术。

1.4.1 物联网技术

1. 物联网的发展

1991年美国麻省理工学院（MIT）的Kevin Ashton教授首次提出物联网的概念。2005年，在突尼斯举行的信息社会世界峰会（WSIS）上，国际电信联盟（ITU）发布了《ITU互联网报告2005：物联网》，正式提出物联网（The Internet of Things，IOT）的概念。ITU报告指出：无所不在的"物联网"通信时代即将来临，世界上所有的物体从轮胎到牙刷、从房屋到纸巾，都可以通过互联网主动进行交换。RFID（射频识别）技术、传感器技术、纳米技术、智能嵌入技术将得到更加广泛的应用。

2. 物联网的定义

目前对物联网没有一个统一的标准定义，早期（1999年）物联网的定义是：将物品通过射频识别信息、传感设备与互联网连接起来，实现物品的智能化识别和管理。

以上定义体现了物联网的3个主要本质：一是互联网特征，物联网的核心和基础仍然是互联网，需要联网的物品一定要能够实现互联互通；二是识别与通信特征，即纳入物联网的"物"一定要具备自动识别（如RFID）与物物通信（Machine to Machine，M2M）的功能；三是智能化特征，即网络系统应具有自动化、自我反馈与智能控制的特点。

物联网中的"物"要满足以下条件：要有相应信息的接收器、要有数据传输通路、要有一定的存储功能、要有专门的应用程序、要有数据发送器、遵循物联网的通信协议、在世界网络中有被识别的唯一编号等。物联网的核心技术和应用如图1-12所示。

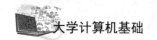

图 1-12　物联网的核心技术（左）和应用（右）示意图

通俗地说，物联网就是物物相连的互联网。这里有两层含义：一是物联网的核心和基础仍然是互联网，是在互联网基础上延伸和扩展的网络；二是用户端延伸和扩展到了物品与物品之间进行信息交换和通信。物联网包括互联网上所有的资源，兼容互联网所有的应用，但物联网中所有的元素（设备、资源及通信等）都是个性化的。

3. 物联网的应用前景

物联网通过智能感知、识别技术和普适计算，广泛应用于社会各个领域之中，因此被称为继计算机、互联网之后，信息产业发展的第三次浪潮。物联网并不是一个简单的概念，它联合了众多对人类发展有益的技术，为人类提供着多种多样的服务。IBM 公司认为：IT 产业下一阶段的任务是把新一代 IT 技术充分运用在各行各业之中，具体地说，就是把感应器嵌入和装备到电力设备、铁路、桥梁、隧道、公路、建筑、供水系统设备、大坝、油气管道设备等各种物体中，并且被普遍连接，形成物联网。在这一巨大的产业中，需要技术研发人员、工程实施人员、服务监管人员、大规模计算机提供商，以及众多领域的研发者与服务提供人员。可以想象，这一庞大技术将派生出巨大的经济规模。

现在来看，人们刚迈出物联网发展的第一步。类似谷歌眼镜、智能手表等可穿戴智能设备的时代即将到来。例如，小米的智能健身腕带在人们日常佩戴时，就可以监测到人们的血糖、呼吸、脉搏等与健康相关的数据，这是物联网的创新性尝试。

1.4.2　云计算技术

云计算（Cloud Computing）的概念起源于亚马逊 ECC（Elastic Compute Cloud）产品和 Google-IBM 分布式计算项目。云计算将网络中分布的计算、存储、服务设备、网络软件等资源集中起来，将资源以虚拟化的方式为用户提供方便快捷的服务。云计算是一种基于因特网的超级计算模式，在远程数据中心，几万台服务器和网络设备连成一片，各种计算资源共同组成若干个庞大的数据中心。云计算的系统结构如图 1-13 所示。

图 1-13　云计算系统结构和云管理

在云计算模式中，用户通过终端接入网络，向"云"提出需求；"云"接受请求后组织资源，通过网络为用户提供服务。用户终端的功能可以大大简化，复杂的计算与处理过程都将转移到用户终端背后的"云"去完成。在任何时间和任何地点，用户只要能够连接互联网，就可以访问云，用户的应用程序并不需要运行在用户的计算机、手机等终端设备上，而是运行在互联网的大规模服务器集群中；用户处理的数据也无须存储在本地，而是保存在互联网上的数据中心。提供云计算服务的企业负责这些数据中心和服务器正常运转的管理和维护，并保证为用户提供足够强的计算能力和足够大的存储空间。云计算含义即为将计算能力放在互联网上，它意味着计算能力也可以作为一种商品通过互联网进行流通。

1.4.3　大数据技术

1. 大数据时代

美国互联网数据中心指出：互联网上的数据每年增长50%，每两年翻一番，目前世界上90%以上的数据是最近几年才产生的。此外，这些数据并非单纯是人们在互联网上发布的信息，85%的数据由传感器和计算机设备自动生成。全世界的各种工业设备、汽车、摄像头，以及无数的数码传感器，随时都在测量和传递着有关信息，这导致了海量数据的产生。例如，一个计算不同地点车辆流量的交通遥测应用，就会产生大量的数据。

2012年联合国发布的大数据政务白皮书指出：大数据对于联合国和各国政府来说都是一个历史性机遇，各国政府应当利用大数据更好地服务和保护人民。

2. 大数据的特点

大数据是一个体量规模巨大，数据类别特别多的数据集，并且无法通过目前主流软件工具，在合理时间内达到提取、管理、处理，并整理成为有用的信息。

数据具有4V的特点：一是数据体量（Volumes）大，一般在10 TB左右；二是数据类型（Variety）多，如网络日志、视频、图片、地理位置信息等，数据来自多种数据源，数据类型和格式非常丰富，囊括了半结构化和非结构化的数据；三是数据处理速度（Velocity）快，在数据量非常庞大的情况下，也能够做到数据的实时处理；四是数据的真实性（Veracity）高，如互联网中网页访问、现场监控信息、环境监测信息、电子交易数据等。

IBM公司对大数据平台和应用的框架如图1-14所示。

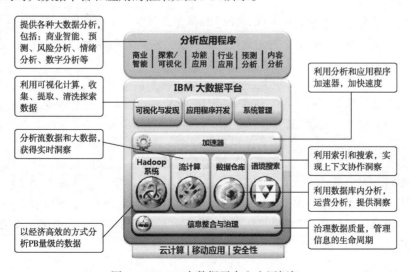

图 1-14　IBM 大数据平台和应用框架

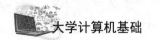

3. 大数据处理技术

大数据处理的结果往往采用可视化图形表示，因此基本原则是：要全体不要抽样，要效率不要绝对精确，要相关不要因果。具体的大数据处理方法很多，主要的处理流程是：数据采集、数据导入和预处理、数据统计和分析、数据挖掘。

大数据采集。大数据的采集是指利用多个数据库来接收发自客户端（如 Web、App 或者传感器等）的数据。大数据采集的特点是并发数高，因为可能会有成千上万的用户同时进行访问和操作。例如火车票售票网站和淘宝网站，它们并发访问量在峰值时达到了上百万，所以需要在采集端部署大量数据库才能支持数据采集工作，这些数据库之间如何进行负载均衡也需要深入思考和仔细设计。

大数据导入/预处理。要对采集的海量数据进行有效的分析，还应该将这些来自前端的数据导入一个集中的大型分布式数据库中，并且在导入基础上做一些简单的数据清洗和预处理工作。导入与预处理过程的特点是数据量大，每秒的导入量经常会达到百兆，甚至千兆。可以利用数据提取、转换和加载工具（ETL）将分布的、异构的数据（如关系数据、平面数据等）抽取到临时中间层后进行清洗、转换、集成，最后导入数据库中。

大数据统计/分析。统计与分析主要对存储的海量数据进行普通的分析和分类汇总，常用的统计分析有：假设检验、显著性检验、差异分析、相关分析、方差分析、回归分析、曲线估计、因子分析、聚类分析、判别分析、Bootstrap 技术等。统计与分析的特点是涉及的数据量大，对系统资源，特别是 I/O 设备会有极大的占用。

数据挖掘。大数据最重要的工作是进行数据分析，只有通过分析才能获取很多智能的、深入的、有价值的信息。大数据分析最基本的要求是可视化分析，因为可视化分析能够直观地呈现大数据的特点，同时能够非常容易被读者接受，就如同看图说话一样简单明了。数据挖掘主要是在大数据基础上进行各种算法的计算，从而起到预测的效果。数据挖掘的方法有：分类、估计、预测、相关性分析、聚类、描述和可视化等，复杂数据类型挖掘（如 Web、图形、图像、视频、音频等）等。这个过程的特点是：如果数据挖掘算法很复杂，计算涉及的数据量和计算量就会很大，常用数据挖掘算法都以单线程为主。

4. 大数据应用案例

大数据具有多源性、海量性、开放性广等特性。随着信息化的发展，使得人们的行为和情绪的细节化测量成为可能。挖掘用户的行为习惯和喜好，可以从凌乱纷繁的数据背后找到更符合用户兴趣和习惯的产品和服务，并对这些产品和服务进行针对性地调整和优化，这就是大数据的价值。

例如，"芝麻信用"就是利用支付宝的各种交易记录来量化用户信用，并给出信用评分，即芝麻分。它运用云计算及机器学习等技术，通过各种模型算法对多维度数据进行综合处理和评估。在用户信用历史、行为偏好、履约能力、身份特质、社会关系 5 个维度客观呈现个人信用状况的综合分值。较高的芝麻分可以帮助用户获得更高效更优质的服务。

又如，大数据的存在，为"战疫"这一历史性行动打造了强大的大脑，并一路为中国人民护航。疫情期间，人手一"码"的"健康码"成为人员流动、复工复产复学、日常生活及出入公共场所的凭证。只要填报一次个人健康状况，进出不同地点无须反复填写信息，防控部门也能借此快速掌握疫情大数据。与此同时，各地还借助大数据等新技术，绘制"疫情地图"、搭建"数字防疫统"，实现科技战"疫"、精准防控。

1.4.4 移动互联网

移动互联网（Mobile Internet）是将移动通信和互联网二者结合起来，成为一体。它是互联网的技术、平台、商业模式和应用与移动通信技术结合并实践的活动的总称。

移动互联网继承了移动随时、随地、随身和互联网开放、分享、互动的优势，是一个全国性的、以宽带 IP 为技术核心的，可同时提供话音、传真、数据、图像、多媒体等高品质电信服务的新一代开放的电信基础网络，由运营商提供无线接入，互联网企业提供各种成熟的应用。

在我国互联网的发展过程中，PC 互联网已日趋饱和，移动互联网却呈现井喷式发展。数据显示，截至 2021 年 12 月，中国网民规模达 10.32 亿，较 2020 年 12 月增长 4296 万，互联网普及率达 73.0%。伴随着移动终端价格的下降及 Wi-Fi 的广泛铺设，移动网民呈现爆发趋势。

1. 主要特征

移动互联网是在传统互联网的基础上发展起来的，因此二者具有很多共性，但由于移动通信技术和移动终端发展不同，它又具备许多传统互联网没有的新特性。

（1）交互性

用户可以随身携带和随时使用移动终端，在移动状态下接入和使用移动互联网应用服务。一般而言，人们使用移动互联网应用的时间往往是在上、下班途中，或是在空闲间隙任何一个有网络覆盖的场所，移动用户接入无线网络实现移动业务应用的过程。现在，从智能手机到平板计算机，随处可见这些终端发挥强大功能的身影。当人们需要沟通交流的时候，随时随地可以用语音、图文或者视频解决，大大提高了用户与移动互联网的交互性。

（2）便携性

相对于 PC，移动终端具有小巧轻便、可随身携带的特点，人们可以装入随身携带的书包和手袋中，并在任意场合接入网络。这决定了使用移动终端设备上网，可以带来 PC 上网无可比拟的优越性，即沟通与资讯的获取远比 PC 设备方便，使得移动应用可以进入人们的日常生活，满足衣食住行、吃喝玩乐等需求。用户能够随时随地获取娱乐、生活、商务相关的信息，进行支付、查找周边位置等操作。

（3）隐私性

移动终端设备的隐私性远高于 PC 的要求。由于移动性和便携性的特点，移动互联网的信息保护程度较高。通常不需要考虑通信运营商与设备商在技术上如何实现它，高隐私性决定了移动互联网终端应用的特点，数据共享时既要保障认证客户的有效性，也要保证信息的安全性。这不同于传统互联网公开透明开放的特点。传统互联网下，PC 端系统的用户信息是容易被搜集的。而移动互联网用户因为无须共享自己设备上的信息，从而确保了移动互联网的隐私性。

（4）定位性

移动互联网有别于传统互联网的典型应用是位置服务应用。它具有以下几个服务：位置签到、位置分享及基于位置的社交应用；基于位置围栏的用户监控及消息通知服务；生活导航及优惠券集成服务；基于位置的娱乐和电子商务应用；基于位置的用户环境上下文感知及信息服务。

（5）娱乐性

移动互联网上的丰富应用，如图片分享、视频播放、音乐欣赏、移动支付等，为用户的工作、生活带来更多的便利和乐趣。

（6）局限性

移动互联网应用服务在便捷的同时，也受到了来自网络能力和终端硬件能力的限制。在网络能力方面，受到无线网络传输环境、技术能力等因素限制；在终端硬件能力方面，受到终端大小、处理能力、电池容量等的限制。移动互联网各个部分相互联系，相互作用并制约发展，任何一部分的滞后都会延缓移动互联网发展的步伐。

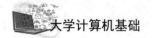

（7）强关联性

由于移动互联网业务受到了网络及终端能力的限制，因此，其业务内容和形式也需要匹配特定的网络技术规格和终端类型，具有强关联性。移动互联网通信技术与移动应用平台的发展有着紧密联系，没有足够的带宽就会影响在线视频、视频电话、移动网游等应用的扩展。同时，根据移动终端设备的特点，也有其与之对应的移动互联网应用服务，这是区别于传统互联网而存在的。

（8）身份统一性

这种身份统一是指移动互联用户的自然身份、社会身份、交易身份、支付身份通过移动互联网平台得以统一。信息本来是分散到各处的，互联网逐渐发展、基础平台逐渐完善之后，用户的相关身份信息将得到统一。例如，在网银里绑定手机号和银行卡，支付时验证了手机号就直接从银行卡扣钱。

2. 应用领域

（1）通信业

通信行业为移动互联网的繁荣提供了必要的硬件支撑，传统的通信业，"开路收费"模式，如寄信、通话等都是为你"开路"然后收钱。移动互联网的出现却完全无视这些规则，要求人与人更紧密地连接，都可以以最低成本随时随地联系得到。

（2）医疗行业

受移动互联网的影响，目前的医疗行业已经开始做出改变，比如在线就医、在线预约、远程医疗合作、在线支付等方面。

从患者角度来说：

① 各个医院以及医师的口碑评价会在互联网上一目了然。当人们看完病就可以马上对该医生进行评价，并让所有人知道。

② 用户的生病大数据会跟随电子病历永久保存直至寿终。

③ 未来物联网世界会将用户的一切信息全部联网。何时吃过什么饭、何时做过什么事、当天的卡路里消耗全部上传到云端。医生根据病人的作息饮食规律即可更加精准地判断病情。

④ 更多时候患者可以选择无须医院就医，基于大数据的可靠性，可以直接远程解决。

（3）移动电子商务

移动电子商务可以为用户随时随地提供所需的服务、应用、信息和娱乐，利用手机终端便捷地选择及购买商品和服务。多种移动支付平台，使用方便，不仅支持各种银行卡通过网上进行支付，还支持手机、电话等多种终端操作，符合网上消费者追求个性化、多样化的需求。

（4）AR

增强现实（Augmented Reality，AR）通过计算机技术，将虚拟的信息应用到真实世界，把真实的环境和虚拟的物体实时地叠加到了同一个画面或空间。增强现实提供了在一般情况下，不同于人类可以感知的信息。它不但展现了真实世界的信息，而且将虚拟的信息同时显示出来，两种信息相互补充叠加。

（5）移动电子政务

在信息技术快速变革的情况下，国家的政府单位也紧跟时代发展步伐，开始广泛地使用移动电子政务。即利用5G等无线通信技术，通过手机、PDA、Wi-Fi终端等无线通信设备和互联网的联合应用，开展的新型电子政务模式。这种方便快捷的办公模式近年来在政府部门快速发展、逐步成熟，迅速拉近了政府与群众的距离，让党和政府的方针政策利用这种现代化的办公手段迅速落实到广大的人民群众。这样的办公模式取消了中央、地方和群众之间的隔阂，让政务信心更加公开化、快捷化、透明化，也让人民群众直接感受到政府就在身边。

1.4.5　区块链

2019年1月10日，国家互联网信息办公室发布《区块链信息服务管理规定》。2019年10月24日，在中央政治局第十八次集体学习时，习近平总书记强调，"把区块链作为核心技术自主创新的重要突破口""加快推动区块链技术和产业创新发展"。"区块链"已走进大众视野，成为社会的关注焦点。

1. 概念定义

什么是区块链？从科技层面来看，区块链涉及数学、密码学、互联网和计算机编程等很多科学技术问题。从应用视角来看，简单来说，区块链是一个分布式的共享账本和数据库，具有去中心化、不可篡改、全程留痕、可以追溯、集体维护、公开透明等特点。这些特点保证了区块链的"诚实"与"透明"，为区块链创造信任奠定基础。而区块链丰富的应用场景，基本上都基于区块链能够解决信息不对称问题，实现多个主体之间的协作信任与一致行动。

区块链是分布式数据存储、点对点传输、共识机制、加密算法等计算机技术的新型应用模式。区块链（Blockchain），是比特币的一个重要概念，它本质上是一个去中心化的数据库，同时作为比特币的底层技术，是一串使用密码学方法相关联产生的数据块，每一个数据块中包含了一批次比特币网络交易的信息，用于验证其信息的有效性（防伪）和生成下一个区块。

2. 类型

（1）公有区块链

公有区块链（Public Block Chains)是指：世界上任何个体或者团体都可以发送交易，且交易能够获得该区块链的有效确认，任何人都可以参与其共识过程。公有区块链是最早的区块链，也是应用最广泛的区块链，各大虚拟数字货币均基于公有区块链，世界上有且仅有一条该币种对应的区块链。

（2）联合（行业）区块链

行业区块链（Consortium Block Chains)：由某个群体内部指定多个预选的节点为记账人，每个块的生成由所有的预选节点共同决定（预选节点参与共识过程），其他接入节点可以参与交易，但不过问记账过程(本质上还是托管记账，只是变成分布式记账，预选节点的多少，如何决定每个块的记账者成为该区块链的主要风险点），其他任何人可以通过该区块链开放的API进行限定查询。

（3）私有区块链

私有区块链（Private Block Chains)：仅仅使用区块链的总账技术进行记账，可以是一个公司，也可以是个人，独享该区块链的写入权限，本链与其他的分布式存储方案没有太大区别。传统金融都是想实验尝试私有区块链，而公链的应用已经工业化，私链的应用产品还在摸索当中。

3. 特征

① 去中心化。区块链技术不依赖额外的第三方管理机构或硬件设施，没有中心管制，除了自成一体的区块链本身，通过分布式核算和存储，各个节点实现了信息自我验证、传递和管理。去中心化是区块链最突出最本质的特征。

② 开放性。区块链技术基础是开源的，除了交易各方的私有信息被加密外，区块链的数据对所有人开放，任何人都可以通过公开的接口查询区块链数据和开发相关应用，因此整个系统信息高度透明。

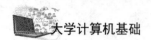

③ 独立性。基于协商一致的规范和协议（类似哈希算法等各种数学算法），整个区块链系统不依赖其他第三方，所有节点能够在系统内自动安全地验证、交换数据，不需要任何人为的干预。

④ 安全性。只要不能掌控全部数据节点的51%，就无法肆意操控修改网络数据，这使区块链本身变得相对安全，避免了主观人为的数据变更。

⑤ 匿名性。除非有法律规范要求，单从技术上来讲，各区块节点的身份信息不需要公开或验证，信息传递可以匿名进行。

4. 应用

（1）金融领域

区块链在国际汇兑、信用证、股权登记和证券交易所等金融领域有着潜在的巨大应用价值。将区块链技术应用在金融行业中，能够省去第三方中介环节，实现点对点的直接对接，从而在大大降低成本的同时，快速完成交易支付。

比如Visa推出基于区块链技术的 Visa B2B Connect，它能为机构提供一种费用更低、更快速和安全的跨境支付方式来处理全球范围的企业对企业的交易。要知道传统的跨境支付需要等3~5天，并为此支付1%~3%的交易费用。

（2）物联网和物流领域

区块链在物联网和物流领域也可以天然结合。通过区块链可以降低物流成本，追溯物品的生产和运送过程，并且提高供应链管理的效率。该领域被认为是区块链一个很有前景的应用方向。

区块链通过结点连接的散状网络分层结构，能够在整个网络中实现信息的全面传递，并能够检验信息的准确程度。这种特性一定程度上提高了物联网交易的便利性和智能化。区块链+大数据的解决方案就利用了大数据的自动筛选过滤模式，在区块链中建立信用资源，可双重提高交易的安全性，并提高物联网交易便利程度。为智能物流模式应用节约时间成本。区块链结点具有十分自由的进出能力，可独立的参与或离开区块链体系，不对整个区块链体系有任何干扰。区块链+大数据解决方案就利用了大数据的整合能力，促使物联网基础用户拓展更具有方向性，便于在智能物流的分散用户之间实现用户拓展。

（3）公共服务领域

区块链在公共管理、能源、交通等领域都与民众的生产生活息息相关，但是这些领域的中心化特质也带来了一些问题，可以用区块链来改造。区块链提供的去中心化的完全分布式DNS服务通过网络中各个节点之间的点对点数据传输服务就能实现域名的查询和解析，可用于确保某个重要的基础设施的操作系统和固件没有被篡改，可以监控软件的状态和完整性，发现不良的篡改，并确保使用了物联网技术的系统所传输的数据没有经过篡改。

（4）数字版权领域

通过区块链技术，可以对作品进行鉴权，证明文字、视频、音频等作品的存在，保证权属的真实、唯一性。作品在区块链上被确权后，后续交易都会进行实时记录，实现数字版权全生命周期管理，也可作为司法取证中的技术性保障。例如，美国纽约一家创业公司MineLabs开发了一个基于区块链的元数据协议，这个名为Mediachain的系统利用IPFS文件系统，实现数字作品版权保护，主要是面向数字图片的版权保护应用。

（5）保险领域

在保险理赔方面，保险机构负责资金归集、投资、理赔，往往管理和运营成本较高。通过智能合约的应用，既无需投保人申请，也无需保险公司批准，只要触发理赔条件，实现保单自动理赔。一个典型的应用案例就是 2016 年由区块链企业 Stratumn、德勤与支付服务商 Lemonway 合作推出 LenderBot，它允许人们注册定制化的微保险产品，为个人之间交换的高价值物品进行投保，而区块链在贷款合同中代替了第三方角色。

（6）公益领域

区块链上存储的数据，高可靠且不可篡改，天然适合用在社会公益场景。公益流程中的相关信息，如捐赠项目、募集明细、资金流向、受助人反馈等，均可以存放于区块链上，并且有条件地进行透明公开公示，方便社会监督。

1.4.6 人工智能

1. 图灵测试

1947 年，图灵在一次计算机会议上做了题为"智能机器"的报告（1956 年报告以《机器能够思维吗？》为题重新发表），详细地阐述了他关于思维机器的思想，第一次从科学的角度指出："与人脑的活动方式极为相似的机器是可以制造出来的。"1950 年，图灵发表了著名的论文《计算机器与智能》，他逐条反驳了各种机器不能思维的论点，并做出了肯定回答。他对人工智能问题从行为主义的角度给出定义，在论文中提出著名的"图灵测试"。

图灵测试由 3 人来完成：一个男人（A）、一个女人（B）、一个性别不限的提问者（C）。提问者待在与其他两个测试者相隔离的房间里。测试的目标是：让提问者通过对其他两人提问，来鉴别回答问题的对象是男性还是女性。为了避免提问者通过声音、语调轻易地做出判断，规定提问者和测试者之间只能通过电传打字机进行沟通。

提问者在不知道 A、B 性别的前提下，可以提问："请 A 回答，你头发的长度？"A 为了给提问者造成错觉，他可以回答："我的头发很长，大约有 20 cm。"如果提问者对 B 提问："A 说的是真的吗？"那么 B 可能会给出"不要相信那个人"之类的回答。反之，A 也同样可以做出类似的回答。

如果将上面测试中的男人（A）换成机器，提问者在机器和女人的回答中做出判断。如果机器足够"聪明"，就能够给出类似于人类思考后得出的答案，而且在 5 min 的交谈时间内，如果没有被人类裁判识破，那么这台机器就算是通过了图灵测试，便可以判定这台机器能够思维。

2. 图灵测试与人工智能

图灵在《计算机器与智能》论文中，逐一反驳了科学、哲学、社会、工程等各个领域对"机器思维"的反对观点。论文发表后，引起了轩然大波，图灵也遭到了来自不同领域的猛烈攻击。

图灵测试不要求接受测试的机器在内部构造上与人脑一样，它只是从功能的角度来判定机器是否能够思维，也就是从行为主义的角度对"机器思维"进行定义。尽管图灵对"机器思维"的定义不够严谨，但他关于"机器思维"定义的开创性工作对后人的研究具有重要意义。因此，专家学者们认为，图灵的论文标志着计算机人工智能问题研究的开始，而计算机的终极目标也是达到机器的人工智能。

按照图灵的预言，到 2000 年左右将会出现足够好的计算机。在长达 5 min 的交谈中，人类裁判在图灵测试中的准确率会下降到 70% 或更低（或机器欺骗的成功率达到 30%）。到目前为止，虽然没有一台计算机能够完全通过图灵测试，但在 2012 年的国际比赛中，计算机在测试中"骗"过人类裁判的成功率已达到 29.2%，非常接近图灵的预测。

在某些特定的领域，如博弈领域，图灵测试已取得了成功。1997 年，IBM 公司的"深蓝"

计算机战胜了国际象棋冠军卡斯帕罗夫（Гарри Кимович Каспаров，1963— ，俄罗斯）。"深蓝"有30个处理器，每个处理器的工作频率为120 MHz，可以进行并行计算。它还有480个专门用于下棋的集成电路芯片。下棋程序用C语言编写，每秒可以评估2亿个可能的布局。"深蓝"计算机可计算出未来6～8步棋局的形势和最佳走法，最多可以计算出未来20步棋局的形势。"深蓝"与卡斯帕罗夫的博弈如图1-15所示。

图1-15　1997年"深蓝"计算机与国际象棋冠军卡斯帕罗夫的博弈

"深蓝"战胜卡斯帕罗夫后，让计算机理解人类自然语言成了计算机科学家追求的热点。2011年，IBM超级计算机"沃森"（Watson）在美国最受欢迎的智力竞猜电视节目《危险边缘》中，击败了该节目历史上最成功的两位选手。"沃森"计算机存储了海量数据，而且拥有一套逻辑推理程序，可以推理出它认为最正确的答案。"沃森"极富磁性的语音也倾倒了广大观众，机器越来越像人类了。

3. 人工智能的定义

人工智能（Artificial Intelligence，AI）的定义可以分为"人工"和"智能"两部分。"人工"比较好理解，争议也不大；关于什么是"智能"，问题就多了。"智能"涉及意识、自我、心灵、无意识的精神等问题。目前人们对自身智能的理解非常有限，对构成人类智能的必要元素的了解也有限，所以很难定义什么是"人工"制造的"智能"。

人工智能比较流行的定义是美国麻省理工学院约翰·麦卡锡（John McCarthy，1927—2011）教授在1956年提出的：人工智能就是要让机器的行为看起来就像是人所表现出的智能行为一样。

人工智能的另一个定义是：人造机器所表现出来的智能，通常是指通过计算机实现的智能。

4. 人工智能的研究内容

（1）搜索与求解

搜索是为了达到某一目标而多次进行某种操作、运算、推理或计算的过程。搜索是人们求解问题时，在不知道现成方法的情况下所采用的一种方法。搜索可以看作人类和其他生物所具有的一种元知识。人工智能的研究表明，许多问题（包括智力问题和实际工程问题）的求解，都可以描述为对某种图或空间的搜索问题。进一步研究发现，许多智能活动（包括脑智能和群智能）的过程都可以看作或者抽象为一个基于搜索的问题求解过程。因此，搜索技术是人工智能最基本的研究内容。

（2）学习与发现

学习能力是智能行为的一个非常重要的特征。但至今人们对学习的机理尚不清楚。机器学习是研究计算机怎样模拟或实现人类的学习行为，以获取新的知识或技能，并重新组织已有的知识结构使之不断改善自身的性能。

学习是一项复杂的智能活动，学习过程与推理过程是紧密相连的，按照学习中使用推理的多少，机器学习所采用的方法大体上可分为4种：机械学习、通过传授学习、类比学习和通过案例学习。学习中所用的推理越多，系统的能力越强。

（3）知识与推理

弗朗西斯·培根（Francis Bacon，1561—1626，英国）说过"知识就是力量"。在人工智能中，人们进一步领略到这句话的深刻内涵。对智能来说，知识太重要了。发现客观规律是一种智能的表现，而运用知识解决问题也是智能的表现，并且发现规律和运用知识本身还需要知识。因此可以说，知识是智能的基础和源泉。计算机要实现人工智能就必须拥有学习知识和运用知识的能力。为此，就要研究面向机器的知识表示形式和基于各种表示的机器推理技术。

知识的表示要便于计算机的接受、存储、处理和运用。机器的推理方式与知识的表示息息相关。尤其是一些"默会知识"（一些经常使用却很难通过语言和文字予以表达的知识）很难通过计算机进行处理。例如，"跌倒的人是如何迅速站起来的""人如何下楼梯"等默会知识，对机器人的跌倒站立研究就有很大的应用价值。

（4）发明与创造

广义的发明创造内涵很广泛，如机器、材料、工艺等方面的发明和革新，也包括创新性软件、规划、设计等技术和方法的创新，以及文学、艺术方面的创作，还包括思想、理论、法规的建立和创新等。

发明创造不仅需要知识和推理，还需要想象和灵感。它不仅需要逻辑思维，而且需要形象思维。所以，这个领域是人工智能中最富挑战性的一个研究领域。目前，人们在这一领域已经开展了一些工作，并取得了一些成果，如已开发出了计算机辅助创新软件，还尝试用计算机进行文艺创作等。但总体来讲，原创性的机器发明创造进展甚微，甚至还是空白的。

（5）感知与交流

感知与交流是指计算机对外部信息的直接感知和人机之间、智能体之间的直接信息交流。

机器感知就是计算机像人一样通过"感觉器官"从外界获取信息。例如，机器通过摄像头获取图像信息，通过微型麦克风获取声音信息，通过其他传感器获取重量、阻力、温度、光线等外部环境的数据。然后，对这些数据进行处理，感知外部环境的基本情况，做出行动决策（如火星探测车等）。

机器交流涉及通信和自然语言处理等技术。自然语言处理又包括自然语言理解和表达。例如，情感和社会交往技能对一个智能机器人是很重要的。智能机器人能够通过了解人们的动机和情感状态，预测别人的行为。这涉及博弈论、决策理论等方面的研究，以及机器人对人类情感和情绪感知能力的检测。为了良好的人机互动，智能机器人也需要表现出情绪来，至少它必须礼貌地和人类打交道。

（6）记忆与联想

记忆是智能的基本条件，不管是脑智能还是群智能，都以记忆为基础。记忆也是人脑的基本功能之一。在人脑中，伴随着记忆的就是联想，联想是人脑的奥秘之一。

计算机要模拟人脑的思维就必须具有联想功能。要实现联想就需要建立事物之间的联系，在机器世界里就是有关数据、信息或知识之间的联系。建立这种联系的方法很多，如程序中的指针、函数、链表等。但传统方法实现的联想，只能对那些完整的、确定的（输入）信息，联想起（输出）有关信息。这种"联想"与人脑的联想功能相差甚远，人脑对那些残缺的、失真

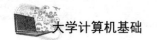

的、变形的输入信息，仍然可以快速准确地输出联想响应。

例如，人类在回答："树上有10只鸟，被人用枪打下1只，问树上还剩下几只鸟？"这类问题时，就会利用联想和记忆等方面的能力。而计算机在处理这类问题时，答案往往令人啼笑皆非。

（7）人工智能的研究方法

人工智能是一门边缘学科，属于自然科学和社会科学的交叉。目前没有统一的原理和范式指导人工智能的研究。在许多问题上研究者都存在争论。几个长久以来没有结论的问题是：是否应从心理或神经方面模拟人工智能？人类生物学与人工智能研究有没有关系？智能行为能否用简单的原则来描述？智能是否可以使用高级符号表达？20世纪50年代计算机研制成功后，研究者开始探索人类智能是否能简化成符号处理。20世纪80年代后，很多人认为符号系统不可能模仿人类所有的认知过程，特别是机器感知、机器学习和模式识别。

5. 人工智能的应用领域

人工智能的应用范围非常广泛，如难题求解、机器翻译、模式识别、文艺创作、机器博弈、智能机器人、任务规划、资源配置、机器定理证明、自动程序设计、智能控制、智能决策等领域。

（1）难题求解

这里的难题，主要指那些没有算法解，或虽有算法解，但现有计算机无法完成的困难问题。例如，智力性问题中的梵天塔问题、n皇后问题、旅行商问题、博弈问题等。又如，现实世界中的交通规划、市场预测、股市分析、地震预测、疾病诊断、军事指挥等难题。在这些难题中，有些是数学理论中所称的非确定性多项式（NP）问题或NP完全（NPC）问题。NP问题是指那些既不能证明其算法复杂性超出多项式界限，但又没有找到有效算法的一类问题。

研究智力难题的求解具有双重意义：一方面可以找到解决这些难题的途径；另一方面由解决这些难题而发展起来的一些技术和方法，可用于人工智能的其他领域。

（2）机器翻译

机器翻译是完全用计算机作为两种语言之间的翻译。机器翻译由来已久，早在计算机问世不久，就有人提出机器翻译的设想，随后就开始这方面的研究。当时人们认为只要用一部双向词典及一些语法知识就可以实现两种语言文字间的机器互译，结果遇到了挫折。例如，当把英语句子"Time flies like an arrow"（光阴似箭）翻译成日语，然后再翻译回来时，竟变成了"苍蝇喜欢箭"；又如，把英语句子"The spirit is willing but the flesh is weak"（心有余而力不足）翻译成俄语，然后再翻译回来时，竟变成了"The wine is good but the meat is spoiled"（酒是好的，肉变质了）。

这些问题出现后，人们发现机器翻译并非想象的那么简单，人们认识到单纯地依靠"查字典"的方法不可能解决机器翻译问题，只有在对语义理解的基础上，才能做到真正的翻译。因此，机器翻译被认为是人工智能的完整性问题，即为了解决其中一个问题，必须解决全部问题，哪怕是一个简单和特定的任务。例如，在机器翻译中，要求机器按照作者的观点（推理），知道人物经常谈论些什么（知识），如何忠实地再现作者的意图（情感计算）。因此，机器翻译被认为具有人工智能的完整性。

（3）模式识别

识别是人和生物的基本智能之一，人们几乎时时刻刻在对周围环境进行识别。模式识别是指用计算机对物体进行识别。物体指文字、符号、图形、图像、语音、声音及传感器信息等形式的实体对象，但不包括概念、思想、意识等抽象或虚拟对象。后者的识别属于心理、认知及哲学等学科的研究范畴。也就是说，模式识别是狭义的模式识别，它是人和生物的感知能力在计算机上的模拟和扩展。

模式识别目前在部分领域取得了很好的应用，如文字识别（书籍文字的数字化）、车牌识别、指纹识别、人脸识别、视网膜识别、掌纹识别等。

（4）计算机文艺创作

在文艺创作领域，人们也在尝试开发和运用人工智能技术。现在由计算机创作的诗词、小说、音乐、绘画等作品时有报道。例如下面的两首"古诗"就是计算机创作的。

云　松

蜜仙玉骨寒，松虬雪友繁。

大千收眼底，斯调不同凡。

无　题

白沙平舟夜涛声，春日晓露路相逢。

朱楼寒雨离歌泪，不堪肠断雨乘风。

以上仅仅讨论了人工智能应用的部分领域和部分课题。目前人工智能的研究与实际应用的结合越来越紧密，受应用的驱动越来越明显。

6. 强人工智能和弱人工智能的争论

（1）强人工智能

强人工智能观点认为有可能制造出真正能推理和解决问题的智能机器，并且这样的机器将被认为是有知觉的，有自我意识的。强人工智能可以有两类：一种是类人的人工智能，即机器的思考和推理就像人的思维一样；另一种是非类人的人工智能，即机器产生了与人完全不一样的知觉和意识，使用与人完全不一样的推理方式。持这一观点的代表人物是图灵。

（2）弱人工智能

弱人工智能观点认为不可能制造出能真正推理和解决问题的智能机器，这些机器只不过看起来像是智能的，但是并不是真正拥有智能，也不会有自主意识。持这一观点的代表人物是约翰·罗杰斯·希尔勒（John Rogers Searle，1932—　　，美国）。

（3）人工智能的哲学争论

如果一台机器的唯一工作原理就是转换编码数据，那么这台机器是不是有思维的？希尔勒认为这是不可能的。他举了一个"中文房间"的例子进行说明。如果机器仅仅是转换数据，而数据本身是对某些事情的一种编码，那么在不理解这一编码与实际事情之间对应关系的前提下，机器不可能对其处理的数据有任何理解。基于这一论点，希尔勒认为即使有机器通过了图灵测试，也不一定说明机器就真的像人一样有思维和意识。

也有哲学家持不同的观点。丹尼尔·丹尼特（Daniel Dennett，1942—　　，美国）在著作《意识的解释》里认为：人也不过是一台有灵魂的机器而已，为什么我们认为"人可以有智能，而普通机器就不能"呢？他认为像上述数据转换机器是有可能有思维和意识的。

有些哲学家认为，如果弱人工智能是可实现的，那么强人工智能也是可实现的。如西门·布莱克伯恩（Simon Blackburn，英国）在哲学入门教材《思考》里谈道：一个人看起来是"智能"的行动，并不能真正说明这个人就是智能的。我永远不可能知道另一个人是否真的像我一样是智能的，还是说他仅仅是看起来是智能的。基于这个论点，既然弱人工智能认为可以令机器看起来像是智能的，那就不能完全否定这机器是真的有智能的。布莱克伯恩认为这是一个主观认定的问题。

需要指出的是，弱人工智能并非和强人工智能完全对立，也就是说，即使强人工智能是不可能的，弱人工智能仍然是有意义的。至少，今天计算机能做的事，在一百多年前是被认为很需要智能的。

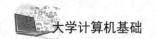

1.4.7 虚拟现实

1. 什么是虚拟现实

虚拟现实（Virtual Reality，VR）技术是目前发展最快的新技术之一。它利用计算机等设备来产生一个逼真的三维视觉、触觉、嗅觉等多种感官体验的虚拟世界，从而使处于虚拟世界的人产生一种身临其境的感觉。在这个虚拟世界中，人们可以直观地观察周围世界及物体的内在变化，与其他的物体之间进行自然的交互，并能实时产生与真实世界相同的感觉，使人与计算机融为一体。

与传统的模拟技术相比，VR技术的主要特征是：用户能够进入到一个由计算机系统产生的交互式三维虚拟环境中，可以与之进行交互。通过参与者与仿真环境的相互作用，并利用人类本身对所接触事物的感知和认知能力，帮助启发参与者的思维，全方位地获取事物的各种空间信息和逻辑信息。

2. 虚拟现实技术的特征

虚拟现实技术具有3个突出特征：沉浸性、交互性和想象性。

① 沉浸性。沉浸性又称为浸入性，是指用户感觉到好像完全置身于虚拟世界之中一样，被虚拟包围。

② 交互性。在虚拟现实系统中，人与虚拟世界之间要以自然的方式进行，如人的走动、头的转动、手的移动等，通过这些，用户与虚拟世界交互，并且借助于虚拟系统中特殊的硬件设备（如数据手套、力反馈设备等），以自然的方式与虚拟世界进行交互，实时产生与真实世界相同的感知。

③ 想象性。想象性指虚拟的环境是人想象出来的，同时这种想象体现出设计者相应的思想，因而可以用来实现一定的目标。

3. 虚拟现实的关键技术

虚拟现实是多种技术的综合，包括实时三维计算机图形技术，广角（宽视野）立体显示技术，对观察者头、眼和手的跟踪技术，以及角觉/力觉反馈、立体声、网络传输、语音输入输出技术等。

4. 虚拟现实技术的应用

借助头盔、眼镜、耳机等虚拟现实设备，人们可以"穿越"到硝烟弥漫的古战场，融入浩瀚无边的太空旅行，将科幻小说、电影里的场景移至眼前等等。虚拟现实技术在远程教育、工程技术、建筑、电子商务、交互式娱乐、远程医疗、大规模军事训练等领域都有着极其广泛的应用前景。

 思考与练习

一、思考题

1. 为什么说"位值"的概念很重要？
2. "九九乘法口诀"这种算法有什么优点？
3. 举例说明Altair 8800微型计算机的设计思想在其他产品设计中的应用。
4. 什么是计算机？

5. 为什么其他电器设备的功能较为单一，而计算机具有多种功能？

6. 摩尔定律在计算机产业中引起了哪些效应？

7. 在计算机中哪些问题不可计算？

8. 为什么要"像计算机科学家一样思维"？

9. 中国古代的算盘为什么没有演变为计算机？

10. 计算机要求对信息进行符号编码，举例说明哪些信息难以利用符号编码。

二、填空题

1. "九九乘法口诀"大约在我国（　　　）时期就已经开始流行了。

2. 十进制（　　　）的概念是中国对世界文化的重要贡献。

3. 珠算一词最早见于（　　　）时代徐岳的《数术记遗》。

4. 1642 年，法国数学家（　　　）制造了第一台能进行十进制加法运算的机器。

5. 1673 年，德国数学家（　　　）制造了能进行简单加、减、乘、除的计算机器。

6. 1679 年，莱布尼茨发明了（　　　）算法。

7. 1822 年，巴贝奇设计了差分机和（　　　）。

8. 差分机可以（　　　）完成某个特定的完整运算过程。

9. 巴贝奇设计了一种由（　　　）控制的通用分析机。

10. 爱达被认为是世界上第一位计算机（　　　）。

11. 爱达建立了（　　　）和（　　　）的概念。

12. 布尔代数将人类的逻辑思维简化为（　　　）数学逻辑运算。

13. 布尔代数建立了一个完整的（　　　）计算理论体系。

14. 现代计算机的一个基本要求是所有信息都可用符号（　　　）。

15. 第一台现代电子数字计算机是（　　　），它在 1939 年研制成功。

16. 冯·诺依曼在"101 报告"中提出了计算机的（　　　），以及（　　　）的设计思想。

17. 信息能力指人们获取、判断、组织和（　　　）信息的能力。

18. 计算机大师迪科斯彻说："我们使用的（　　　）影响着我们的思维方式和思维习惯。"

19. 计算思维是数学思维和（　　　）思维的相互融合。

20. 计算思维最根本的问题是：什么是（　　　）的？

21. 所有连续型问题必须转化为（　　　）型问题后才能被计算机处理。

22. 人们求解问题时，如果不知道解决方法，一般会采用（　　　）的方法寻找解决方法。

23. 现代计算机是指利用（　　　）技术代替机械或机电技术的计算机。

24. 为现代计算机科学奠定了基础的代表人物有（　　　）和（　　　）。

25. 1950 年图灵发表了论文《计算机器与智能》，提出了著名的（　　　）。

26. 1964 年由 IBM 公司设计的（　　　）是现代计算机最典型的代表产品。

27. 从 IBM System 360 开始，有了计算机（　　　）的重要概念。

28. 1975 年推出的（　　　）微型计算机是第一台现代意义上的通用型微型计算机。

29. 1981 年，IBM 公司推出了第一台 16 位个人计算机（　　　）。

30. IBM PC 微型计算机继承了（　　　）系统的设计思想。

31. 大型计算机的设计要求是计算速度快，（　　　）。

32. 微型计算机的设计要求是（　　　）。

33. 嵌入式系统对（　　　）要求较高。

34. 大型计算机的设计思想是采用计算机（　　　）结构。

35. 90%的计算机集群采用（　　　）操作系统和集群软件实现并行计算。

36. 2013年我国国防科技大学研制的（　　　）超级计算机排名世界500强计算机第1名。

37. 凡是能够兼容IBM PC的计算机产品都称为（　　　）。

38. 采用Intel和AMD公司CPU产品的计算机称为（　　　）系列计算机。

39. 笔记本式计算机在软件上与台式计算机完全（　　　）。

40. （　　　）一般运行在Windows Server或Linux操作系统下。

41. 苹果计算机在硬件和软件上均与（　　　）不兼容。

42. 平板式计算机主要采用（　　　）作为基本输入设备。

43. （　　　）是将微处理器设计和制造在某个设备内部。

44. 嵌入式系统一般由嵌入式计算机和（　　　）装置组成。

45. 智能手机完全符合计算机关于（　　　）和（　　　）的主要定义。

46. 95%以上的智能手机采用（　　　）公司的CPU内核作为主处理器。

47. （　　　）说明，计算能力相对于时间周期呈指数级上升。

48. 统计资料表明，从2006年开始（　　　）产业已经成为世界第一大产业。

49. 联合国教科文组织将信息素质定义为一种（　　　）。

50. （　　　）是卡内基梅隆大学周以真教授提出的一种计算机学习理论。

51. 计算思维是一种（　　　）思维，它是并行处理的思维方法。

52. 计算思维是人类（　　　）的思维方法，而不是要使人类像计算机那样思考。

53. 计算思维是数学思维和（　　　）思维的相互融合。

54. 计算思维采用（　　　）和（　　　）的方法，将任务分解成适合于计算机处理的系统。

55. 简单地说，有多少种（　　　），计算机就有多少种功能。

56. 使用计算机解决的问题应该在（　　　）内被解决。

57. （　　　）是一种语法的不完善说明，在计算机应用中应当避免这种情况出现。

58. 一旦（　　　）的大小与试图描述的系统大小相提并论时，无法编程。

59. 计算的复杂性包括（　　　）和（　　　）两方面的复杂性。

60. 组合爆炸问题体现了计算复杂性中（　　　）的复杂性。

61. （　　　）是为了达到某一目标而多次进行某种操作、运算、推理或计算的过程。

62. （　　　）能力是智能行为一个非常重要的特征。

63. 发明创造不仅需要（　　　）和（　　　），还需要想象和灵感。

64. 机器翻译属于人工智能的（　　　）问题，即为了解决一个问题，必须解决全部的问题。

三、简答题

1. 简要说明计算机发展的4个历史阶段和典型代表机器。

2. 简要说明阿塔纳索夫提出的现代计算机设计的3个基本原则。

3. 简要说明Altair 8800微型计算机的设计思想。

4. 简要说明计算机基本元器件的4个发展阶段。

5. 简要说明微型计算机有哪些产品类型。

6. 简要说明PC取得巨大成功的原因。

7. 目前市场上主要的计算机产品有哪些类型？

8. 简要说明计算机集群技术。

9. 简要说明摩尔定律。

10.　简要说明嵌入式系统的主要特征。

11.　简要说明智能手机有哪些常用的操作系统。

12.　简要说明智能手机存在的问题。

13.　计算机网络文化的外在有哪些特点？

14.　网络文化的传播有哪些特点？

15.　梵天塔问题的解决过程说明了什么经验？

16.　简要说明什么是模式识别。

17.　简要说明麦卡锡教授对人工智能的定义。

18.　简要说明人工智能研究的内容。

19.　简要说明什么是 NP 问题。

第 2 章
计算机系统

计算机是一个复杂的系统，如果详细地分析一台计算机的体系结构和工作原理，将是一件十分困难的事情。如果按照层次结构的观点来分析它，事情或许要简单得多。本章主要介绍计算机系统的理论结构、工作原理、硬件组成和软件系统方面的知识。

 ## 2.1 计算机理论结构

从18世纪开始，人类就开始追求实现自动计算的梦想，并进行着不懈的努力，但关于自动计算的理论直到20世纪才取得突破性的成果，并为现代计算机的飞速发展奠定了坚实的理论基础。

2.1.1 图灵机基本工作原理

1. 图灵机的基本结构

1936年，图灵在伦敦数学杂志上发表了一篇具有划时代意义的论文《论可计算数及其在判定问题中的应用》。在论文里，图灵构造了一台完全属于想象中的"计算机"，数学家们将它称为"图灵机"。

图灵机由1个控制器P、1个读/写头（W/R）和1条存储带M组成（见图2-1）。其中，存储带是一个无限长的带子，带子上划分成许多单元格，每个格子里包含一个来自有限字母表的符号。控制器包含了一套控制规则（程序）和一个状态寄存器，控制规则根据当前机器所处的状态，以及当前读/写头所指的格子上的符号，来确定读/写头的下一步动作，并改变状态寄存器的值，令机器进入一个新的状态。存储带可以左右移动，并且通过读/写头对存储带上的符号进行修改或读出。

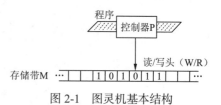

图 2-1　图灵机基本结构

图灵机的工作过程是：存储带移动一格，就把"1"变成"0"，或者把"0"变成"1"，或者不变。"0"和"1"代表在解决某个特定数学问题中的运算步骤。

图灵机是一个虚拟的计算机，它完全忽略计算机的硬件特征，考虑的焦点是计算机的逻辑结构。图灵认为："凡是能用算法解决的问题，也一定能用图灵机解决；凡是图灵机解决不了的问题，任何算法也解决不了。"

图灵在提出图灵机模型后，又发现了新问题，有些问题图灵机是无法计算的。它们有定义模糊的问题，如"人生有何意义"；缺乏数据的问题，如"明天体彩的中奖号码是多少"；指数自身的问题，如"停机问题"等，这些问题的答案是图灵机无法计算的。还有一些定义完美的问题，它们也是不可计算的，如"梵天塔问题""指数爆炸问题"等，这些问题都称为不可计算问题。

2. 图灵机模型的重大意义

图灵机是一个理想的数学计算模型，或者说是一种理想中的计算机。图灵机本身并没有直接带来计算机的发明，但是图灵机对计算本质的认识，是计算机科学的基础。它告诉人们计算是系列指令的集合，什么是可计算的、什么是不可计算的。图灵机的重大意义如下。

① 它证明了通用计算理论，肯定了计算机实现的可能性。

② 图灵机引入了读/写、算法、程序、人工智能等概念，极大地突破了计算机的设计理念。

③ 图灵机模型是计算学科最核心的理论，因为计算机的极限计算能力就是通用图灵机的计算能力，很多复杂的理论问题可以转化为图灵机这个简单的模型进行分析。

图灵机理论不仅解决了纯数学的基础理论问题，另一个巨大的收获是理论上证明了通用数字计算机的可行性。虽然早在 1834 年，巴贝奇设计制造了"分析机"，证实了机器计算的可行性，但并没有在理论上证明计算机的"必然可行"。图灵机在理论上证明了"通用机"的必然可行性。

明白了图灵的贡献，人们就不难理解，为什么冯·诺依曼本人对于"计算机之父"的桂冠坚辞不受。曾经担任过冯·诺依曼研究助手的美国物理学家弗兰克尔教授写道："许多人都推举冯·诺依曼为'计算机之父'，然而我确信他本人从来不会促成这个错误。"

2.1.2　冯·诺依曼计算机结构

现代计算机的设计思想是由美籍匈牙利科学家冯·诺依曼于 1945 年首先提出来的。冯·诺依曼的重大贡献在于提出了"存储程序"的设计思想，并确定了"计算机结构"的五大部件，目前的计算机都是基于冯·诺依曼的设计思想而开发的。

1. 冯·诺依曼计算机结构模型

冯·诺依曼在著名的"101 报告"中提出了计算机必须包括输入设备、输出设备、存储器、控制器、运算器五大部分。常见的冯·诺依曼计算机结构如图 2-2 所示。

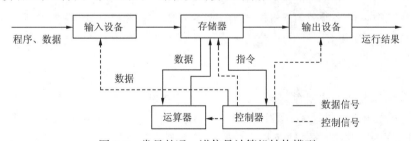

图 2-2　常见的冯·诺依曼计算机结构模型

（1）运算器

运算器又称算术逻辑单元（ALU），它是计算机进行算术运算和逻辑运算的部件。算术运算有加、减、乘、除等；逻辑运算有比较、移位、与、或、非、异或等。在控制器的控制下，运算器从存储器中取出数据进行运算，然后将运算结果写回存储器中。

（2）控制器

控制器主要用来控制程序和数据的输入/输出，以及各个部件之间的协调运行。控制器由

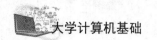

程序计数器、指令寄存器、指令译码器和其他控制单元组成。控制器工作时，它根据程序计数器中的地址，从存储器中取出指令，送到指令寄存器中，再由控制器发出一系列命令信号，送到有关硬件部位，引起相应动作，完成指令所规定操作。

（3）存储器

存储器的主要功能是存放运行中的程序和数据。在冯·诺依曼计算机模型中，存储器是指内存单元。存储器中有成千上万个存储单元（字节），每个存储单元存放一组（8位）二进制数据。对存储器的基本操作是数据的写入或读出，这个过程称为"内存访问"。为了便于存入或取出数据，存储器中所有单元均按顺序依次编号，每个存储单元的编号称为"内存地址"。当运算器需要从存储器某单元读取或写入数据时，控制器必须提供存储单元的地址。向存储单元存入数据称为"写入"，写入新的数据则覆盖了原来存储单元的旧数据。从存储器单元里取出数据称为"读出"，数据读出后并不破坏原来存储单元内的数据，因此数据可以重复读出，多次利用。

（4）输入设备

输入设备的第一个功能是用来将外部世界中的数据输入计算机，如输入数字、文字、图形、电信号等，并且转换成为计算机使用的二进制编码；第二个功能是由用户对计算机进行操作控制。常见的输入设备有键盘、鼠标、数码照相机等设备，还有一些设备既可以作为输入设备，也可以用作输出设备，如硬盘、U盘、网卡等。

（5）输出设备

输出设备将计算机处理的结果转换成为用户熟悉的形式，如数字、文字、图形、声音、视频等。常见的输出设备有：显示器、打印机、硬盘、U盘、音箱、网卡等。

2. 存储程序思想的重要性

冯·诺依曼"存储程序"的计算机设计思想是非常重要的。例如，如果心算一道简单的2位数加法题，肯定毫不费力就算出来了；如果算20个2位数的乘法，心算起来肯定很费力；如果给一张草稿纸，也能很快算出来。其实计算机也是一样，一个没有内部存储器的计算机进行一个很复杂的计算，可能根本没有办法算出来。因为它的存储能力有限，无法记住很多中间结果；但是如果给它一些内部存储器当作"草稿纸"，计算机就可以把一些中间结果临时存储在内部存储器中，然后在需要时把它取出来，进行下一步运算，如此往复，计算机就可以完成很多复杂的计算工作。存储程序的设计思想为符号化计算、软件控制计算机、提高运行效率、程序员职业化提供了理论基础，它的重要性丝毫不亚于图灵的"可计算"理论。

（1）早期计算机的程序运行

在早期计算机设计中，人们认为程序与数据是两种完全不同的实体。因此，自然地将程序与数据进行分离，数据存放在存储器中，程序则作为控制器的一个组成部分，采用外部开关、外接线路、外插接孔等方式输入程序。这样，每执行一个程序，都要对控制器进行设置。例如在 ENIAC 计算机中，编制一个解决小规模问题的程序，就要在40多块几英尺长的插接板上，插上几千个带导线的插头。显然，这样的计算机不仅效率低，且灵活性非常差。

（2）符号化计算

冯·诺依曼计算机设计的核心思想是存储程序，即将程序与数据同等看待，对程序像数据一样进行编码，然后与数据一起存放在存储器中。这样，计算机就可以通过调用存储器中的程序，对数据进行操作。从对程序和数据的严格区分到同等看待，这个观念上的转变是计算机发展史上的一场革命。存储程序反映的是计算的本质，即由硬件化计算转向符号化（二进制编码）计算。

（3）软件控制计算机

早期计算机由硬件控制着整个系统，存储程序设计思想的出现打破了这个设计原则，导致了计算机由软件进行控制的设计方案，没有软件的计算机称为裸机，连启动都不能进行。

（4）提高运行效率

存储程序意味着事先将编制好的程序调入计算机存储器（内存）中，计算机在运行时就能自动地、连续地从存储器中依次取出指令并执行。这大大提高了计算机的运行效率，减少了硬件连接故障。

（5）程序员的职业化

更加重要的是，存储程序的设计思想导致了硬件与程序的分离，即硬件设计与程序设计分开进行，这种专业分工直接催生了程序员这个职业。

3. 冯·诺依曼计算机结构的进化

（1）早期的计算机由硬件控制

目前的计算机基本遵循冯·诺依曼的设计思想，但是随着研究的深入和技术的进步，冯·诺依曼计算机结构有了一些变化。例如，连接线路变成了总线，运算器变成了CPU，其中最重要的变化是"控制器"部件的变化。早期的冯·诺依曼计算机由控制器和程序共同对计算机进行控制，存储单元太小，如冯·诺依曼当时主持设计的EDVAC计算机内存只能存储1 000个44位的字，程序的功能也不强大，更谈不上操作系统的出现，因此控制器是整个计算机的控制核心。

（2）目前的计算机由软件控制

随着技术的进步，存储单元的容量越来越大，运算器性能不断提高，计算机变得越来越复杂，这促使了操作系统的诞生。这时，利用控制器对整个计算机系统进行控制，就产生了硬件复杂、灵活性不够、系统成本高等问题。因此，在目前的计算机系统设计中，将控制器中的一小部分功能转移到了CPU中，而控制器的大部分功能则由操作系统来实现，也就是由软件（操作系统）控制整个计算机系统。这种设计思想大大增强了计算机的灵活性和通用性，同时降低了系统的复杂性和成本。由软件控制计算机是存储程序设计思想的必然结果。

（3）目前计算机的冯·诺依曼结构

如图2-3所示，在目前的x86系列计算机中，输入设备有键盘、鼠标、麦克风等；输出设备有显示器、音箱、打印机等；还有一些设备既可以作为输入设备，也可以用作为输出设备，如计算机网络等；存储器主要有内存、高速缓存、硬盘、U盘等；计算机中的运算器主要由CPU实现。CPU主要进行算术运算和逻辑运算；早期冯·诺依曼设想的控制器目前主要由操作系统来实现，也就是由软件控制计算机；冯·诺依曼结构中的控制线和数据线，主要由计算机的总线（如FSB总线、PCI-E总线、USB总线等）和集成电路芯片（如南桥芯片等）实现，总线上传输的信号可以是地址、数据和指令。

图 2-3　冯·诺依曼计算机的实现

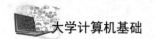

2.1.3 哈佛计算机基本结构

在冯·诺依曼计算机结构中，指令和数据共享同一存储器和同一传输总线，有时会造成指令与数据传输的冲突。例如，计算机在播放高清视频时，数据流巨大，而指令流很小，一旦数据流发生拥塞现象，会导致指令无法传输。这种现象一旦发生在工业控制领域，将产生不可预计的后果。工业计算机系统需要较高的运算速度，为了提高数据吞吐量，在一些工业计算机中会采用哈佛结构。

哈佛结构计算机如图2-4所示，它有两个明显的特点：一是使用两个独立的存储器模块，分别存储指令和数据；二是使用两条独立的总线，分别作为CPU与存储器之间的专用通信路径，这两条总线之间毫无关联，避免了指令传输与数据传输的冲突。

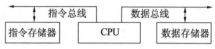

图 2-4　哈佛计算机结构原理

在哈佛结构计算机中，CPU首先到指令存储器中读取程序指令内容，解码后得到数据地址；再到相应的数据存储器中读取数据，进行下一步操作（通常是执行）。程序指令存储和数据存储分开，可以使指令和数据有不同的数据宽度。

采用哈佛结构的CPU和微处理器的有IBM公司的PowerPC处理器，SUN公司的UltraSPARC系列处理器，MIPS公司的MIPS系列处理器，安谋公司的ARM9、ARM10和ARM11等。大部分RISC（精简指令系统）计算机采用哈佛结构。大部分工业控制计算机和智能手机也采用哈佛结构。

2.1.4 新型计算机系统研究

20世纪70年代，人们发现能耗会导致计算机中的芯片发热，极大地影响了芯片的集成度，从而限制了计算机的运行速度。当前集成电路在制造中采用了光刻技术，集成电路内部晶体管的导线宽度达到了几十纳米。然而，当晶体管元件尺寸小到一定程度时，单个电子将会从线路中逃逸出来，这种单电子的量子行为（量子效应）将产生干扰作用，致使集成电路芯片无法正常工作。目前，计算机集成电路的内部线路尺寸将接近这一极限。这些物理学及经济方面的制约因素，促使科学家进行新型计算机方面的研究和开发。

1. 超导计算机

超导是指导体在接近绝对零度（-273.15℃）时，电流在某些介质中传输时所受阻力为零的现象。1962年，英国物理学家约瑟夫森（Josephson，1940—）提出了"超导隧道效应"，即由超导体—绝缘体—超导体组成的器件（约瑟夫森元件）。当对两端施加电压时，电子就会像通过隧道一样无阻挡地从绝缘介质中穿过，形成微小电流，而该器件的两端电压为零。利用约瑟夫森器件制造的计算机称为超导计算机，这种计算机的耗电仅为用半导体器件耗电的几千分之一，它执行一个指令只需十亿分之一秒，比半导体元件快10倍。

超导现象只有在超低温状态下才能发生，因此在常温下获得超导效果还有许多困难需要克服。

2. 量子计算机

与现有计算机类似，量子计算机同样由存储元件和逻辑门元件构成。在现有计算机中，每个晶体管存储单元只能存储一位二进制数据，非0即1。在量子计算机中，数据采用量子位存储。由于量子的叠加效应，一个量子位可以是0或1，也可以既存储0又存储1。所以，一个量子位可以存储2位二进制数据，就是说同样数量的存储单元，量子计算机的存储量比晶体管计算机大。量子计算机的优点有：能够实行并行计算，加快了解题速度；大大提高了存储能力；可以对任意物理系统进行高效率的模拟；能实现发热量极小的计算机。

　　量子计算机也存在一些问题：一是对微观量子态的操纵太困难；二是受环境影响大，量子并行计算本质上是利用了量子的相干性，遗憾的是，在实际系统中，受到环境的影响，量子相干性很难保持；三是量子编码是迄今发现的克服消除相干最有效的方法，但是它纠错较复杂，效率不高。

　　2007年，加拿大D-Wave System公司宣布研制了世界上第一台16量子位的量子计算机样机（见图2-5），2008年，又提高到48量子位。到了2011年5月提高到128量子位。随着量子信息科学的研究和发展，2019年初又大幅度地提高到超过5 000量子位。

图 2-5　D-Wave 量子计算机的处理器

3. 光子计算机

　　光子计算机是以光子代替电子，光互连代替导线互连。和电子相比，光子具备电子所不具备的频率和偏振，从而使它负载信息的能力得以扩大。光子计算机的主要优点是光子不需要导线，即使在光线相交的情况下，它们之间也丝毫不会相互影响。一台光子计算机只需要一小部分能量就能驱动，从而大大减少了芯片产生的热量。光子计算机的优点是并行处理能力强，具有超高速运算速度。目前超高速电子计算机只能在常温下工作，而光子计算机在高温下也可工作。光子计算机信息存储量大，抗干扰能力强。光子计算机具有与人脑相似的容错性，当系统中某一元件损坏或出错时，并不影响最终的计算结果。

　　光子计算机也面临一些困难：一是随着无导线计算机能力的提高，要求有更强的光源；二是光线严格要求对准，全部元件和装配精度必须达到纳米级；三是必须研制具有完备功能的基础元件开关。

4. 生物计算机

　　生物计算机的运算过程是蛋白质分子与周围物理化学介质的相互作用过程。计算机的转换开关由酶来充当。生物计算机的信息存储量大，能够模拟人脑思维。

　　利用蛋白质技术生产的生物芯片，信息以波的形式沿着蛋白质分子链中单键、双键结构顺序改变，从而传递了信息。蛋白质分子比硅晶片上的电子元件要小得多，生物计算机完成一项运算，所需的时间仅为10 ps（皮秒）。由于生物芯片的原材料是蛋白质分子，所以生物计算机有自我修复的功能。

　　蛋白质作为工程材料来说也存在一些缺点：一是蛋白质受环境干扰大，在干燥的环境下会不工作，在冷冻时又会凝固，加热时会使机器不能工作或者不稳定；二是高能射线可能会打断化学键，从而分解分子机器；三是DNA（Deoxyribonucleic acid，脱氧核糖核酸）分子容易丢失，不易操作。

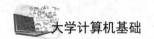

5. 神经网络计算机

神经网络计算机是模仿人的大脑神经系统，具有判断能力和适应能力，具有并行处理多种数据功能的计算机。神经网络计算机可以同时并行处理实时变化的大量数据，并得出结论。以往的信息处理系统只能处理条理清晰、经络分明的数据。而人的大脑神经系统却具有处理支离破碎、含糊不清信息的能力。神经网络计算机类似于人脑的智慧和灵活性。

神经网络计算机的信息不存在存储器中，而是存储在神经元之间的联络网中。若有结点断裂，计算机仍有重建资料的能力。它还具有联想记忆、视觉和声音识别能力。

未来的计算机技术将向超高速、超小型、并行处理、智能化方向发展。超高速计算机将采用并行处理技术，使计算机系统同时执行多条指令，或同时对多个数据进行处理。计算机也将进入人工智能时代，它将具有感知、思考、判断、学习以及一定的自然语言能力。随着新技术的发展，未来计算机的功能将越来越多，处理速度也将越来越快。

6. 计算机是否会超过人类

人类的劳动可以分为体力劳动和脑力劳动。相应地，人的能力也可以分为体力和脑力。

从最能代表人类体力极限的世界纪录（如跳高、举重等），就可以看到人的体力相当有限。然而，要人们承认这个事实却很困难，各种小说、电影等更是极力地夸大了人体的力量。

人的脑力也相当有限。就脑力而言，要说人们处在同一个数量级更是让人难以接受。然而，如果能像体育运动那样明确比赛规则，就不得不接受人的脑力也处在同一个数量级的事实。例如 $1+2+3+\cdots+n$，如果规定必须一步步相加，当 n 确定时，人们所花费的时间不会相差太多。当用同一个算法解决同一个问题时，不同的人所花费的时间大致在一个数量级中。

既然人的体力和脑力极其有限，而且又处在同一个数量级上，那如何解释人类在认知和改造世界中所产生的巨大力量？答案在于依靠工具。人能够创造工具又能够使用工具。

尽管目前人类还未能跳过 2.5 m 的高度，手工计算的速度也不快。然而，如果使用工具（如飞机等），人就可以飞得很高；使用计算机就可以在较短的时间内，解决一些复杂的问题。而工具的发明和使用依赖于人类的创造性思维。

计算机的能力是否能超过人类，很多持否定意见的人的主要论据是：机器是人造的，其性能和动作完全由设计者规定，因此，无论如何能力也不会超过设计者本人。这种意见对不具备学习能力的计算机来说也许是正确的，可是对具备学习能力的计算机就值得考虑了。因为具有学习能力的计算机可以在应用中不断提高，过一段时间后，设计者本人也不知道它的能力到了何种水平。

20世纪50年代，IBM公司的工程师塞缪尔（Samuel，美国）设计了一个"跳棋"程序。这个程序具有学习能力，可以在不断的对弈中改善自己的棋艺。"跳棋"程序运行于IBM704大型通用电子计算机中，塞缪尔称它为"跳棋机"。"跳棋机"可以记住 17 500 张棋谱，实战中能自动分析猜测哪些棋步源于书上推荐的走法。首先，塞缪尔自己与"跳棋机"对弈，从而积累经验；1959年"跳棋机"战胜了塞缪尔本人；3年后，"跳棋机"一举击败了美国一个州保持8年不败纪录的跳棋冠军；后来它终于被世界跳棋冠军击败。这个程序向人们展示了机器学习的能力，提出了许多令人深思的社会与哲学问题。

目前，在计算速度、记忆能力、逻辑推理方面，计算机已经超过了人类；然而在创新思维、情绪感受方面，目前的计算机研究进展不大。计算机是否能够超过人类？图灵在《计算机器与智能》一文中给出的答案是："有可能人比一台特定的机器聪明，但也有可能别的机器更聪明……"

2.2　计算机工作原理

　　计算机的工作过程是将现实世界中的各种信息转换成计算机能够理解的二进制代码（信息编码），然后保存在计算机的存储器（数据存储）中，再由运算器对数据进行处理（数据计算）。在数据存储和计算过程中，需要通过线路将数据从一个部件传输到另外一个部件（数据传输）。数据处理完成后，再将数据转换成人类能够理解的信息形式（数据解码）。在以上工作过程中，信息如何编码和解码，数据存储在什么位置，数据如何进行计算等，都由计算机能够识别的机器命令（指令系统）控制和管理。由以上讨论可以看出，计算机本质上就是一台符号处理机器。

2.2.1　信息编码

1. 信息的编码转换

　　为了有效地进行信息的传输、存储和处理，需要建立一套信息表示系统，这就需要对信息进行编码。人们日常使用的语言文字就是一种信息编码系统。例如，当人们和别人谈话时，说的每个字都是字典中所有单词中的一个。如果为字典中所有的单词从1开始编号，人们就可能精确地使用数字进行交谈，而不使用单词。当然，谈话的两个人都需要一本已经给每个单词编号的字典以及足够的耐心。换句话说，可以为各种信息进行编码，达到信息转换的目的。

　　以汉字为例，汉字之多非常惊人，如2011年出版的《新华字典》有8 500多个汉字单字；1994年出版的《中华字海》收录了87 019个汉字单字。但是，这么多汉字的基本组成笔画只有28种，用这28个基本笔画的不同组合，就能编码出复杂的中文汉字系统。

　　人们可以将现实世界中的事实、场景、概念、想象、物理量等信息，以文字、符号、数值、表格、声音、图形等形式表达出来。这些信息可以由人工或计算机设备输入计算机中。计算机将这些要处理的信息转换成二进制数据（编码），经过计算机的处理，得到人们希望的结果。

2. 二进制编码的理论基础

　　现代计算机广泛使用二进制的信息表示方式。信息论创始人克劳德·艾尔伍德·香农（Claude Elwood Shannon，1916—2001，美国）在1948年发表了《通信的数学原理》的论文。他首次指出通信的基本信息单元是符号，而最基本的信息符号是二值符号。最典型的二值符号是二进制数，它以"1"或"0"代表两种状态。例如，某个命题的"真"或"假"是该命题的两种状态；某条线路的"接通"或"断开"也是两种不同的物理状态。这些状态都可以用二进制数来表示。

　　香农提出，信息的最小单位是对一个命题真假的判断。他把这个信息的最小单位称为比特（bit）。比特是度量信息的基本单位。任何复杂的信息都可以根据结构和内容，按照一定的编码规则分割为更简单的成分，一直分割到最小的信息单位，最终变换为一组"0""1"构成的二进制数据。不管是文字、数据、照片，还是音乐、讲话录音或电影，都可以编码为一组二进制数据，并能基本无损地保持其代表的信息含义。将信息转换为"二进制编码"的方法通常称为"信息的数字化"。

　　计算机的物理特性决定了它能够方便地存储二进制的数字，并能够对这种二进制数据进行高速处理。虽然世界上信息的表现形式多种多样，但在计算机里它们的形式得到了统一。任何信息在计算机中都以二进制数字的形式进行存储、处理和传输。

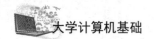

3. 二进制编码案例分析

下面做一个简单的案例分析，说明二进制编码对计算机的优越性和重要性。如果计算机采用十进制数作为信息编码的基础，那么做加法运算就需要10个（0~9）运算符号，而且加法运算规则有：0+0=0，0+1=1，0+2=2，…，9+9=18，共有100个运算规则。如果采用二进制编码，则运算符号只有2个（0和1），加法规则为：0+0=0，0+1=1，1+0=1，1+1=10，一共只有4个运算规则。可见采用二进制编码可以大大降低计算机设计的复杂性。也许，由于加法运算服从交换律，1+2与2+1具有相同的运算结果，这样十进制的运算规则可以减少到50个。但是这对计算机设计来说，结构会更加复杂，因为计算机需要增加一个判断部件，判断运算的类型是加法运算还是减法运算，因为减法运算不服从交换律。也许还能指出，十进制的1+2只需要做一位加法运算；而转换为8位的二进制数后，需要做8位加法运算（00000001+00000010）。可见二进制数增加了计算的工作量，但是计算机最善于做大量的、简单的、重复的高速计算工作。由以上分析可以看出，利用二进制数设计计算机结构简单，但是存储量和计算量会大大增加。这符合图灵提出的计算思想，即机械的、有限的计算。

4. 计算机中的二进制编码

计算机内部的数据主要包括程序和数据。数据分为数值型数据和非数值型数据两大类。数值型数据是指能进行算术运算（加、减、乘、除）的数据；非数值型数据是指文字、声音和图像等不能直接进行算术运算的数据。无论是数值型数据，还是非数值型数据，它们都必须进行二进制数字编码。程序是一系列指令的集合，因此在本质上程序也是一种非数值型数据。

当计算机接收到一系列二进制符号（0和1的字符串流）时，它并不能直接"理解"这些二进制符号的含义。例如，简单地问二进制数字"01000010"在计算机内的含义是什么？这个问题无法给出简单的回答。因为这个二进制数字的意义要看它在什么地方使用，以及这个二进制数字的编码规则是什么。又如，如果是采用原码编码的数值，则表示为十进制的+65；如果采用BCD编码，则表示为十进制的42；如果采用ASCII编码，则表示是字符A；另外它还可能是一个音频数据、一个视频数据、一条运算指令，或者有其他的含义。二进制数据的具体含义取决于程序对它的解释。

5. 计算机编码的基本原则

计算机编码的方法是对原始信息按一定的数学规则进行变换。编码的目的是为了方便信息的计算机处理、存储和传输。因此它必须遵循以下原则。

① 二进制编码应当与各种信息中的基本单位建立一一对应的关系。例如，英文数字和字符与ASCII编码的一一对应关系；图形中的像素点与一组二进制数（3个字节）的一一对应关系等。

② 二进制编码应当适应计算机处理的需要。例如，四则运算中的符号可以利用二进制数的"0"和"1"表示；逻辑运算结果的"真"和"假"可以利用二进制数的"0"和"1"表示。

③ 编码应当尽量减少数据的冗余度。例如，没有压缩的音频信号数据冗余度非常大，采用MP3编码进行压缩后，可以大大减小数据的冗余度，达到减小存储空间，加快传输速度的目的。

数据传输要通过各种物理信道，由于电磁干扰、设备故障等因素影响，被传送的信号可能发生失真，使信息遭到损坏，造成接收端信号误判。为了提高信息传输的可靠性，除提高信道抗噪声干扰外，必须在计算机通信系统和存储系统中采用专门的检错和纠错编码。常见的检错编码有：奇偶校验编码、循环冗余校验编码（CRC）、海明校验码（Hamming Code）等。

2.2.2 数据存储

计算机中的存储器分为两大类：内部存储器和外部存储器。内部存储器又称内存，通过总线与CPU相连，用于存放正在执行的程序和数据；外部存储器又称外存，需要通过专门的接口电路与主机相连，用于存放暂时不执行的程序和数据。

1. 存储器的类型

随着计算机性能的增强，操作系统和应用程序也越来越大，对存储器容量的需求在成比例的增长。不同存储器之间，它们的工作原理不同，性能也不同。计算机中常用的存储器类型如图2-6所示。

（1）内存

内存是采用CMOS（互补金属氧化物半导体）工艺制作的半导体存储芯片。内存断电后，其中的程序和数据都会丢失。

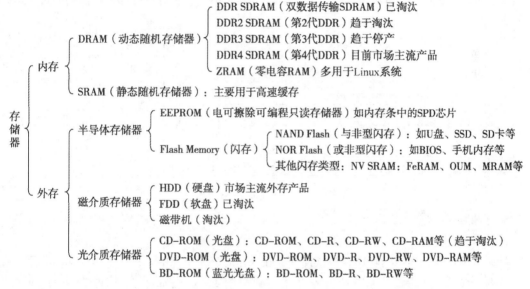

图 2-6 计算机中常用的存储器类型

（2）外存

外存的存储材料和工作原理更加多样化。由于外存需要保存大量数据，因此要求容量大，价格便宜，更重要的是外存中的数据在断电后不会丢失。外存的存储材料有：采用半导体存储材料的闪存（Flash Memory），如电子硬盘（SSD）、U盘（USB接口闪存）、存储卡（如SD卡）等；采用磁介质存储材料的硬盘等；采用光介质存储材料的CD-ROM、DVD-ROM、BD-ROM光盘等。

（3）存储容量的单位

在存储器中，最小的存储单位是字节（byte，B），1个字节可以存放8位（bit）二进制数据。在实际应用中，字节单位太小，为了方便计算，引入了KB、MB、GB等，它们的换算关系如下：1 B=8 bit，1 KB=1 024 B，1 MB=1 024 KB，1 GB=1 024 MB，1 TB=1 024 GB，1 PB=1 024 TB，1 EB=1 024 PB。

（4）存储器的性能

存储器的性能一般由3个指标来衡量。一是存取时间，指启动一次存储器操作到完成该操作所需要的全部时间。存取时间越短，性能越好。内存的存取时间通常为纳秒级（1 ns=10^{-9} s），

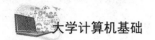
硬盘的存取时间通常为毫秒级（$1 \text{ ms} = 10^{-3} \text{ s}$）；二是存取周期，指存储器连续两次独立的存储器操作所需的最小间隔时间，如寄存器与内存的存取时间都在纳秒级，但是寄存器为1个存取周期（与CPU同步），而DDR3-1600的内存为30个存取周期；三是传输带宽，它是单位时间里存储器能达到的最大数据存取量，或者说是存储器的最大数据传输速率，串行传输带宽单位为bit/s（位/秒），并行传输单位为B/s（字节/秒）。

2. 存储器的层次结构

不同的存储器性能和价格不同，不同的应用对数据存储的要求也不同。例如，对最终用户来说，要求存储容量大，如几百兆字节或数千兆字节的存储空间；要求停电后数据不能丢失；要求存储设备的移动性好，价格便宜，但是对数据的读/写延时不敏感，在秒级即可满足用户要求。对计算机核心部件CPU来说，存储容量不大，数百个存储单元（寄存器）即可，数据不要求停电保存（因为大部分为中间计算结果），对存储器的移动性没有要求，但是CPU对数据传送速度要求极高。为了解决这些矛盾，数据在计算机中分层次进行存储，存储器的层次结构如图2-7所示。

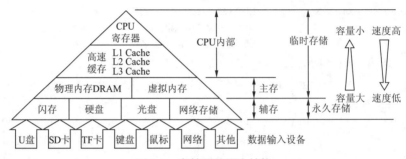

图 2-7　存储器的层次结构

3. 存储器中数据的查找

（1）内存数据查找

计算机工作时，运行的程序和数据都存放在内存的存储单元中。每一个内存存储单元（字节）都有一个地址（类似房间编号）。CPU在运算时按地址查找需要的程序或数据，这个过程称为寻址。

如图2-8所示，内存地址采用无符号二进制数表示，早期8086计算机地址采用20位（即20根地址线）二进制数表示，CPU的寻址空间为$2^{20} \text{ B} = 1\ 048\ 576 \text{ B}$（1 MB），也就是说，内存容量大于1 MB时，CPU就无法找到它们了。CPU采用32位地址（即32根地址线）时，CPU最大能查找到$2^{32} = 4 \text{ GB}$内存的程序和数据。当内存容量大于4 GB时，32位地址的CPU也无法找到其中的数据。

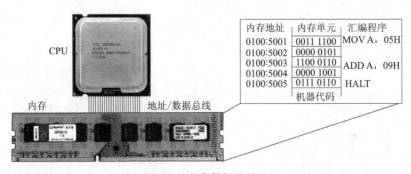

图 2-8　内存数据的寻址

（2）外存数据查找

程序和数据没有运行时，存放在外存设备中，如硬盘、U盘、光盘等。程序运行时，CPU不能直接对外存的程序和数据进行寻址，必须由操作系统将程序和数据复制到内存中，CPU在内存中读取程序和数据。外存数据的查找方法与内存有很大区别。例如，硬盘按"扇区"进行查找，U盘按"块"进行查找，光盘也按"扇区"查找，但是扇区的结构与硬盘不同。地址的编码方式也与内存不同，如硬盘按"簇"（1簇=4 KB=8个扇区）号进行地址编码，寻址时不需要单独的地址线，而是将地址信息放在数据包中，利用线路进行串行传输（见图2-9）。

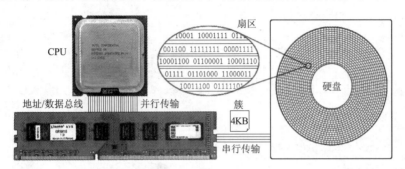

图 2-9　硬盘数据的寻址

2.2.3　数据传输

数据传输包括计算机内部的数据传输（如CPU与内存之间的数据传输）、计算机与外围设备之间的数据传输（如计算机与打印机之间的数据传输）、计算机与计算机之间的数据传输（如两台计算机之间的QQ聊天）。虽然数据传输的目的相同，但是实现的方法各不相同。例如，CPU与内存之间采用并行传输，而计算机与外设之间采用串行传输；CPU与内存之间采用内存地址进行寻址，而计算机与计算机之间采用IP地址进行寻址。数据传输的过程在计算机领域称为通信。

1. 数据传输的基本概念

信号是数据（用户信息和控制信息）在传输过程中的电磁波或光波的物理表现形式，为了传输二进制编码的数据，必须将数据转换为数字信号或模拟信号。

模拟信号是连续变化的电磁波或光波信号（见图2-10）。

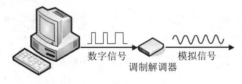

图 2-10　数字信号与模拟信号

数字信号是传输介质中的电压脉冲序列。数字信号的优点是传输速率高，传输成本低，对噪声不敏感。数字信号的缺点是信号容易衰减，因此，数字信号不利于长距离传输。而光脉冲数字信号则克服了这个缺点。

数据传输可以是单向传输（单工），如计算机向打印机、音箱等设备单向传输数据；也可以是双向传输数据（全双工），如内存与CPU、计算机网络等，都采用双向传输；还有一部分设备采用半双向传输（半双工），就是只允许一方数据传输完成后，另外一方才能进行数据传输，如采用SATA 2.0接口的硬盘、采用USB 2.0接口的U盘等设备，都采用半双向传输。

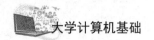

2. 数据传输模式

（1）并行传输

如图 2-11 所示，并行传输是数据以成组的方式（1 至多字节）在线路上同时进行传输。并行传输中，每个比特位占用一条线路，如 32 位传输就需要 32 条线路，这些线路通常制造在电路板中（如主板中的总线），或在一条多芯电缆里（如显示器与主机的连接电缆）。并行传输适用于两个短距离设备之间的数据传输。在计算机内部，各个部件之间的通信往往采用并行传输。例如，内存与 CPU 之间的数据传输，PCI 总线设备与主板芯片组之间的数据传输。并行传输不适用于长距离（2 m 以上）传输。

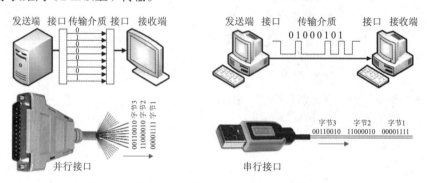

图 2-11　数据的并行传输（左）与串行传输（右）

（2）串行传输

如图 2-11 所示，串行传输是数据在一条传输线路（信道）上一位一位按顺序传送的通信方式。串行传输时，所有的数据、状态、控制信息都在一条线路上传送。这样，通信时所连接的物理线路最少，也最经济，因而特别适合远距离信号传输。

（3）并行传输与串行传输的比较

并行传输在一个时钟周期里可以传输多位（如 32 位）数据，而串行传输在一个时钟周期里只能传输一位数据，从理论上看，并行传输的数据传输速率大大高于串行传输。

但是，提高并行传输的速率存在很多困难：一是并行传输的时钟频率大多在 200 MHz 以下，而且很难提高，因为时钟频率过高时，会导致多条线路之间传输信号的相互干扰；二是高频（100 MHz 以上）并行传输时，信号之间的同步控制成本很高；三是目前并行传输的最高速率为 12 GB/s 左右。

串行传输的频率目前达到了 10 GHz 以上，如 USB 3.1 的传输频率为 10.0 GHz；例如，光纤串行传输的数据传输频率达到了 THz 级。目前单根光纤串行传输的最高数据传输速率达到 4 Tbit/s（已商业化）以上，如果以字节计算，大致为 400 GB/s 左右，可见大大高于并行传输的带宽。

在计算机内部数据传输中，目前越来越多地采用串行传输方法。如显卡数据传输采用 PCI-E 串行总线，硬盘采用 SATA 串行接口，外部数据采用 USB 串行总线等。

3. 传输差错控制

数据在传输过程中，如果不采用任何差错控制措施，直接用源码传输数据是不可靠的。最常用的差错控制方法是采用差错控制编码。差错控制编码分为检错码和纠错码，它们是数据在传输之前，先按照某种规则附加一定的冗余码，构成一个校验码后再发送。接收端收到校验码后，检查数据位与校验码之间的关系，确定传输过程中是否有差错发生。差错控制编码提高了数据传输的可靠性，但是它是以降低传输系统的效率为代价的。

（1）出错重传的差错控制方法

ARQ（自动重传请求）采用出错重传的设计思想。如图2-12所示，在发送端对数据进行检错编码，通过信道传送到接收端。接收端经过译码处理后，只检测数据有无差错，并不自动纠正差错。

图 2-12 ARQ 差错控制方式

如果接收端检测到接收的数据有错误时，则利用信道传送反馈信号，请求发送端重新发送有错误的数据，直到收到正确数据为止。ARQ通信方式要求发送方设置一个数据缓冲区，用于存放已发送出去的数据，以便出现差错后，可以调出数据缓冲区的内容重新发送。在计算机通信中，大部分通信协议采用ARQ差错控制方式。

（2）奇偶校验差错控制方法

奇偶校验是计算机中使用最广泛的检错方法，分为奇校验或偶校验。奇偶校验可以发现数据错误，但不能纠正数据错误。奇偶校验的编码规则如表2-1所示。

表 2-1 奇偶校验编码规则表

校 验 方 式	数据中 "1" 的个数	校 验 位 值
奇校验	奇数个	0
	偶数个	1
偶校验	偶数个	0
	奇数个	1

例如，字符 "A" 的ASCII编码为1000001，其中有2位二进制数为 "1"。如果采用奇校验编码，由于这个字符的7位代码中有偶数个 "1"，所以校验位为 "1"，8位组合编码为：10000011，前7位是数据位，最低位是校验码。同理，如果采用偶校验，则校验位为 "0"，其8位数据编码为10000010。

例如，假设在数据传输前约定采用奇校验编码，接收端对接收的数据进行校验，如果接收到数据中 "1" 的个数为奇数个时，则认为传输正确；否则就认为传输中出现了差错。然而，在传输中有偶数个比特位（如2位）出现差错时，这种方法就检测不出错误。因此，奇偶校验只能检测数据中出现的奇数个错误，如果出错数为偶数个，则奇偶校验不能奏效。

奇偶校验容易实现，而且一个字符（7 bit）中2位同时发生错误的概率非常小，所以当数据传输信道干扰不严重时，奇偶校验的检错效果很好。数据传输和存储中广泛采用奇偶校验进行数据检错。

2.2.4 数据计算

计算机的工作过程实际上是程序指令的执行过程。前面讨论过，程序也是一种数据，因此计算机的工作过程也是一种数据计算过程。不过狭义的计算是指数值的计算，如加、减、乘、除等；而广义的计算，则是指问题的解决方法，即计算机通过数据计算，对某个问题自动进行有效求解。

1. 加法器部件

计算机中的计算建立在算术四则运算的基础上。在四则运算中，加法是最基本的运算。设

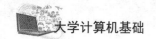

计一台计算机，首先必须构造一个能进行加法运算器的部件。减法、乘法、除法，甚至乘方、开方等运算都可以用加法导出。例如，减法运算可以用加一个负数的形式表示，乘法可以用连加的方法实现。因此，如果能构造出实现加法计算的机器，就一定可以构造出能实现其他运算的机器。

进行加法运算的部件称为加法器，这个部件设计在CPU内部的ALU（算术逻辑运算单元）中。加法器是对多位二进制数求和的一种运算电路。

CPU是计算机的核心部件，主要负责数据计算工作。在CPU部件中，有ALU（算术逻辑运算单元）和FPU（浮点运算单元）。ALU负责整数计算和逻辑计算，FPU负责小数计算。例如，在Intel Core i7 6700 CPU中，有4个CPU内核，每个内核有5个64位的ALU单元和3个128位的FPU单元。

2. 数据运算的类型

（1）整数运算

计算机的整数运算包括数值的整数运算，也包括非数值的整数运算。例如，在Windows操作系统中，可以对文件按文件名称排序或者按文件类型排序，这种排序实际上是对文件名的ASCII码值进行比较的整数运算过程。又如，在计算机中播放MP3音乐，实际上CPU需要对MP3文件中的数据进行解压缩计算，这也是一种整数运算过程；大量密码算法都建立在大整数运算的基础上。整数运算可以通过CPU内部的ALU进行计算。

（2）浮点运算

实数包含整数和小数。在计算机中，小数采用浮点数的形式进行存储和计算。浮点数是小数点位置不固定的数。浮点运算的应用领域有三角函数计算、开方计算、圆周率计算、3D图形计算（三维图形建模时会涉及三角函数计算）等。

浮点运算可以通过CPU内部的FPU进行计算。浮点运算比整数运算复杂得多，因此计算机进行浮点运算的速度比整数运算慢得多。

浮点数的运算会存在舍入误差。例如，将十进制的1/3转换成小数时，无论用多少位小数表示，都会存在舍入误差；在二进制数中，这种无穷小数的现象多于十进制数。又如，十进制的1/10转换为小数时为0.1，不存在无穷小数问题；而将十进制的1/10转换为二进制小数时为0.000110011…，是一个二进制循环小数，这就会存在舍入误差。

（3）逻辑运算

逻辑运算用来判断一件事情是"对"还是"错"，或者说是"成立"还是"不成立"。判断的结果是二值的，即没有"可能是"或者"可能不是"。"可能"是一个模糊概念，逻辑运算的结果只有两个值，即"真"（True）或"假"（False），这两个值称为"逻辑值"，用符号"1"和"0"表示。其中"1"表示逻辑运算的结果"成立"；如果逻辑运算结果为"0"，那么逻辑运算式表达的内容"不成立"。

计算机中最常见的逻辑运算是程序中的"循环"和"判断"，计算机用逻辑运算结果来判断是否该离开循环或继续执行循环内的指令。利用逻辑运算还可以进行两个数的比较，或者从某个数中选取某几位等操作。逻辑运算可以通过CPU内部的ALU进行计算。

3. 计算机指令执行过程

对计算机来说，所有复杂的事务处理都可以简化为3种最基本的操作，即二进制数据的存储、传输和计算。从程序运行层次来看，冯·诺依曼计算机就是一台指令执行机器。一条程序指令的执行可能包含许多操作，但是，主要由"取指令""指令译码""指令执行""结果写回"4种基本操作构成，这个过程是不断重复进行的，如图2-13所示。

取指令 → 指令译码 → 指令执行 → 结果写回

图 2-13 计算机中一条指令的执行过程

（1）取指令（IF）

在 CPU 内部有一个指令寄存器（IP），它保存着当前所处理指令的内存单元地址。当 CPU 开始工作时，便按照指令寄存器地址，通过地址总线查找到指令在内存单元的位置，然后利用数据总线将内存单元的指令传送到 CPU 内部的指令高速缓存。取指令工作过程如图 2-14 所示。

（2）指令译码（ID）

CPU 内部的译码单元将解释指令的类型与内容，并且判定这条指令的作用对象（操作数），将操作数从内存单元读入 CPU 内部的高速缓存中。译码实际上就是将二进制指令代码翻译成为特定的 CPU 电路微操作，然后由控制器传送给算术逻辑单元。指令译码工作过程如图 2-15 所示。

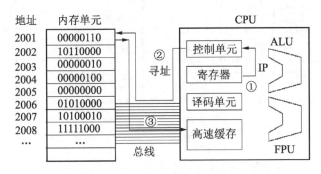

图 2-14 取指令

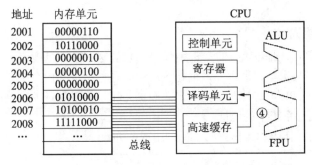

图 2-15 指令译码

（3）指令执行（IE）

控制器根据不同的操作对象，将指令送入不同的处理单元。如果是整数运算、逻辑运算、内存单元存取、一般控制指令等，则送入算术逻辑单元（ALU）处理。如果操作对象是浮点数据（如三角函数运算等），则送入浮点处理单元（FPU）进行处理。如果在运算过程中需要相应的用户数据，则 CPU 首先从数据高速缓存中读取相应数据。如果数据高速缓存没有用户需要的数据，则 CPU 通过数据通道从内存中获取必要的数据，运算完成后输出运算结果。指令执行工作过程如图 2-16 所示。

（4）结果写回（WB）

将执行单元（ALU 或 FPU）的处理结果写回高速缓存或内存单元中。计算结果写回过程如图 2-17 所示。

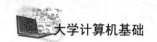

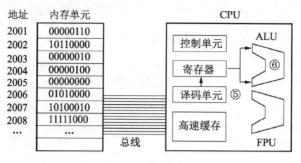

图 2-16 指令执行

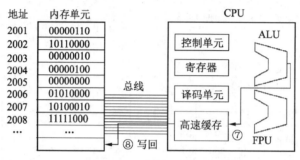

图 2-17 计算结果写回

在 CPU 解释和执行指令之后，控制单元告诉指令寄存器从内存单元读取下一条指令。这个过程不断重复执行，最终产生用户在显示器上所看到的结果。事实上各种程序都是由一系列指令和数据组成。计算机的工作就是自动和连续地执行一系列指令。

2.2.5 指令系统

1. 指令的基本组成

指令是能被计算机识别并执行的二进制代码，它规定了计算机能完成的某一种操作。指令的数量与类型由 CPU 决定。程序由一系列指令组成，这些指令在内存中是有序存放的。什么时候执行哪一条指令由 CPU 中的控制单元决定。数据是用户需要处理的信息，它包括用户的具体数据和这个数据在内存系统中的地址。

一条指令通常由操作码和操作数两个部分组成，如：

操作码	操作数

例如，8086 汇编语言指令的格式如下：

指令格式	操作码	操作数	说明
汇编指令	MOV BX,	1234H	将常数 1234H 存入 BX 寄存器，大致相当于高级程序
机器码	10111011	00110100 00010010	中的语句：BX=1234H
	BBH	34H 12H	十六进制数表示的操作码和操作数

操作码指明该指令要完成的操作类型或性质，如取数、做加法或输出数据等。操作码的二进制位数决定了机器操作指令的条数。当使用定长操作码格式时，如果操作码位数为 n，则指令有 2^n 条。

操作数指明操作对象的内容或所在的存储单元地址（地址码）。操作数在大多数情况下是地址码。地址码可以有多个。从地址码得到的仅是数据所在的地址。可以是源操作数的存放地址，也可以是操作结果的存放地址。

2. 指令系统

一台计算机的所有指令的集合，称为该计算机的指令系统。不同类型的计算机，指令系统有所不同。不同指令系统的计算机，它们之间的软件是不能通用的。例如，台式计算机采用x86指令系统。智能手机采用ARM（安谋）指令系统，因此它们之间的软件不能相互通用。

无论哪种类型的计算机，指令系统都应具有以下功能指令：

① 数据传送指令：将数据在内存与CPU之间进行传送。

② 数据处理指令：数据进行算术、逻辑或关系运算。

③ 程序控制指令：如条件转移、无条件转移、调用子程序、返回、停机等。

④ 输入/输出指令：用来实现外围设备与主机之间的数据传输。

⑤ 其他指令：对计算机的硬件和软件进行管理等。

3. CISC 与 RISC 指令系统

（1）CISC指令系统

早期的计算机部件比较昂贵，主频低，运算速度慢。为了提高运算速度，人们不得不将越来越多的复杂指令加入指令系统中，以提高计算机的处理效率，这就逐步形成CISC（复杂指令集计算机）指令系统。英特尔公司的x86系列CPU就是典型的CISC指令系统。从最初的8086到目前的Core i系列，每个新一代的CPU都会有自己的新指令。为了兼容以前CPU平台上的软件，旧的指令集又必须保留，这就使指令系统越来越复杂。

（2）RISC指令系统

RISC（精简指令集计算机）的设计思路是：尽量简化计算机指令的功能，将较复杂的功能用一段子程序来实现，减少指令的总数，所有指令的格式一致，所有指令在一个周期内能够完成，采用流水线技术。目前的智能手机和平板计算机，大部分采用RISC指令系统。

4. x86基本指令集

英特尔公司1978年发布8086指令集。这些指令分为两部分：一部分为标准8086指令；另一部分为8087浮点处理指令，一共166条，这些指令奠定了x86指令集的基础。

x86指令是一种复杂指令系统，没有什么规律。x86指令长度为1 B ～ 15 B不等，大部分指令在5 B以下。从Pentium Pro CPU开始，英特尔公司将长度不同的x86指令，在CPU内部译码成长度固定的RISC（精简指令系统）指令，这种方法称为微指令或微操作（μOP）指令。

 ## 2.3　计算机硬件系统

计算机工业采用OEM（原始设备生产厂商）生产方式，厂商按照计算机标准和规范生产部分设备，然后由某个厂商将这些设备组装成一台完整的计算机。OEM生产方式大大降低了计算机的生产成本，而且能够灵活地满足用户的各种需求。但是，这种方式也造成产品质量的良莠不齐。

2.3.1　系统组成

1998年，英特尔公司在Pentium III计算机中推出了计算机控制中心系统结构。目前计算机还是采用以CPU为核心的控制中心分层结构。

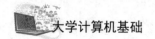

1. 控制中心结构的1-2-3规则

Intel Core i7计算机的控制中心系统结构如图2-18所示。目前计算机系统结构可以用"1-2-3"规则来简要说明,即1个CPU、2大芯片、3级结构。

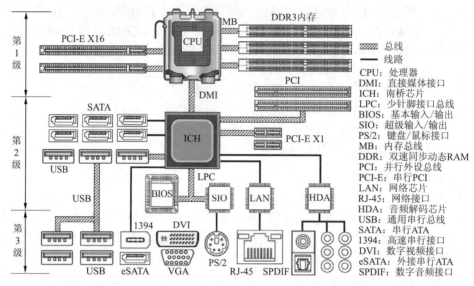

图 2-18　Intel Core i7 计算机控制中心系统结构原理

（1）1个CPU

CPU处于系统结构的顶层（第1级），控制着系统的运行状态，下面的数据必须逐级上传到CPU进行处理。从系统性能考察，CPU的运行速度大大高于其他设备，各个总线上的设备越往下走，性能越低。从系统组成考察，CPU的更新换代将导致南北桥芯片组的改变，内存类型的改变。从指令系统进行考察，指令系统进行改变时，必然引起CPU结构的变化，而内存系统不一定改变。因此，目前计算机系统仍然是以CPU为中心进行设计的。

（2）2大芯片

ICH（南桥芯片）和BIOS（基本输入/输出系统）芯片。在2大芯片中，南桥芯片负责数据的上传与下送。南桥芯片连接着多种外围设备，它提供的接口越多，计算机的功能扩展性越强。BIOS芯片主要解决硬件系统与软件系统的兼容性。

（3）3级结构

控制中心系统结构分为3级，有以下特点：从系统速度上考察，第1级工作频率最高，然后速度逐级降低；从CPU访问频率考察，第3级最低，然后逐级升高；从系统性能考察，前端总线和南桥芯片最容易成为系统瓶颈，然后逐级次之；从连接设备多少考察，第1级的CPU最少，然后逐级增加，在计算机系统结构中，上层设备较少，但是速度很快。CPU和北桥芯片一旦出现问题（如发热），必然导致系统致命性的故障。而下层接口和设备较多，发生故障的概率也就越大（如接触性故障），但是这些设备一般不会造成致命性故障。

2. 计算机系统组成

计算机系统由硬件和软件两部分组成。硬件是构成计算机系统的各种物理设备的总称，它包括主机和外设两部分。软件系统是运行、管理和维护计算机的各类程序和文档的总称。通常将不安装任何软件的计算机称为"裸机"。计算机之所以能够应用到各个领域，是由于软件的丰富多彩，使计算机能按照人们的意图完成各种不同的任务。计算机系统的组成如图2-19所示。

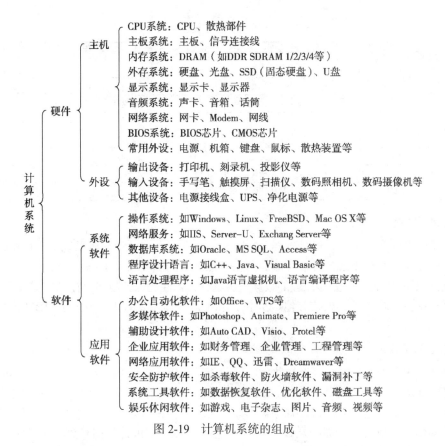

```
                                  ┌ CPU系统：CPU、散热部件
                                  │ 主板系统：主板、信号连接线
                                  │ 内存系统：DRAM（如DDR SDRAM 1/2/3/4等）
                            ┌ 主机 ┤ 外存系统：硬盘、光盘、SSD（固态硬盘）、U盘
                            │      │ 显示系统：显示卡、显示器
                            │      │ 音频系统：声卡、音箱、话筒
                      ┌ 硬件┤      │ 网络系统：网卡、Modem、网线
                      │     │      │ BIOS系统：BIOS芯片、CMOS芯片
                      │     │      └ 常用外设：电源、机箱、键盘、鼠标、散热装置等
                      │     │      ┌ 输出设备：打印机、刻录机、投影仪等
            计        │     └ 外设 ┤ 输入设备：手写笔、触摸屏、扫描仪、数码照相机、数码摄像机等
            算        │            └ 其他设备：电源接线盒、UPS、净化电源等
            机 ┤      │      ┌ 操作系统：如Windows、Linux、FreeBSD、Mac OS X等
            系        │      │ 网络服务：如IIS、Server-U、Exchang Server等
            统        │ 系统 │ 数据库系统：如Oracle、MS SQL、Access等
                      │ 软件 ┤ 程序设计语言：如C++、Java、Visual Basic等
                      │      └ 语言处理程序：如Java语言虚拟机、语言编译程序等
                      └ 软件 ┤
                             │      ┌ 办公自动化软件：如Office、WPS等
                             │      │ 多媒体软件：如Photoshop、Animate、Premiere Pro等
                             │      │ 辅助设计软件：如Auto CAD、Visio、Protel等
                             │ 应用 │ 企业应用软件：如财务管理、企业管理、工程管理等
                             └ 软件 ┤ 网络应用软件：如IE、QQ、迅雷、Dreamwaver等
                                    │ 安全防护软件：如杀毒软件、防火墙软件、漏洞补丁等
                                    │ 系统工具软件：如数据恢复软件、优化软件、磁盘工具等
                                    └ 娱乐休闲软件：如游戏、电子杂志、图片、音频、视频等
```

图 2-19　计算机系统的组成

3. 计算机主要硬件设备

不同类型的计算机在硬件组成上有一些区别，如大型计算机往往安装在成排的大型机柜中；网络服务器往往不需要显示器；笔记本式计算机将大部分外设都集成在一起；台式计算机主要由主机、显示器和键盘鼠标三大部件组成。

台式计算机中的主要部件如图2-20和表2-2所示。

图 2-20　台式计算机的主要部件

表 2-2　台式计算机主要部件一览表

序　号	部件名称	数　量	说　明	序　号	部件名称	数　量	说　明
1	CPU	1	必配	9	电源	1	必配
2	CPU散热风扇	1	必配	10	机箱	1	必配
3	主板	1	必配	11	键盘	1	必配
4	内存条	1	必配	12	鼠标	1	必配
5	独立显卡	1	选配	13	音箱	1对	选配
6	显示器	1	必配	14	麦克风	1	选配
7	硬盘	1	必配	15	ADSL Modem	1	选配
8	光驱	1	选配	16	外接电源盒	1	必配

2.3.2　CPU性能

CPU（中央处理器）又称微处理器（Microprocessor），它是计算机系统中最重要的一个部件。CPU是整个计算机系统的控制中心，严格按照规定的脉冲频率工作，一般来说，工作频率越高，CPU工作速度越快，能够处理的数据量也就越大，性能也就越强。在CPU技术和市场上，英特尔公司一直是技术领头人，其他CPU设计和生产厂商主要有AMD公司、IBM公司、安谋公司等。

1. CPU的组成

CPU从外观看上去是一个矩形块状物，中间凸起部分是CPU核心部分封装的金属壳，在金属封装壳内部是一片指甲大小（14 mm×16 mm）的、薄薄的（0.8 mm）硅晶片，它是CPU的核心。在这块小小的硅片上，密布着上亿个晶体管，它们相互配合、协调工作，完成各种复杂的运算和操作。金属封装壳周围是CPU基板，它将CPU内部的信号引接到CPU引脚上。基板下面有许多密密麻麻的镀金的引脚，是CPU与外部电路连接的通道。目前大部分CPU底部中间有一些电容和电阻。英特尔公司的CPU外观和基本结构如图2-21所示。

（a）CPU正面

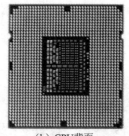
（b）CPU背面

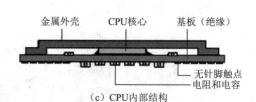
（c）CPU内部结构

图 2-21　英特尔公司的 CPU 外观和基本结构图

从全球半导体的工艺制程来看，28 nm以上算是成熟工艺，14 nm及以下都算是先进工艺，而7 nm或以下工艺的芯片产能占了全球总产能的90%以上，目前只有几款手机芯片才使用5 nm工艺。

2. CPU技术性能

CPU始终围绕着速度与兼容两个目标进行设计。CPU的技术指标相当多，如系统结构、指令系统、内核数量、工作频率、处理字长、高速缓存容量、加工线路宽度、工作电压、插座类型等主要参数。

（1）多核CPU

多核CPU就是在一个CPU芯片内部，集成多个CPU处理内核。多核CPU带来更强大的并行处理能力，减少CPU的发热和功耗。CPU产品中，2核、4核甚至8核CPU已经占据了主要地位。2007年，美国发布的"万亿级"计算速度的80核研究用CPU芯片，功率只有62W。AMD 64位双核CPU外观与内部如图2-22所示。

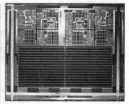

图2-22　AMD 64 位双核 CPU 外观与内部

多核CPU使计算机设计变得更加复杂。运行在不同内核上的应用程序为了互相访问、相互协作，需要进行一些独特的设计，如高效的进程之间的通信机制，共享内存的数据结构等。程序代码的迁移也是个问题。多核CPU需要软件的支持，只有基于线程化设计的软件，多核CPU才能发挥出应有的性能。目前绝大多数的软件都是基于单线程的，因此多核CPU的最大问题是软件问题。

（2）CPU工作频率

提高CPU工作频率可以提高CPU性能，主流的CPU工作频率为2.0 GHz以上。继续大幅度提高CPU工作频率受到了生产工艺的限制。由于CPU是在半导体硅片上制造的，在硅片上的元件之间需要导线进行连接，在高频状态下要求导线越细越短越好，这样才能减小导线分布电容等杂散信号的干扰，以保证CPU运算正确。

（3）CPU字长

CPU字长指CPU内部运算单元通用寄存器一次处理二进制数据的位数。目前CPU通用寄存器宽度有32位和64位两种类型，x86系列CPU字长为64位，大多数平板计算机和智能手机CPU字长为32位。由于x86系列CPU向下兼容，因此，16位、32位的软件可以运行在64位CPU中。

（4）CPU线宽

CPU线宽指集成电路芯片两个硅晶体管元器件之间距离的一半，以nm（纳米）为单位。线宽越小，生产工艺越先进，CPU功耗和发热量就越小。CPU生产工艺已达到14 nm的线宽。

（5）CPU高速缓存

高速缓存（Cache）可以极大地改善CPU的性能。目前CPU的Cache容量为1～10 MB，甚至更高。Cache结构从一级发展到三级。

2.3.3　主板组成

1. 主板的主要部件

主板是计算机中重要的部件，计算机性能是否能够充分发挥，硬件功能是否足够，硬件是否兼容等，都取决于主板的设计。主板制造质量的高低，也决定硬件系统是否稳定。主板与CPU的关系密切，每一次CPU的重大升级，必然促进主板的更新换代。

主板由集成电路芯片、电子元器件、电路系统、各种总线插座和接口组成。主板的主要功能是传输各种电子信号，部分芯片也负责初步处理一些外部数据。从系统结构的观点看，主板由芯片组和各种总线构成，目前市场主板的系统结构为控制中心结构。

目前市场主流为ATX主板。不同类型的CPU，往往需要不同类型的主板与之匹配。主板功能的多少取决于南桥芯片与主板上的专用芯片。主板BIOS芯片决定主板是否兼容。主板上元件的选择和主板生产工艺决定主板的稳定性。图2-23所示为一个目前流行的ATX主板组成。

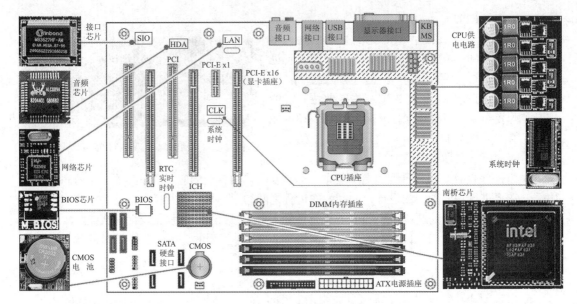

图 2-23　ATX 主板组成

2．总线

（1）总线的组成

总线是计算机中各种部件之间共享的一组公共数据传输线路。总线由多条信号线组成，每条信号线可以传输一位二进制的"0"或"1"信号，如32位PCI总线就需要32根线路，可以同时传输32位二进制信号。总线可以分为5个功能组：数据总线、地址总线、控制总线、电源线和地线。数据总线用来在各个设备或者部件之间传输数据和指令，是双向传输；地址总线用于指定数据总线上数据的来源与去向，是单向传输；控制总线用来控制对数据总线和地址总线的访问与使用，大部分是双向的。

（2）并行总线的性能

并行总线的性能指标有总线位宽、总线频率和总线带宽。总线位宽是一次并行传输的二进制位数。例如，32位总线一次能传送32位数据，64位总线一次能传送64位数据。总线频率用来描述总线数据传输的频率，目前PC上所能达到的前端总线频率有800 MHz、1 000 MHz、1 066 MHz、1 333 MHz、1 600 MHz几种，最高到2 000 MHz。

计算公式为：并行总线带宽=总线位宽 × 总线频率 ÷8。

例如，PCI总线的带宽为：32 × 33 ÷ 8=132（MB/s）。

计算机的并行总线有内存总线（MB）、外围设备总线（PCI）等。

（3）串行总线的性能

计算机的串行总线有图形显示接口总线（PCI-E）、通用串行总线（USB）等。

串行总线性能用带宽来衡量。带宽的计算较为复杂，它主要取决于总线的信号传输频率和通道数，另外与协议版本、传输模式、编码效率、协议开销等因素有关。

在PCI-E 1.0标准下，基本的PCI-E ×1总线有4条通信线路，2条用于输入，2条用于输出，总线传输频率为2.5 GHz，总线带宽为2.5 Gbit/s（单工）；在PCI-E 2.0标准下，PCI-E ×1总线传输频率为5.0 GHz，总线带宽为5.0 Gbit/s（单工）；在PCI-E 3.0标准下，PCI-E ×1总线传输频率为8.0 GHz，总线带宽为8.0 Gbit/s（单工）。例如，显卡采用PCI-E×16总线2.0标准时，总线带宽为5.0 Gbit/s × 16=80 Gbit/s。

USB（通用串行总线）是一种使用广泛的串行总线。USB 2.0总线的带宽为480 Mbit/s；USB 3.0总线的带宽为5.0 Gbit/s。USB总线的接口有标准A型、标准B型、Mini-A型、Mini-B型、Mini-AB型、Micro-B型、OTG等接口形式。

3. I/O接口

接口是指计算机系统中，在两个硬件设备之间起连接作用的逻辑电路。接口的功能是在各个组成部件之间进行数据交换。主机与外围设备之间的接口称为输入/输出接口，简称I/O接口。

计算机的接口有SATA串行硬盘接口和光驱接口、VGA/DVI显示器接口、PS/2键盘接口和鼠标接口、音箱接口Line Out、麦克风接口MIC、RJ-45网络接口等。计算机常用接口如图2-24所示。

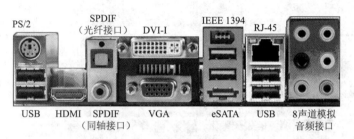

（a）台式计算机I/O接口

（b）笔记本式计算机I/O接口

（c）平板式计算机I/O接口

图 2-24　计算机常用接口

2.3.4　存储设备

1. 内存

内存又称主存储器，用于存放计算机进行数据处理的原始数据、中间结果、最后结果以及指示计算机工作的程序。内存的主要技术指标有以下几项。

（1）内存的类型

内存可分为随机存储器（RAM）和只读存储器（ROM）。由于ROM使用不方便，性能低，目前已经淘汰。随机存储又分为静态随机存取存储器（SRAM）和动态随机存取存储器（DRAM）。

SRAM（静态随机存取存储器）的存储单元电路工作状态稳定，速度快，不需要刷新，只要不掉电，数据不会丢失。SRAM一般应用在CPU内部作为高速缓冲存储器（Cache）。

DRAM（动态随机存取存储器）中存储的信息是以电荷形式保存在集成电路的小电容中。由于电容的漏电，因此数据容易丢失。为了保证数据不丢失，必须对DRAM进行定时刷新。

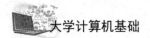

（2）内存条

现在计算机内存均采用DRAM芯片安装在专用电路板上，称为内存条。内存条类型有DDR4 SDRAM、DDR3 SDRAM等，内存条容量有2 GB ～ 32 GB等规格。如图2-25所示，内存条由内存芯片（DRAM）、SPD（内存序列检测）芯片、印制电路板（PCB）、金手指、散热片、贴片电阻和贴片电容等组成。不同技术标准的内存条，在外观上没有太大区别，但是它们的工作电压不同，引脚数量和功能不同，定位口位置不同，互相不能兼容。

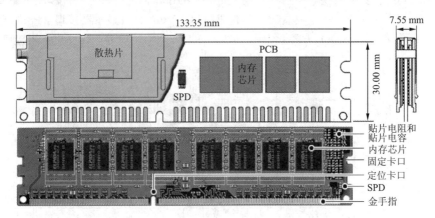

图 2-25　DDR SDRAM 内存条组成

内存条的主要技术性能有存储容量（目前已经达到单条16 GB或32 GB）、传输带宽、内存读/写延迟（延迟越小越好）。

2. 闪存（Flash Memory）

闪存具备DRAM快速存储的优点，也具备硬盘永久存储的特性。闪存利用现有半导体工艺生产，缺点是读/写速度较DRAM慢，而且擦写次数也有极限。

闪存中的数据写入不是以单字节为单位，而是以区块为单位进行数据写入，区块大小为8 KB ～ 128 KB不等。由于闪存不能以字节为单位进行数据的随机写入，目前闪存还不可能作为内存使用。

（1）U盘

U盘是利用闪存芯片、控制芯片和USB接口技术的一种小型半导体移动固态盘。U盘容量一般在16 GB ～ 512 GB；数据传输速度与硬盘基本相当，可以达到30 MB/s左右。U盘具有即插即用的功能，使用者只需将它插入USB接口，计算机就可以自动检测到U盘设备。U盘在读/写、复制及删除数据等操作上非常方便，由于U盘具有外观小巧、携带方便、抗震、容量大等优点，受到用户的普遍欢迎。U盘的外观及内部电路如图2-26所示。

图 2-26　U 盘外观及内部电路

（2）闪存卡

闪存卡（Flash Card）是在闪存芯片中加入专用接口电路的一种单片型移动固态盘。闪存卡一般应用在智能手机、数码照相机等小型数码产品中作为存储介质。许多厂商有自己的闪存卡设计和接口方案。如图 2-27 所示，常见闪存卡有 SD 卡、TF 卡、MMC 卡、SM 卡、CF 卡、记忆棒、XD 卡等，这些闪存卡虽然外观和标准不同，但技术原理都相同。手机对存储卡最为挑剔，数码照相机和数码摄像机对存储卡的要求相对较低。

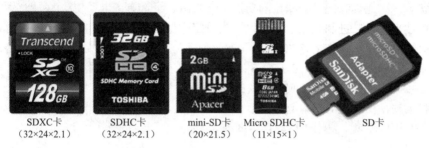

图 2-27　常见的闪存卡类型和基本尺寸

SD（安全数码）卡是目前速度最快、应用最广泛的存储卡。SD 卡采用 NAND 闪存芯片作为存储单元，它的使用寿命大约十年左右。SD 卡易于制造，在成本上有很大优势，目前在智能手机、数码照相机、GPS 导航系统、MP3 播放器等领域得到了广泛应用。随着技术的发展，SD 卡逐步发展了 Micro SD、Mini-SD、SDHC、Micro SDHC 卡、SDXC 卡等技术规格。

（3）固态硬盘（SSD）

固态硬盘在接口标准、功能及使用方法上，与机械硬盘完全相同。固态硬盘接口大多采用 SATA、USB 等形式。固态硬盘没有机械部件，因而抗震性能极佳，同时工作温度很低。

英特尔公司 X25-M 80GB SATA 固态硬盘如图 2-28 所示，X25-M 固态硬盘的尺寸和标准的 2.5 英寸硬盘完全相同，但厚度仅为 7 mm，低于工业标准的 9.5 mm。

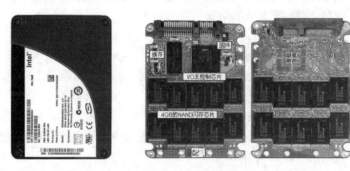

图 2-28　英特尔公司 X25-M 80 GB SATA 固态硬盘外观与内部电路板（正面和反面）

3.5 英寸机械硬盘平均读取速度在 50 MB/s ～ 100 MB/s 之间，而固态硬盘的平均读取速度可以达到 400 MB/s 以上。其次，固态硬盘没有高速运行的磁盘，因此发热量非常低。根据测试，X25-M 工作功率为 2.4 W，空闲下功率为 0.06 W，可抗 1 000 G（伽利略单位）冲击。

3. 硬盘

硬盘是一种外部存储器，它的存储容量大、数据存取方便、价格便宜，目前成为保存用户数据重要的外部存储设备。但是硬盘也是计算机中最娇气的部件，容易出现各种故障。硬盘如果出现故障，意味着用户的数据安全受到严重威胁。另外，硬盘的读/写是一种机械运动，相对于 CPU、内存、显卡等设备，数据处理速度要慢得多。从"木桶效应"看，硬盘是计算机性能提高的瓶颈。

硬盘（见图 2-29）是利用磁介质存储数据的机电式产品。硬盘中的盘片由铝质合金和磁性

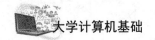

材料组成。盘片中的磁性材料没有磁化时，内部磁粒子的方向是杂乱的，不同方向磁粒子的磁性相互抵消，对外不显示磁性。当外部磁场作用于它们时，内部磁粒子的方向会逐渐趋于统一，对外显示磁性。当外部磁场消失时，由于磁性材料的"剩磁"特性，磁粒子的方向不会回到从前的状态，因此具有记录数据位的功能。每个磁粒子都有南北（S/N）两极，可以利用磁记录位的极性来记录二进制数据位。可以人为设定磁记录位的极性与二进制数据的对应关系，如将磁记录位的南极表示为数字"0"，北极表示数字为"1"。这就是磁记录的基本原理。

硬盘存储容量目前为1 TB、2 TB、3 TB、4 TB或更高。按照硬盘尺寸（磁盘直径）分类，有3.5英寸、2.5英寸等规格。目前市场以3.5英寸硬盘为主流。2.5英寸硬盘主要用于笔记本式计算机和移动硬盘。硬盘的接口有串行接口（SATA）、USB接口等。SATA接口主要用于台式计算机，USB接口硬盘主要用于移动存储设备。

图 2-29　硬盘外观与接口

4. 光盘

光盘驱动器和光盘一起构成光盘存储器。光盘用于记录数据，光驱用于读取数据。光盘的特点是记录数据密度高，存储容量大，数据保存时间长。

光盘结构如图2-30所示，由印刷标签保护层、铝反射层、数据记录刻槽层、透明聚碳脂塑料层等组成。光盘中有很多记录数据的沟槽和陆地，当激光投射到光盘的沟槽时，盘片像镜子一样将激光反射回去。由于光盘沟槽的深度是激光波长的1/4，从沟槽上反射回来的激光与从陆地反射回来的激光，走过的路程正好相差半个波长，根据光干涉原理，这两部分激光会产生干涉，相互抵消，即实际上没有反射光。如果两部分激光都是从沟槽或陆地上反射回来的，就不会产生光干涉相消的现象。因此，光盘中每个沟槽的边缘代表数据"1"，其他地方则代表数据"0"，这就是光盘数据存储的基本原理。

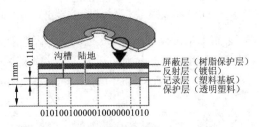

图 2-30　光盘数据存储原理（左、中）和光驱（右）

按照光盘读/写方式分类，有只读光盘（如DVD-ROM）、一次性刻录光盘（如DVD-R）、反复读/写光盘（如DVD-RW）。如果对光盘的容量进行分类，有CD-ROM（容量为650 MB）光盘、DVD-ROM（容量为4.7 GB ~ 17 GB）光盘、BD（蓝光光盘，容量为23 GB ~ 27 GB）等。

不同的光盘类型，需要不同类型的光驱进行读/写，只能读取光盘信息的设备称为"光驱"，能对光盘进行读和写操作的光驱称为"刻录机"。光驱由激光头、电路系统、光驱传动系统、光头寻道定位系统和控制电路等组成。激光头是光驱的关键部件。光驱利用激光头产生激光扫描光盘盘面，从而读出"0"和"1"的数据。

2.3.5　外围设备

1. 键盘

键盘是计算机输入数据的主要设备，由按键、键盘架、微处理器、薄膜电路、键盘接口等部分组成（见图 2-31）。台式计算机使用的标准键盘通常为 107 键。

标准键盘　　无线键盘　　鼠标

图 2-31　键盘及鼠标

2. 鼠标

鼠标的类型有光电鼠标、无线鼠标、触摸板鼠标（笔记本式计算机）等。鼠标大多采用 PS/2 或 USB 接口。光电鼠标的核心部件有光学图像处理芯片、光学透镜组件、鼠标主控制芯片等，其他部件有按键微动开关、滚轮、PCB 电路板、外壳等。

光电鼠标工作时，从发光二极管（LED）发出一束很强的光线，照亮鼠标底部工作桌面很小的一块接触面。接触面会反射回一部分光线。反射光线通过光学透镜组件后，折射到图像处理芯片中的 CMOS 传感器内成像，然后由图像处理芯片的 DSP（数字信号处理）部分进行图像量化处理。当鼠标移动时，CMOS 传感器会记录一组高速拍摄的图像，对这些图像的特征点位置进行算法分析和处理，可以计算出鼠标的移动轨迹，从而判断出鼠标的移动方向和移动距离，完成屏幕上光标的定位工作。

3. 显示器

显示器用于显示输入的程序、数据或程序的运行结果，能以数字、字符、图形和图像等形式显示运行结果或信息的编辑状态。

在计算机系统中，主要有两种类型的显示器（见图 2-32）。一种是早期的 CRT（阴极射线管）显示器。CRT 显示器采用模拟信号显示方式，色彩比较亮丽。CRT 显示器外观尺寸较大，不便于移动办公，已经淘汰。

另一种显示器是 LCD（液晶显示器），显示器尺寸有 10 英寸 ~ 24 英寸等规格，台式计算机大部分采用 20 英寸 ~ 24 英寸产品，而笔记本式计算机采用 10 英寸 ~ 15 英寸居多。LCD 显示器采用数字显示方式。LCD 显示器采用 DVI（数字视频接口）显示接口，也有些 LCD 显示器采用 VGA 显示接口，在 LCD 内部进行数/模转换。LCD 显示器外观尺寸较小，适用于移动办公，主要用于笔记本式计算机、平板式计算机等，是计算机显示器的发展方向。

4. 激光打印机

打印机是将输出结果打印在纸张上的一种输出设备。市场上常见的打印机大致分为喷墨打印机、针式打印机、激光打印机和 3D 打印机（见图 2-33）。

打印速度是指使用 A4 打印纸、碳粉覆盖率为 5% 的情况下，打印机每分钟打印的纸张页数，单位为 ppm（页/分）。激光打印机的打印速度在 10 ppm ~ 35 ppm 之间。需要注意的是，

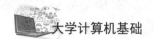

如果只打印一页，还需要加上首页预热时间。对于彩色激光打印机来说，打印图像和文本时的打印速度有很大不同，厂商在标注产品的技术指标时会用黑白和彩色两种打印速度进行标注。

图 2-32　LCD 显示器（左）与 CRT 显示器（右）　图 2-33　激光打印机（左）和 3D 打印机及打印物（中、右）

打印分辨率是指在打印输出时，横向和纵向两个方向上每英寸最多能够打印的点数，通常以 dpi（点/英寸）表示。激光打印机的分辨率在 600 dpi × 600 dpi 以上。打印分辨率越高，可打印的像素就越多，打印出的文字和图像更清晰。对文本打印，600 dpi 已经达到了相当出色的线条质量。对于图片打印，经常需要 1 200 dpi 以上的分辨率才能达到较好的效果。

5．3D 打印机

3D 打印是一种快速成形技术，它以数字模型文件为基础，运用粉末状金属或塑料等可黏合材料，通过逐层堆叠累积的方式来构造物体。

3D 打印机的发明人是查尔斯·W. 赫尔（Chuck W. Hull）。1984年，他申请了"立体光刻造型技术"的专利。3D 打印是一种增材制造技术，通过顺序分层叠加的过程来制造产品。这种技术大量减少了制造过程中的材料浪费。传统制造业通常采用减材制造方法，如齿轮的加工是将一个圆柱形的钢材，通过插齿机将多余的材料切削掉，形成产品。切削掉的材料成为工业废品，对资源浪费很大。

（1）3D 打印原理

① 三维建模。3D 打印的设计过程是：通过计算机辅助设计（CAD）软件建模，将建成的三维模型"分区"成逐层的截面，从而指导打印机逐层打印。也可以通过三维扫描器（PLY）对一个存在的物体进行扫描，通过扫描生成三维逐层打印文件。打印文件使用三角面来模拟物体的表面，三角面越小，生成的表面分辨率越高。3D 打印工作原理如图2-34所示。

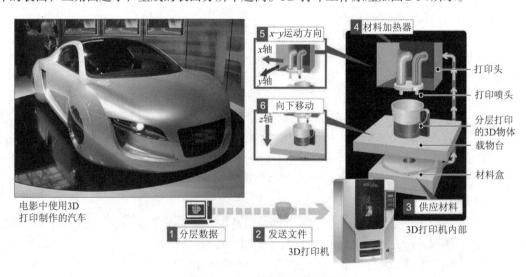

图 2-34　3D 打印机工作原理

② 打印过程。3D 打印机接收到计算机的分层数据后，将材料（塑料粉末或液状树脂等）从 3D 打印机底部的材料盒输送到打印机顶部的打印头。接着，打印头内的加热器加热树脂使其熔化。打印头按照分层切片的设计数据，沿 x 轴和 y 轴方向运动，喷射熔化的材料。形成一个薄层后，载物台向 z 轴移动与厚度相当的距离（几十微米）。通过重复这一过程，薄层会反复叠加，最终制作出立体造型。这种技术的特点在于几乎可以制造出任何形状的物品。

③ 打印精度。3D 打印机打出的截面厚度（z 方向）和平面方向（x-y 方向）的分辨率以 dpi 或 μm 计算。一般厚度为 100 μm（0.1 mm），也有部分打印机可以打印出 16 mm 厚的一层。平面方向则可以打印出与激光打印机相近的分辨率。打印出来的"墨水滴"直径通常为 50 mm ~ 100 mm。3D 打印使用的粉末材料一般是耐热温度为 70℃ ~ 100℃ 的 ABS（丙烯腈 - 丁二烯 - 苯乙烯共聚物）树脂。这种材料大量用于手机、个人计算机、汽车零件等部件的制造。3D 打印机的分辨率对大多数应用来说已经足够，要获得更高分辨率的物品，可以先用 3D 打印机打出稍大一点的物体，再稍微经过表面打磨即可得到表面光滑的"高分辨率"物品。

（2）3D 打印技术的应用

3D 打印技术的优势在于快速制造相对廉价的少量零件。国外有些公司提供网上在线的 3D 打印服务，既对消费者也对工业界开放。人们上传自己的 3D 设计到服务公司网站，然后通过工业 3D 打印机打印后运送给客户。

3D 打印的应用领域极为广泛，如重建古生物化石、复制古老而珍贵的文物、重建人体骨骼等。美国航空航天局（NASA）资助一位工程师设计 3D 食物打印机，如果设计成功，就能为长途的太空任务提供不同口味和形状的可口食物。2013 年 11 月，第一把 3D 打印金属枪问世，部分媒体虽然予以正面评价，但是因成本过高产生了疑问；部分媒体对打印物是否合法产生了怀疑，质疑打印塑料枪械、手铐、钥匙等物品会威胁到社会治安。

3D 打印机的价格逐步降低后，会步入一个人人都能开发、生产需要精密加工产品的时代。

 # 2.4　计算机软件系统

2.4.1　软件的类型与功能

1. 软件基本概念

计算机程序是一组按照工作步骤事先编排好的、具有特殊功能的指令序列。软件是指计算机系统中的程序和文档，它是一组能完成特定任务的可执行二进制代码。

20 世纪 60 年代初，IBM 公司将 IBM 1400 系列上的应用程序库改造为更为灵活易用的软件包形式。1969 年，软件开始从计算机系统中分离出来成为独立的部分，"软件"一词开始广泛使用。

软件并不只是包括可以在计算机上运行的程序，与这些程序相关的文档也是软件的一部分。因为使用这个程序的人一般不是写程序的人，他们很可能不懂程序，所以需要有使用说明；以后要修改这个程序的人可能也不是写程序的人，他们需要理解这个程序的设计思想和演变过程；这个程序可能只是一个大型软件的一部分，承担其他任务的人需要知道怎样才能在系统中利用这个程序。

软件的研究分为 3 个层次：一是研究软件的本质和模型，特别是软件的形式化模型，这是实现软件生产自动化的必备前提，如算法分析、数据结构、形式化语言等，都是重要的研究内容。二是针对特定的软件模型，研究高效的软件开发技术，如软件工程的开发方法、结构化程

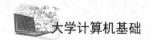

序设计方法、面向对象程序设计方法等均是研究这方面的内容。三是研究特定领域的特定软件，如并行程序设计、遗传算法研究等。

2. 软件的类型

没有安装软件的计算机称为"裸机"。裸机无法进行任何工作，不能从键盘、鼠标接收信息和操作命令，也不能在显示器屏幕上显示信息，更不能运行可以实现各种功能的应用程序。

计算机软件分为系统软件和应用软件（见图2-35）。系统软件为计算机提供最基本的功能，但是并不针对某一特定应用领域；而应用软件则恰好相反，不同的应用软件根据用户和所服务的领域提供不同的功能。系统软件的数量相对较少，其他绝大部分是应用软件。软件也可以分为商业软件与共享软件。商业软件功能强大，软件收费也高，软件售后服务较好。共享软件大部分是免费的，或少量收费，一般不提供软件售后服务。

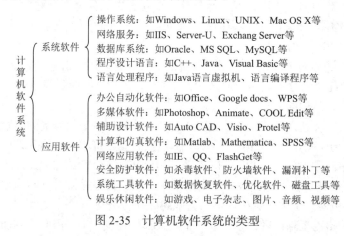

图 2-35　计算机软件系统的类型

系统软件居于计算机系统中最靠近硬件的一层，其他软件一般都通过系统软件发挥作用。系统软件负责管理、控制计算机中各种硬件设备和应用软件，让它们协调工作，使计算机发挥最大的性能。系统软件使计算机用户将计算机当作一个整体，而不需要考虑硬件是如何工作的。

3. 系统软件的类型与功能

系统软件通常包括操作系统、网络服务软件、数据库系统、程序设计语言等各种程序。

（1）操作系统

操作系统是对计算机硬件资源和软件资源进行控制和管理的大型系统程序。它是最基本的系统软件，其他软件必须在操作系统的支持下才能运行。操作系统具有进程管理、作业管理、存储管理、设备管理、文件管理等功能。台式计算机常用的操作系统有 Windows XP/7/8/10、Linux 等；网络服务器常用的操作系统有 Linux，Free BSD、Windows Server 等；智能手机的操作系统有谷歌公司开发的 Android（安卓）、苹果公司开发的 iOS、微软公司开发的 Windows Phone、Linux 联盟和英特尔等公司共同开发的 Tizen（泰泽）等。不同操作系统之间的应用软件互不兼容。

（2）网络服务器软件

操作系统本身提供了一些小型的网络服务功能，对于大型的网络服务，必须由专业软件提供。网络服务程序提供大型的网络后台服务，它主要用于网络服务提供商和企业网络管理人员。个人用户在利用网络进行工作和娱乐时，就是由这些网络服务器软件提供服务。例如，提供网页服务的 Web 服务软件有 Apache、IIS、Domino 等；提供网络文件下载的服务软件有 Server-U 等；提供邮件服务的软件有 Exchang Server、Lotus Notes/Domino、U-Mail、Qmail、

TurboMail 等。

（3）程序设计语言

程序设计语言分为：机器语言、汇编语言和高级语言。

① 机器语言是以二进制代码表示的指令集合，是计算机唯一能直接识别和执行的语言。机器语言的优点是占用内存少、执行速度快，缺点是难编写、难阅读、难修改、难移植。

② 汇编语言是将机器语言的二进制代码指令，用便于记忆的符号表示的一种语言。汇编语言的特点是相对于机器语言程序而言的，它容易阅读和修改，但是非专业用户还是难以掌握。

例如，计算 SUM=6+2 的汇编语言与机器语言的指令案例如表 2-3 所示。

表 2-3　汇编语言与机器语言指令案例

序　号	汇编语言指令	机器语言指令		指令说明
		内存地址	机器代码	
1	MOV AL，6	2001	00000110 10110000	将地址为 2001 的内存单元中的数据 "6"，传送到 AL 寄存器
2	ADD AL，2	2003	00000010 00000100	将地址 2003 内存单元中的数据 "2" 取出，将 AL 寄存器中数据 "6" 取出，两者相加后存入 AL 寄存器
3	MOV SUM，AL	2005	00000000 01010000 10100010	将 AL 寄存器中的数据 "8" 送到 SUM 存储单元
4	HLT	2008	11111000	停机

③ 高级程序设计语言接近于自然语言和数学表达语言，用高级语言编写的程序便于阅读、修改和调试，而且移植性强。高级语言已成为目前普遍使用的语言，有数十种之多。表 2-4 列出了较流行的高级程序设计语言及应用领域。

表 2-4　较流行的程序设计语言

序号	程序设计语言	语 言 特 色
1	JavaScript	脚本语言，易于学习，开源免费。主要用于 Web 开发
2	Python	解释型语言，面向对象，语法简洁，类库丰富，开源免费。用于系统管理和 Web 编程
3	Java	跨平台，面向对象，安全性好，多线程等。广泛应用于网络和手机编程
4	C#	语言简洁，面向对象，保留了 C++ 的强大功能，跨平台性不佳。用于 Web 开发
5	Swift	易学易用，是第一套具有与脚本语言同样的表现力和趣味性的系统编程语言。主要应用于 iOS 和 OS X 开发
6	Typescript	具有静态键入的额外功能。几乎适合每个大型 Web 应用程序，还可以通过 Electron 等跨平台框架支持构建桌面应用程序
7	Ruby	一种通用的、解释的编程语言，面向对象编程语言
8	Go	开源的编程语言，它能让构造简单、可靠且高效的软件变得容易
9	PHP	脚本语言，易于学习，开源免费。主要用于 Web 开发
10	C++	面向对象，功能非常强大，但过于复杂。用于大型系统软件开发

4. 应用软件的类型与功能

应用软件的分类目前并没有达成统一的共识，按软件收费情况可分为商业软件和开源软件；按软件通用程度可分为专业软件和通用软件；按软件功能则可分为很多类型（目前无统一共识）。

专业软件是针对某个应用领域的具体任务而开发的软件，具有很强的实用性、专业性。这些软件可以由计算机专业公司开发，也可以由企业人员自行开发。正是由于这些专用软件的应用，使计算机日益渗透社会的各行各业。但是，这类应用软件使用范围小，导致了开发成本过高、通用性不强、软件的升级和维护有很大的依赖性等问题。

通用软件是一些专业软件公司开发的软件，这些软件功能非常强大，适用性非常好，应用也非常广泛。由于软件销售量大，相对于第一类应用软件而言，价格便宜很多。由于使用人员较多，也便于相互交换文档。这类应用软件的缺点是专用性不强，对于某些有特殊要求的用户不适用。

（1）办公自动化软件

应用较为广泛的办公自动化软件有微软公司开发的 Office 系列软件（见图 2-36），它由几个软件组成，如文字处理软件 Word、电子表格处理软件 Excel、演示文稿制作软件 PowerPoint 等。国内优秀的办公自动化软件有 WPS 等。谷歌办公套件 Google Docs 是一款类似于微软 Office 的免费在线办公软件，它可以处理和搜索文档、表格、幻灯片，并可以通过网络和他人分享。Google Docs 支持的文件格式包括 DOC、XLS、ODT、ODS、RTF、CSV 和 PPT 等。Linux 操作系统下的办公软件有 OpenOffice、永中 Office、Latex 等。

图 2-36　计算机常用应用软件桌面图标

（2）多媒体应用软件

多媒体应用软件主要有图像处理软件 Photoshop、动画设计软件 Animate、音频处理软件 Audition、视频处理软件 Premiere、多媒体创作软件 Authorware 等。

（3）计算机辅助设计软件

计算机辅助设计软件有机械和建筑辅助设计软件 AutoCAD、网络结构设计软件 Visio、电子电路辅助设计软件 Protel 等。

（4）计算和仿真软件

通用的数学计算和仿真软件有 Matlab、Mathematica 等，其中 Matlab 以数值计算见长，Mathematica 以符号运算、公式推导见长；数学公式排版软件 MathType 等；网络仿真软件 NS2 等；有限元计算软件 ANSYS 等；数理统计软件 SPSS、SAS 等；桌面化学软件 Chem Office Ultra 可以将化合物名称直接转为结构图，省去绘图的麻烦。

（5）网络应用软件

常用网络应用软件有网页浏览器软件 IE、即时通信软件 QQ、文件下载软件迅雷等。

（6）安全防护软件

常用安全防护软件有卡巴斯基、360 杀毒软件、360 防火墙软件、操作系统 SP 补丁程序等。

（7）系统工具软件

常用工具软件有文件压缩与解压缩软件 WinRAR、数据恢复软件 Final Data、操作系统优化软件Windows优化大师、磁盘克隆软件Ghost等。

（8）娱乐休闲软件

如各种游戏软件、电子图书阅读软件、图片浏览软件、音视频播放软件等。

2.4.2 数据库类型和组成

1. 数据库的基本概念

在日常工作中，常常需要将某些相关的数据放进报表，并根据需要进行相应的处理。例如，企业的人事部门，常常要把本单位职工的基本情况（职工编号、姓名、年龄、性别、工资、简历等）存放在表中，这张表就是一个数据库。有了这个"数据仓库"，就可以根据需要随时查询某职工的基本情况，或者计算和统计职工工资等数据。又如，百度搜索引擎是数据库应用的典型案例；再如，阿里巴巴采用开源的MySQL数据库。

数据库系统（Date Base System，DBS）主要由数据库（Date Base，DB）和数据库管理系统（Date Base Management System，DBMS）组成。数据库（Database）是按照数据结构来组织、存储和管理数据的仓库。数据库中的数据是为众多用户共享信息而建立的，它摆脱了具体程序的限制和制约。不同的用户可以按各自的方法使用数据库中的数据，多个用户可以同时共享数据库中的数据资源。数据库管理系统是对数据库进行有效管理和操作的软件，是用户与数据库之间的接口。

2. 数据库的类型

数据库分为层次数据库、网状数据库和关系数据库3种。层次数据库和网状数据库可以很好地解决数据的集中和共享问题，但是在数据独立性和数据抽象上仍有很大欠缺。用户对前两种数据库进行数据存取时，仍然需要明确数据的存储结构，指出存取路径。关系数据库较好地解决了这些问题。

常用的商业关系数据库系统有Oracle（甲骨文公司）、SQL Server、Access（微软公司）、DB2（IBM公司）等；开源的关系数据库有MySQL、PostgreSQL等。

3. 关系数据库的组成

关系数据库是建立在关系模型基础上的数据库，它借助于集合代数等数学概念和方法来处理数据库中的数据。现实世界中的各种实体以及实体之间的各种联系均可以用关系模型来表示。从用户角度看，关系数据库的逻辑结构是一张二维表，表格中的记录有时称为一个关系。关系数据库主要由数据库文件、表、记录、字段、域等部分组成（见图2-37）。

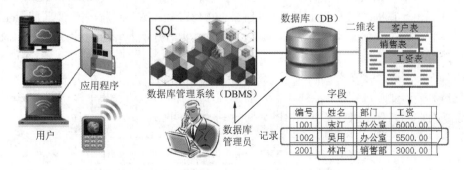

图 2-37 数据库系统（DBS）示意图

关系数据库中的每一行称为一个记录（或元组）；每一列称为一个字段（或属性）。一般来说，关系中的一个记录往往描述了现实世界中的一个具体对象，它的字段值描述了这个对象的

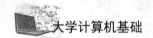

属性（关系）。一个关系数据库可以由多个表构成，一个表由多条记录构成，一个记录有多个字段。例如，可以用工资表来描述关系的组成，一个人的工资就是一条记录，工资中的项目（编号、姓名、基本工资、扣除、实发工资等）就是字段，而具体的人员姓名、具体工资数值则称为"字段值"。

4. 关系数据库的3种关系运算

关系数据库管理系统为了便于用户使用，向用户提供了可以直接对数据库进行操作的查询语句。这种查询语句可以通过对关系（即二维表）的一系列运算来实现。关系数据库系统至少提供3种关系运算，即选择、投影和连接。

① 选择是从二维表中选出符合条件的记录，它是从行的角度对关系进行的运算。

② 投影是从二维表中选出所需要的列，它是从列的角度对关系进行的运算。

③ 连接是同时涉及两个二维表的运算，它是将两个关系在给定的属性上满足给定条件的记录连接起来而得到的一个新的关系（新表）。

5. 数据库SQL语言

SQL（结构化查询语言）是一种通用的数据库查询和程序设计语言。SQL语言用于数据查询（列表、排序、连接、投影、统计等）、数据操作（插入、删除、修改等）和数据管理（更新、备份、安全等）等。SQL只要求用户指出做什么，而不需要指出怎么做。SQL提供了与关系数据库进行交互的方法，它可以与标准的编程语言一起工作。

6. NoSQL数据库

随着互联网Web 2.0网站的兴起，传统的关系数据库在应付超大规模和高并发的动态网站时已经显得力不从心，暴露了很多难以克服的问题。这时非关系型数据库NoSQL（Not Only SQL，不仅仅是SQL）应运而生。NoSQL数据库的并发负载非常高，可以满足每秒上万次的读/写请求；由于数据之间无关系，数据库非常容易扩展。目前成功的商业NoSQL数据库有Google的BigTable、Amazon的Dynamo等；开源NoSQL数据库有Facebook的Cassandra、Apache的Hbase等。NoSQL数据库目前并未形成一定的标准，各种产品层出不穷，各种NoSQL数据库还需时间来检验。

2.4.3 软件的编译与环境

1. 程序的解释和编译执行方式

用程序设计语言编写的程序称为"源程序"。它们不能被计算机直接执行，必须将它们翻译成机器代码，计算机才能识别并执行。这种翻译由解释程序或编译程序实现。不同的语言有不同的翻译程序，这些翻译程序统称为语言处理程序。源程序的翻译有两种方式：解释执行方式和编译执行方式。

（1）程序的解释执行方式

程序解释方式是通过相应语言解释程序将源程序逐条翻译成机器指令，每翻译完一句，计算机立即执行一句，直至执行完整个程序（见图2-38），如网页中的脚本程序等。

图 2-38　源程序的翻译执行方式

语言解释程序一般包含在开发软件或操作系统内，如IE浏览器就带有.NET脚本语言解释功能；也有些语言解释程序是独立的，如Java语言虚拟机。

解释执行方式的优点是便于查错，缺点是程序运行效率低。

（2）程序的编译执行方式

早期程序员用二进制代码（机器语言）编写程序，工作效率非常低，而且容易出错，不容易查错。随后发明了汇编程序，即先用英文字母和数字按照一定规则编写程序，然后再由另一个具有语言翻译能力的程序（编译系统），将源程序翻译成目标程序，再用连接程序将目标程序与函数库等连接，最终生成计算机可执行的机器代码（二进制编码）。程序一次编译完成后，就不再需要编译了，编译生成的软件可反复执行。

2. C语言程序的编译过程

编译程序读取源程序（字符流），对源程序进行词法和语法分析，将高级语言指令转换为功能等效的汇编代码，再由汇编程序转换为机器语言，并按照操作系统对可执行文件格式的要求连接生成可执行程序。图2-39所示是C语言源程序的编译过程。

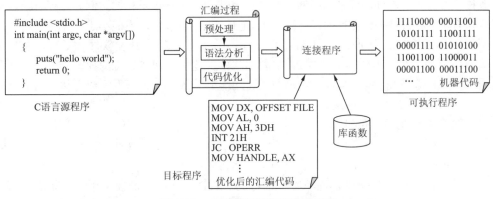

图 2-39　C 语言源程序的编译过程

（1）编译预处理

编译程序读取C语言源程序，对其中的伪指令（以#开头的指令）和特殊符号进行处理。伪指令主要包括：宏定义指令，如#define Name TokenString，#undef等；条件编译指令，如#ifdef, #ifndef, #else, #elif, #endif等；头文件包含指令，如#include <FileName>等；特殊符号，如在源程序中出现的LINE标识将被解释为当前行号（十进制数）等。预编译程序基本工作是生成一个没有宏定义、没有条件编译指令、没有特殊符号的输出文件。

（2）语法分析

编译程序的工作是通过词法分析和语法分析，在确认所有的指令都符合语法规则之后，将其翻译成等价的中间代码或汇编代码。

（3）代码优化

优化处理不仅与编译技术本身有关，而且与机器的硬件环境有很大的关系。例如，如何充分利用机器的各个硬件资源，如何减少对内存的访问次数，如何根据机器硬件执行指令的特点（如多线程等），调整目标代码，提高执行效率。经过优化的汇编代码，必须经过汇编程序转换成相应的机器指令，才能被机器执行。

（4）汇编过程

汇编过程实际上是把汇编语言代码翻译成目标机器指令的过程。对于C语言源程序，经过汇编处理后得到相应的目标文件。目标文件中通常至少有两个段：代码段和数据段。代码段包含的主要是程序的指令，该段一般是可读和可执行的，一般不可写；数据段主要存放程序中要

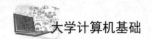

用到的各种全局变量或静态的数据，数据段一般是可读、可写、可执行的。

（5）连接程序

由汇编过程生成的目标文件并不能被执行，因为程序中可能还有许多没有解决的问题。例如，源程序中可能调用了某个库文件中的函数等。连接程序的主要工作就是将目标文件和函数库彼此相连接，生成一个能够让操作系统执行的机器代码（软件）。

经过上述过程后，C语言源程序最终被转换成可执行文件。

3. 软件的运行环境

软件是编译后的二进制机器码，它与运行环境有关。例如，一个C语言编写的程序，通过编译系统编译后，形成二进制代码的软件。而这个软件只能运行在指定的某类计算机中。

软件的运行环境是软件运行时需要的各种硬件环境和操作系统环境。

（1）软件的硬件运行环境

各种软件需要的硬件环境是不同的，对CPU和内存的要求也不相同。例如，Windows 10只能运行在x86系列CPU中，而且内存不得低于1 GB，硬盘安装空间不能小于16 GB。

又如，95%的智能手机采用ARM系列CPU，在智能手机中开发软件，对程序员来说是一个非常痛苦的事情。因此，一般在PC中利用软件构建一个智能手机的模拟硬件环境（虚拟机），在这个环境下进行程序编写、代码调试、功能完善等工作，开发完成后再移植到智能手机中。

（2）软件的系统运行环境

软件的运行还需要操作系统环境的支持。例如，Windows下的软件，在Linux中不能运行；苹果智能手机中的软件，在安卓智能手机中不能运行。

软件开发都是在某个操作系统环境中进行的。软件开发时，需要调用操作系统底层接口（子程序）来实现某些功能。例如，用C#程序设计语言在Windows中开发软件，编程时需要调用Windows操作系统提供的各种子程序接口（如窗口、对话框、菜单、快捷方式等）。在这个环境中开发出的程序移植到其他操作系统平台（如DOS、Mac OS、Linux等）时，其他操作系统若没有提供这些子程序接口，或者子程序接口的调用参数和格式不同，都会导致程序不可运行。

在A计算机安装的软件，复制到B计算机中也可能不能运行，因为它们的软件环境可能不同。

2.4.4 软件的安装与卸载

1. 计算机软件的安装

软件安装方法很多，如光盘安装、硬盘安装、镜像安装、网络安装等，它们各有优点和缺点。

（1）光盘安装

大型操作系统（如Windows 10）和大型应用软件（如Office 2016）一般采用光盘进行安装，这种方法的优点是安装方法简单，安装过程中用户的可控性较强。一般将光盘插入光驱后，软件会自动显示安装界面。这种方法的缺点是安装时间较长，需要计算机有光驱。

（2）硬盘安装

首先从网络下载软件到本地硬盘。网络上的大部分软件都进行了压缩打包，可以利用WinRAR等压缩工具软件将下载的软件包解压缩到本地硬盘中，然后执行软件的安装文件。大部分安装文件名称为：setup.exe、install.exe，双击执行就可以进行安装。也有一部分小型软件和"绿色软件"不需要安装，直接执行其中的主程序（扩展名为.exe），软件就会运行。

对于一些大型软件，安装后不能修改软件安装目录名称，也不能将软件移到本机的另外一个硬盘分区，这些操作将导致软件不能运行。

2. 软件升级

软件升级要遵循向下兼容的原则，即在低版本软件下可升级高版本软件，而不能在高版本软件下升级或安装低版本软件，这会引起兼容性问题，轻则软件混乱，严重时可能会导致系统崩溃。

3. 软件的卸载

大部分软件都带有自卸载功能，也可以通过 Windows 操作系统进行软件卸载。但是，运行中的软件不能卸载。有些软件无法完全卸载，因为大部分软件在安装时，需要向系统注册表写入信息，需要向系统目录（如 C:\Windows\system32\）复制函数库文件（如 DLL 文件等），需要向公共目录（如 C:\ Documents and Settings）写入信息，甚至需要建立硬盘加密等操作，这给软件卸载带来了困难。

2.4.5　计算机的技术指标

计算机的主要技术指标有性能、功能、可靠性、兼容性等参数。技术指标的好坏由硬件和软件两方面的因素决定。

1. 性能指标

计算机的性能主要取决于速度与容量。计算机运行速度越快，在某一时间内处理的数据就越多，计算机的性能也就越好。存储器容量也是衡量计算机性能的一个重要指标。一方面是由于海量数据的需要，另一方面，为了保证计算机的处理速度，需要对数据进行预取存放，这都加大了存储器的容量需求。

例如，计算机能不能播放高清视频影片是计算机有没有这项功能的问题，但是高清画面效果如何是计算机性能问题。为了得到好的画面质量，必须使用高频率的 CPU 和大容量内存。因为高清视频数据量巨大，低速系统将出现严重的动画卡顿和"马赛克"效果。计算机的主要性能指标有以下几项。

（1）时钟频率

时钟频率是指在单位时间内发出的脉冲数，通常以兆赫（MHz）为单位。计算机中的时钟频率主要有 CPU 时钟频率、内存时钟频率和总线时钟频率等。例如，Core i7 6700 CPU 的主频为 3.4 GHz，DDR3-1600 内存的数据传输频率为 1.6 GHz，USB 3.0 接口的总线传输频率为 5.0 GHz 等。部件或总线的工作频率越高，计算机运算速度越快。

（2）内存容量

计算机中内存容量越大，软件运行速度也越快。一些操作系统和大型应用软件常对内存容量有要求，如 Windows XP 的最低内存配置为 64 MB，建议内存为 2 GB；Windows 10 64 位的最低内存要求为 2 GB，建议内存为 8 GB 等。

（3）外围设备配置

计算机外围设备的性能对计算机系统也有直接影响，如硬盘的配置、硬盘接口的类型与容量、显示器的分辨率等。

2. 功能指标

计算机的功能是指它提供服务的类型。随着计算机的发展，3D 图形显示、高清视频播放、多媒体功能、网络功能、无线通信功能等已经在计算机中广泛应用；笔操作、触摸屏、语音识别、虚拟现实（见图 2-40）、3D 显示、3D 打印、穿戴式计算机、云计算等功能也在不断普及中。

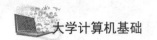

目前计算机的功能越来越多，应用领域涉及社会的各个层面。

图 2-40 利用虚拟现实技术进行设备模拟安装

计算机硬件设备提供实现以上功能的基本环境，而计算机的功能主要由软件实现。例如，网卡提供信号传输的硬件基础，而浏览网页、收发邮件、QQ聊天等功能则由软件实现。计算机的所有功能，用户都可以通过软件或硬件的方法进行测试。

3. 可靠性指标

可靠性是指计算机在规定工作环境下和恶劣工作环境下稳定运行的能力。例如，计算机经常性死机或重新启动，都说明计算机可靠性不好。可靠性是一个很难测试的指标，往往只能通过产品的工艺质量、产品的材料质量、厂商的市场信誉来衡量。又如不同厂商的计算机主板，由于采用同一芯片组，它们的性能相差不大。但是，由于不同厂商采用不同的工艺流程，不同的电子元件，不同的质量管理方法，它们产品的可靠性有很大差异。再如部分厂商为了提高计算机主板的可靠性，采用8层印制电路板、高温老化工艺、大量固态电容、大量自恢复保险丝、大量静电防护电路、高质量的接插件等措施，大大提高了产品的可靠性。

4. 兼容性指标

"兼容"一词在计算机行业中可以说是流行语了，但是要对"兼容"做一个准确定义，不是一件容易的事情。"软件兼容性"是指软件运行在某一个操作系统下，可以正常运行而不发生错误。例如，某一DOS软件（如Ping程序）可以运行在Windows 10操作系统下，可以说Windows 10与DOS软件的兼容性好。"硬件兼容性"是指不同硬件在同一操作系统下运行性能的好坏。例如，A声卡在Windows 10中工作正常，B声卡在Windows 10下可能不发声，可以说B声卡的兼容性不好。因此大致可以将"兼容"理解为：产品符合某一技术规范的特定要求，两个不同厂商的产品，如果能够在同一环境下应用，通常说它们是兼容的。

计算机硬件和软件产品都遵循"向下兼容"的设计思想，也就是说，新一代的产品需要兼容老一代的产品。不存在"向上兼容"的硬件和软件产品，因为老一代的产品不可能兼容新一代的产品。硬件产品兼容性不好，可以通过驱动程序或补丁程序来解决兼容性问题；软件产品兼容性不好，可以通过软件修正包或产品升级来解决兼容性问题。

 思考与练习

一、思考题

1. 为什么说"图灵机"在计算机科学领域具有重大的意义？
2. 为什么说"存储程序"的思想在计算机工程领域具有重要意义？

3. 计算 S=1+2+3+4+5+6+7+8+9+10 有 3 种算法，A 是按次序一步一步相加；B 是变换为：1+9+2+8+3+7+4+6+ 10+5；C 是计算（1+10）×5。

（1）A、B、C 这三种算法中，哪种算法人工计算所用时间最少？

（2）哪种算法计算机计算所用时间最少？

（3）哪种方法最符合程序设计原则？

（4）这个问题在计算思维方面对人们有哪些启发？

4. 信息必须编码后计算机才能处理，编码时要遵循哪些基本原则？

5. 简要说明计算机的基本工作原理。

6. 比较计算机并行传输与串行传输的特点。

7. 举例说明计算机硬件设备的主要技术指标。

8. 台式计算机上的软件为什么不能在智能手机中执行？

9. 计算机为什么遵循"向下兼容"的设计思想？

10. 简单比较 CISC 和 RISC 的不同之处。

二、填空题

1. 工具的发明和使用依赖于人类的（　　）思维。

2. 计算机本质上是一台（　　）处理机器。

3. 香农指出：任何复杂的信息都可以变换为一组（　　）数据。

4. 用二进制数设计的计算机结构简单，但是（　　）和（　　）会大大增加。

5. （　　）用来存放暂时不执行的程序和数据。

6. 内存是采用（　　）工艺制作的半导体存储芯片。

7. 差错控制编码提高了数据传输的（　　），但是它以降低（　　）系统效率为代价。

8. （　　）是按照数据结构来组织、存储和管理数据的仓库。

9. 目前的数据库主要采用（　　）。

10. 计算机的性能主要取决于（　　）与容量。

11. 数万个汉字的基本组成笔画只有（　　）种。

12. 香农指出：通信的基本信息单元是符号，而最基本的信息符号是（　　）符号。

13. （　　）是度量信息的基本单位。

14. 本质上看，程序也是一种（　　）型数据。

15. 二进制数据的具体含义取决于（　　）对它的解释。

16. （　　）断电后，其中的程序和数据都会丢失。

17. 数据在计算机中（　　）进行存储。

18. CPU 在运算时按地址查找需要的程序或数据的过程称为（　　）。

19. 32 位 CPU 的最大地址空间是（　　）GB。

20. （　　）信号是连续变化的电磁波或光波信号。

21. （　　）信号是传输介质中的电压脉冲序列。

22. （　　）指数据的单向传输。

23. （　　）指双向传输数据。

24. （　　）传输是数据以成组的方式在线路上同时进行传输。

25. （　　）传输是数据在一条传输线路上一位一位按顺序传送的通信方式。

26. 为了保证数据传输的可靠性，计算机经常采用（　　）的设计思想。

27. （　　）可以发现数据错误，但是不能纠正数据错误。

28. （　　　）运算比整数运算复杂得多，因此计算机进行浮点运算的速度比整数运算慢得多。

29. 在二进制数中，无穷小数的现象（　　　）十进制数。

30. 计算机中最常见的逻辑运算是程序中的（　　　）和（　　　）指令。

31. 逻辑运算通过CPU内部的（　　　）进行计算。

32. CPU内部的（　　　）单元将解释指令的类型与内容。

33. （　　　）是能被计算机识别并执行的二进制代码，它规定了计算机能完成的某一种操作。

34. 指令的数量与类型由（　　　）决定。

35. 一台计算机的所有指令的集合，称为该计算机的（　　　）。

36. 英特尔公司的x86系列CPU就是典型的（　　　）指令系统。

37. 目前的智能手机和平板式计算机，大部分采用（　　　）指令系统。

38. x86指令长度为1～15字节不等，大部分指令在（　　　）字节以下。

39. 目前计算机采用以（　　　）为核心的控制中心分层结构。

40. （　　　）芯片连接着多种外围设备，它提供的接口越多，计算机的功能扩展性越强。

41. （　　　）芯片主要解决硬件系统与软件系统的兼容性。

42. 台式计算机主要由（　　　）、显示器、键盘鼠标三大部件组成。

43. 一般来说，（　　　）越高，CPU工作速度越快，性能也就越强。

44. CPU始终围绕着速度与（　　　）两个目标进行设计。

45. CPU（　　　）指集成电路芯片两个硅晶体管元器件之间距离的一半。

46. （　　　）是计算机中各种部件之间共享的一组公共数据传输线路。

47. PCI-E 3.0标准下，PCI-E×1总线单工带宽为（　　　）Gbit/s。

48. USB 2.0总线的带宽为（　　　）Mbit/s；USB 3.0总线的带宽为（　　　）Gbit/s。

49. 内存中存储的信息以电荷形式保存在集成电路中的小（　　　）中。

50. 由于电容漏电，内存中的数据容易丢失，因此必须对内存进行定时（　　　）。

51. （　　　）具备DRAM快速存储的优点，也具备硬盘永久存储的特性。

52. 闪存利用（　　　）工艺生产，缺点是读/写速度较DRAM慢，而且擦写次数也有极限。

53. 闪存中的数据以（　　　）为单位进行数据写入。

54. （　　　）存储卡是目前速度最快，应用最广泛的存储卡。

55. SD卡采用（　　　）闪存芯片作为存储单元。

56. 硬盘利用磁记录位的（　　　）来记录二进制数据位。

57. 3D打印是一种增材制造技术，它通过（　　　）的过程来制造产品。

58. （　　　）是指计算机系统中的程序和文档。

59. 源程序的翻译有两种方式：解释执行方式和（　　　）执行方式。

60. 软件运行环境是软件运行时需要的各种（　　　）环境和操作系统环境。

61. 数据库系统（　　　）主要由数据库（　　　）和数据库管理系统（　　　）组成。

62. 数据库分为层次数据库、网状数据库和（　　　）数据库3种。

63. 从用户角度看，关系数据库的逻辑结构是一张（　　　）。

64. 关系数据库的每个表格有时被称为一个（　　　）。

65. （　　　）主要由文件、表、记录、字段、域等部分组成。

66. 关系数据库中的每一行称为一个（　　　）；每一列称为一个（　　　）。

67. 关系数据库系统至少提供3种关系运算，即（　　）、投影和连接。

68. （　　）是一种通用的数据库查询和程序设计语言。

69. NoSQL数据库的（　　）负载非常高，可以满足每秒上万次的读/写请求。

70. 计算机的性能可以通过专用的（　　）测试软件进行测试。

71. 计算机的功能主要由（　　）实现。

72. 可靠性指计算机在规定工作环境下和恶劣工作环境下（　　）的能力。

73. （　　）产品兼容性不好，可以通过驱动程序或补丁程序来解决兼容性问题。

74. 软件产品（　　）不好，可以通过软件修正包或产品升级来解决问题。

75. （　　）指软件运行在某一个操作系统下时，可以正常运行而不发生错误。

76. （　　）指不同硬件在同一操作系统下运行性能的好坏。

三、简答题

1. 简单说明图灵机的组成。

2. 简要说明图灵机的特点。

3. 简要说明哈佛结构计算机的特点。

4. 简要说明目前在研究哪些新型的计算机系统。

5. 简要说明冯·诺依曼计算机结构的主要组成部分。

6. 简要说明外存的存储材料有哪些。

7. 简要说明内存条的基本组成。

8. 简单说明计算机指令执行过程。

9. 简要说明CPU的技术指标。

10. 计算机的接口有哪些？

11. 简要说明光盘的存储原理。

12. 光盘读/写方式有哪些类型？

13. 简要说明存储器的性能指标。

14. 什么是计算机系统结构的"1-2-3"规则？

15. 简要说明总线有哪些。

16. 并行总线的性能指标有哪些？

17. 简要说明影响串行总线性能的因素。

18. 内存条的主要技术性能有哪些？

19. 讨论硬盘的优点与缺点。

20. 说明程序的编译过程。

21. 系统软件有哪些？

22. SQL语言有哪些功能？

23. 常用的商业关系数据库系统有哪些？

24. 常用开源的关系数据库有哪些？

第 3 章

信息的表示

计算机本质上只能处理二进制的 "0" 和 "1"，因此必须将各种信息转换成计算机能够接受和处理的二进制数据，这种转换往往由外围设备和计算机自动进行。输入计算机的各种数据都要转换成二进制数存储，计算机才能进行运算和处理；同样，从计算机中输出的数据也要进行逆向转换。本章主要介绍数值信息和非数值信息在计算机中的表示和存储方式，以及它们的运算方式。

3.1　数值信息在计算机中的表示

计算机主要通过数值计算来处理各种信息。因此数值在计算机中的表示形式、存储格式、计算方法等，都是非常重要的基本技术。

3.1.1　常用数制的基本概念

1. 十进制数

数制是用符号的组合来表示数值的规则，进制是按照进位方式计数的数制系统。

十进制有 0、1、2、…、9 共 10 个数字符号，每个符号表示 0 ~ 9 之间的一个不同的值。十进制数的运算规则是 "逢十进一，借一当十"。

十进制中各数字符号的权为 10 的整数次幂，个位的权为 1（10^0），十位的权为 10（10^1），百位的权为 100（10^2）……

【例3-1】将十进制数 708 按位权展开表示。

$$708 = 7 \times 10^2 + 8 \times 10^0$$

【例3-2】将十进制数 12.34 按位权展开表示。

$$12.34 = 1 \times 10^1 + 2 \times 10^0 + 3 \times 10^{-1} + 4 \times 10^{-2}$$

为了便于区分，十进制数用下标 10 或在数字尾部加 D 表示，如 $[23]_{10}$ 或 23D。

2. 二进制数

计算机电路使用十进制数设计时，会导致计算机的设计和制造非常复杂，因此在计算机内部采用二进制数进行存储、传输和计算。用户输入的各种信息，由计算机软件和硬件自动转换为二进制数，在数据处理完成后，再由计算机自动转换为用户熟悉的十进制数或其他信息。

二进制数的基本数字符号为 "0" 和 "1"。二进制数的运算规则是 "逢二进一，借一当二"。二进制数的运算规则基本与十进制相同，四则运算规则如下：

① 加法运算：0+0=0，0+1=1，1+0=1，1+1=10（有进位）。

② 减法运算：0-0=0，1-0=1，1-1=0，0-1=1（有借位）。

③ 乘法运算：$0 \times 0=0$，$1 \times 0=0$，$0 \times 1=0$，$1 \times 1=1$。

④ 除法运算：$0 \div 1=0$，$1 \div 1=1$（除数不能为 0）。

二进制中各数字符号的权为 2 的整数次幂，如 2^3，2^2，2^1，2^0，2^{-1}，2^{-2}……

【例3-3】将二进制数 1011 按位权展开表示。

$$[1011]_2 = 1 \times 2^3 + 1 \times 2^1 + 1 \times 2^0$$

【例3-4】将二进制数 1011.0101 按位权展开表示。

$$[1011.0101]_2 = 1 \times 2^3 + 1 \times 2^1 + 1 \times 2^0 + 1 \times 2^{-2} + 1 \times 2^{-4}$$

二进制数用下标 2 或在数字尾部加 B 表示，如 $[1011]_2$ 或 1011B。

3.　十六进制数

用二进制表示一个大数时，位数太多，计算机专业人员辨认困难，因此经常采用十六进制数来表示二进制数。十六进制的数码是：0、1、2、3、4、5、6、7、8、9、A、B、C、D、E、F。运算规则是"逢 16 进 1，借 1 当 16"。计算机内部并不采用十六进制数进行运算，引入十六进制数的原因是计算机专业人员可以很方便地将十六进制数转换为二进制数。

为了便于区分，十六进制数用下标 16 或在数字尾部加 H 表示，如 $[18]_{16}$ 或 18H。但是在计算机领域，更多用前置 "0x" 的形式表示十六进制数。

常用数制与编码之间的对应关系如表 3-1 所示。

表 3-1　常用数制与编码之间的对应关系

十 进 制 数	十六进制数	二 进 制 数	BCD 编 码
0	0	0000	0000
1	1	0001	0001
2	2	0010	0010
3	3	0011	0011
4	4	0100	0100
5	5	0101	0101
6	6	0110	0110
7	7	0111	0111
8	8	1000	1000
9	9	1001	1001
10	A	1010	0001 0000
11	B	1011	0001 0001
12	C	1100	0001 0010
13	D	1101	0001 0011
14	E	1110	0001 0100
15	F	1111	0001 0101

4.　任意进制数的表示方法

任何一种进位制都能用有限几个基本数字符号表示出所有的数。进制称为基数，如十进制的基数为 10，二进制的基数为 2。位于不同数位上的数字符号有不同的位权，简称权。对于任意的 R 进制数，基本数字符号为 R 个，对于任意进制的数可以用式（3-1）表示。

$$A_n \cdots A_1 A_{-1} \cdots A_{-m}(R) = A_n R^n + \cdots + A_1 R^1 + A_0 R^0 + A_{-1} R^{-1} + A_{-2} R^{-2} + \cdots + A_{-m} R^{-m} \qquad （3-1）$$

式中：A 为任意进制的数字符号，R 为基数，n、m 为数的位数和权，整数为 n 位，小数为 m 位。

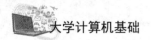

【例3-5】十进制数43.21按位权展开表示。

$$43.21 = 4 \times 10^1 + 3 \times 10^0 + 2 \times 10^{-1} + 1 \times 10^{-2}$$

【例3-6】二进制数1101.11按位权展开表示。

$$[1101.11]_2 = 1 \times 2^3 + 1 \times 2^2 + 0 \times 2^1 + 1 \times 2^{-0} + 1 \times 2^{-1} + 1 \times 2^{-2}$$

【例3-7】十六进制数4D.25按位权展开表示。

$$4D.25H = 4 \times 16^1 + 13 \times 16^0 + 2 \times 16^{-1} + 5 \times 16^{-2}$$

3.1.2 不同数制的转换方法

1. 二进制数与十进制数之间的转换

在二进制数与十进制数的转换过程中，要频繁地计算2的整数次幂。表3-2给出了2的整数次幂和十进制数值的对应关系。

表3-2 2的整数次幂与十进制数值的对应关系

2^n	2^8	2^7	2^6	2^5	2^4	2^3	2^2	2^1	2^0	2^{-1}	2^{-2}	2^{-3}	2^{-4}
十进制数值	256	128	64	32	16	8	4	2	1	0.5	0.25	0.125	0.0625

二进制数转换成十进制数时，可以采用按权相加的方法，这种方法是按照十进制数的运算规则，将二进制数各位的数码乘以对应的权再累加起来。

【例3-8】将$[1101.101]_2$按位权展开转换成十进制数。

$$[1101.101]_2 = [2^3 + 2^2 + 2^0 + 2^{-1} + 2^{-3}]_{10} = [8 + 4 + 1 + 0.5 + 0.125]_{10} = [13.625]_{10}$$

2. 十进制数与二进制数之间的转换

十进制数转换为二进制数时，整数部分与小数部分必须分开转换。

对于整数部分，采用除2取余法，就是将十进制数的整数部分反复除2，如果相除之后余数为1，则对应二进制数的位为1；如果余数为0，则相应位为0；逐次相除，直到商小于2为止。转换为整数时，第一次除法得到的余数是二进制数的低位（第K_0位），最后一次余数是二进制数的高位（第K_n位）。

对于小数部分，采用乘2取整法。就是将十进制的小数部分反复乘2；每次乘2后，所得积的整数部分为1，相应二进制数为1，然后减去整数1，余数部分继续相乘；如果积的整数部分为0，则相应二进制数为0，余数部分继续相乘；直到乘2后的小数部分为0为止，如果乘积的小数部分一直不为0，则可以根据精度的要求截取一定的位数即可。

【例3-9】将十进制18.8125转换为二进制数。

整数部分除2取余，余数作为二进制数，从低到高排列，计算如下：

18÷2=9余0，9÷2=4余1，4÷2=2余0，2÷2=1余0，1小于2不再除余1；18=$[10010]_2$

小数部分乘2取整，积的整数部分作为二进制数，从高到低排列，计算如下：

0.8125×2=1.625，0.625×2=1.25，0.25×2=0.5，0.50×2=1.0；0.8125=$[0.1101]_2$

竖式运算过程如图3-1所示。

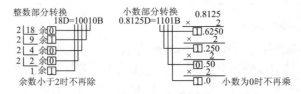

图3-1 十进制数转换为二进制数的运算过程

运算结果为：$[18.8125]_{10} = [10010.1101]_2$

3. 二进制数与十六进制数之间的转换

对于二进制整数，只要自右向左将每 4 位二进制数分为一组，不足 4 位时，在左面添 0，补足 4 位，每组对应一位十六进制数；对于二进制小数，只要自左向右将每 4 位二进制数分为一组，不足 4 位时，在右面添 0，补足 4 位，然后每 4 位二进制数对应 1 位十六进制数，即可得到十六进制数。

【例 3-10】将二进制数 111101.010111 转换为十六进制数。

0011	1101	·	0101	1100
3	D	·	5	C

因此，$[111101.010111]_2=[00111101.01011100]_2=[3D.5C]_{16}$

在转换过程中，当二进制整数部分不够 4 位时，可在整数前面加 0 补齐；当二进制小数部分不够 4 位，可在小数后面加 0 补齐。

4. 十六进制数与二进制数之间的转换

将十六进制数转换成二进制数非常简单，只要以小数点为界，向左或向右每一位十六进制数用相应的四位二进制数表示，然后将其连在一起即可完成转换。

【例 3-11】将十六进制数 4B.61 转换为二进制数。

4	B	·	6	1
0100	1011	·	0110	0001

因此，$[4B.61]_{16}=[01001011.01100001]_2$

5. BCD 编码

在计算机的数值计算中，经常需要将十进制数转换为二进制数。在以上的转换方法中，存在两方面的问题：①数值转换需要进行乘法和除法计算，这大大增加了数制转换的复杂性。例如，计算机在计算 50+50=? 时，首先要把十进制的 50 转换成二进制：$[50]_{10}=[110010]_2$，这个过程要做多次除法，而计算机除法的计算速度是最慢的；将十进制的 50 转换成二进制的 110010 还不算完，计算出结果 $[1100100]_2$ 之后，还要再转换成十进制数 100，这是一个做乘法的过程，对计算机来说虽然比除法简单，但计算速度也不快。②小数转换需要进行浮点运算，而浮点运算的存储方法和计算方法都较为复杂，计算效率低。

BCD 码是一种二 - 十进制编码，用 4 位二进制数来表示 1 位十进制数。BCD 码有多种编码方式，8421 码是最常用的 BCD 编码，各位的权值为 8、4、2、1。与 4 位自然二进制编码不同的是，它只选用了 4 位二进制编码中的前 10 组代码。BCD 编码与十进制数的对应关系如下：

十进制数	0	1	2	3	4	5	6	7	8	9	10
BCD 编码	0000	0001	0010	0011	0100	0101	0110	0111	1000	1001	0001 0000

BCD 码不使用 1010 ～ 1111 这 6 组编码，编码到 1001 后就产生进位。不像普通二进制码，到 1111 才产生进位。

【例 3-12】将十进制数 10.89 转换为 BCD 码。

$$10.89 =[0001\ 0000.1000\ 1001]_{BCD}$$

十进制数	1	0	·	8	9
BCD 码	0001	0000	·	1000	1001

【例 3-13】将 BCD 码 $[0111\ 0110.1000\ 0001]_{BCD}$ 转换为十进制数。

$$[0111\ 0110.1000\ 0001]_{BCD} =76.81$$

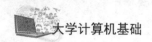

BCD码	0111	0110	·	1000	0001
十进制数	7	6	·	8	1

由上例可见，BCD的编码方法基本与十六进制数相同，不同的是十六进制使用0000～1111全部代码，而BCD仅仅使用0000～1001这10组代码。

【例3-14】将二进制数111101.010111转换为BCD编码。

二进制数不能直接转换为BCD码，因为编码方法不同，而且可能出现非法编码的情况。

二进制数	0011	1101	·	0101	1100
非法BCD码		1101			1100

常用数制之间的转换方法如图3-2所示。

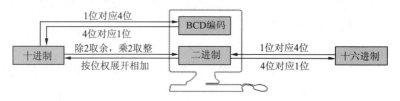

图3-2　常用数制之间的转换方法

3.1.3　二进制整数存储形式

计算机以字节（Byte）组织各种信息。字节是计算机用于存储、传输（并行传输时）和计算的计量单位。一个字节可以存储8位（bit）二进制数。

1. 无符号二进制整数的存储形式

在计算过程中，如果计算结果超出数据的表示范围称为"溢出"。如8位无符号数计算结果大于255时，16位计算结果大于65 535时，都会产生"溢出"问题。如例3-15所示，数据的存储字节越长，能够表示的数值范围越大，越不容易导致"溢出"现象。如果对小数据（值小于255的无符号数）采用1字节存储，大数据采用多字节存储，这种可变长度存储会造成数据存储长度的增加（需要定义数据长度位），更加麻烦的是增加了计算的复杂性。因为计算机需要对每个数据都进行长度判断。因此，在程序设计时先要定义数据类型，计算机中对同一类型数据采用统一的存储长度（下文会涉及）。

【例3-15】无符号十进制数86在计算机中的存储形式：

1字节存储：	01010110			
2字节存储：	00000000	01010110		
4字节存储：	00000000	00000000	00000000	01010110

8位无符号二进整数的表示范围是：000000～11111111（0～255）。

16位无符号二进整数的表示范围是：00000000 00000000～11111111 11111111（0～65 535）。

2. 带符号二进制整数的存储形式

在计算中，数值有"正数"和"负数"之分。人们用符号"+"表示正数（常被省略），符号"-"表示负数。但是计算机只有"0"和"1"两种状态，为了区分二进制数的"+""-"，符号在计算机中被"数码化"了。当用一个字节表示一个数值时，将该字节的最高位作为符号位，用"0"表示正数，用"1"表示负数，其余位表示数值的大小。

"符号化"的二进制数称为机器数或原码，而符号没有"数码化"的数称为数的真值。机器数有固定的长度（如8、16、32、64位），当二进制数的位数不够时，应当在左侧用0补足。

【例3-16】$[+23]_{10}=[+10111]_2=[00010111]_2$（最高位0表示是正数）。

D_7（符号位）	D_6	D_5	D_4	D_3	D_2	D_1	D_0
0	0	0	1	0	1	1	1

二进制数+10111真值与机器数的区别如下：

真值	8位机器数（原码）	16位机器数（原码）
+10111	00010111	00000000 00010111

【例3-17】$[-23]_{10}=[-10111]_2=[10010111]_2$（最高位1表示是负数）。

D_7（符号位）	D_6	D_5	D_4	D_3	D_2	D_1	D_0
1	0	0	1	0	1	1	1

二进制数-10111的真值与机器数（原码）的区别如下：

真值	8位机器数（原码）	16位机器数（原码）
-10111	10010111	10000000 00010111

3. 常用数据类型的存储长度和表示范围

为了保证计算的一致性，在程序设计时，首先需要定义数据的类型（即定义数据的长度）。例如，"字符型"数据长度为1字节，"短整型"数据长度为2字节，"整型"数据长度为4字节。C语言中数据类型的长度及数值域如表3-3所示。计算机中同一类型的数据具有相同的数据长度，与数据的实际长度无关。

表 3-3　C 语言中数据类型的长度以及数值域

数据类型标识符	类型说明	存储长度（字节）	数值范围	十进制有效位
char	字符型	1	$-128 \sim 127$	3
unsigned char	无符号字符型	1	$0 \sim 255$	3
short int	短整型	2	$-32\,768 \sim 32\,767$	5
unsigned short int	无符号短整型	2	$0 \sim 65\,535$	5
int	整型	4	$-2\,147\,483\,648 \sim 2\,147\,483\,647$	10
unsigned int	无符号整型	4	$0 \sim 4\,294\,967\,295$	10
float	实型（浮点单精度）	4	$1.18 \times 10^{-38} \sim 3.40 \times 10^{38}$	7
double	实型（浮点双精度）	8	$2.23 \times 10^{-308} \sim 1.79 \times 10^{308}$	15
long double	实型（浮点长双精度）	10	$3.37 \times 10^{-4932} \sim 1.18 \times 10^{4932}$	19

4. 大整数的表示与计算

计算机中的字长是有限的，计算机不能存放任意大的有效数据。如表3-3所示，最大的有效数据为19位（long double）。因此，对超出计算机能够表示范围的整数，必须采用其他方式来进行处理。

例如，在Excel 2010中，数据的有效位只有16位。在计算大于16位的数据时，将产生计算误差。

【例3-18】在Excel 2010中计算12 345 000 000 000 000 000+9 999。

计算结果=12 345 000 000 000 000 000。可见加数完全被忽略，这是因为被加数只有16位有效数据。超出16位时，虽然可以表达并参与计算，但是超出部分会产生计算误差。

随着计算机信息安全要求的不断提高，密码学被大量应用到计算机中。一些常用密码算法都是建立在大整数运算的基础上，因此如何实现大整数的存储和快速计算，是密码领域普遍关注的问题。

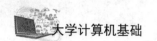

例如，如何解决一个存储100位十进制整数的问题。任何程序设计语言的数据类型都无法保存一个100位的十进制整数。最简单的方法是用一个字符串数组来保存它。

大整数不能直接输入，只能一位一位或几位几位输入，也可以用字符串的形式输入。

如何实现两个大整数的相加呢？方法很简单，可以模拟小学生列竖式做加法，从个位开始逐位相加，超过或达到10则进位。进位保存在一个中间变量中，然后逐位相加。相加的结果直接存放在数组中。

由于一个大整数的每一位或几位放在一个数组元素中，因此不能直接进行大整数的加减运算，必须通过编写程序来实现大整数的加减运算。

【例3-19】计算大整数 12 345 678 901 234 567 890+97 661 470 000 796 256 798之和。

	12	34	56	78	90	12	34	56	78	90
+	97	66	14	70	00	07	96	25	67	98
01	09	34	71	48	90	20	30	82	46	88

3.1.4 二进制小数存储形式

1. 定点数的表示方法

在计算机中经常会用到定点数的概念。定点数是小数点位置固定不变的数。定点数小数点的位置，是计算机系统设计师在设计时规定的一个不变的位置。定点数有定点整数和定点小数之分。

定点整数规定小数点在最低有效位后面，如图3-3（左）所示。

定点小数规定小数点在符号位与最高数值位之间，如图3-3（右）所示。

图 3-3　8位定点整数（左）和定点小数（右）的表示方法

【例3-20】假设将二进制数 -0.1001001用两个字节存储为二进制定点小数，则存储格式为：

1	1	0	0	1	0	0	1	0	0	0	0	0	0	0	0

由此可见，增加小数的存储长度可以提高小数的精度。

在32位计算机中，定点数用四个字节表示，最高位用于表示数值的符号，其余31位表示数据。如果数据在运算过程中超过31位，就会产生"溢出"问题。

2. 浮点数的表示方法

一个实数可以表示成一个纯小数和一个乘幂之积的指数形式。

【例3-21】$123.45=0.12345 \times 10^3$

【例3-22】$0.0034574=-0.34574 \times 10^{-2}$

【例3-23】$3.14=3.14 \times 10^0=0.314 \times 10^1$（规格化表示方式）$=0.0314 \times 10^2$

小数点位置浮动变化的数称为浮点数。浮点数采用指数表示形式时，指数部分称为"阶码"（整数），小数部分称为"尾数"。尾数和阶码有正负之分。同理，任何一个二进制数也可以表示成指数形式。与十进制数不同的是二进制数的阶码和尾数都用二进制数表示。

【例3-24】$[1001.011]_2=[0.1001011]_2 \times 2^{100}$

【例3-25】$[-0.0010101]_2=[-0.10101]_2 \times 2^{-10}$

任意二进制规格化浮点数的表示形式如式（3-2）所示。

$$N= \pm M \times 2^{\pm E}$$

（3-2）

式（3-2）中，纯小数 M 为尾数，整数 E 为阶码，M 与 E 都带符号，表示形式如下：

阶符	阶码 E	尾符	尾数 M
（定点整数）		（定点小数）	

【例3-26】一个32位的浮点数，如果规定阶符为1位，阶码长7位；尾符为1位，尾数长23位；则二进制数 $[-0.00011011]_2=[-0.11011]_2 \times 2^{-11}$ 在计算机中的表示形式如下：

阶符	阶码	尾符	尾数
1	0000011	1	11011000 00000000 0000000

以上数据在计算机中的存储格式如下：

31　24	23　16	15　8	7　0
10000011	11101100	00000000	00000000

由以上讨论可见，在计算机中表示和存储一个浮点数时，分为阶码和尾数两个部分。一般来说，阶码的位数决定数的表示范围，尾数的位数决定数值的精度。一个规格化的浮点数，尾数的绝对值必须大于0.1并且小于1，即尾数的最高位必为二进制数1（参考例3-26）。

3. 二进制小数的截断误差

（1）浮点数存储空间不够引起的截断误差

【例3-27】假设用一个字节记录和存储浮点数，规定阶符为1位，阶码为2位，尾符为1位，尾数为4位。将二进制数 10.10101 存储为浮点数时，由于存储空间不够，尾数最右边的1位数据"1"会因此丢失。

0	10	0	1010

1（最后一位丢失）

如果忽视这个问题，继续填充阶码和符号位，最后得到的数据为：01001010。这个现象称为截断误差或舍入误差。这意味着由于尾数空间不够大，存储的部分数值丢失。可以通过使用较长的尾数域来减少这种误差的发生。

（2）数值转换引起的截断误差

截断误差的另外一个来源是无穷展开式问题。例如，将十进制数1/3转换为小数时，无论用多少位数字，总有一些数值不能精确地表示出来。二进制记数法与十进制记数法的区别在于：二进制记数法中有无穷展开式的数值多于十进制。

【例3-28】十进制小数0.8，转换为二进制时为：0.11001100……，后面还有无数个1100，这说明十进制的有限小数转换成二进制时，不能保证精确转换；二进制小数转换成十进制也会遇到同样的问题。

【例3-29】将十进制数值1/10转换为二进制数时，也会遇到无穷展开式问题，总有一部分数不能精确地存储。

因此，在十进制小数转换成二进制小数时，整个计算过程可能会无限制地进行下去，这时可根据精度要求，取若干位二进制小数作为近似值，必要时采用"0舍1入"的规则。

（3）浮点数的相加顺序

在浮点记数法表示的数值加法中，它们相加的顺序很重要。如果一个大数字加上一个小数字，那么小数字就可能被截断。因此，多个数值相加的原则是先相加小数字，这是为了将它们累计成一个大数字，再与其他大数字相加，避免截断误差的产生。

对于大部分计算机用户，大多数商用软件提供的计算精度已经足够。但是，在一些特殊应用领域中（如导航系统等），小误差可能在运算中累加，最终产生严重的后果。

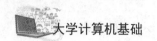

4. 浮点数运算的精度

浮点数运算时，首先要确定记录多少个数位。例如，π 是一个相当长的数：3.14159 26535 89793 23846 26433 83279……。问题是需要记录 π 的几位数，才能使计算精确度达到要求？如果希望 π 的精度值是 30 位，在将十进制数转换为二进制数时，根据香农信息计算公式，需要的二进制数位数为：

$$\log_2(10)/\log_2(2)=3.32(bit)$$

可知，每位十进制数转换为二进制数需要 3.3 bit 来表示，将 32 位（加整数和小数点）的十进制数转换成二进制数时，总共需要 32×3.3=106 位二进制数。如表 3-4 所示，需要采用 128 位的扩展双精度数规格 2 进行计算。而二进制数位数越多，CPU 计算的复杂程度就越高，也需要更多的寄存器来存储中间计算值。由于各种计算需要的精度不同，计算机为不同指令提供了不同的精度，从而使程序设计人员可以确定他们所需要的精度。IEEE 754 标准规定的浮点数规格如表 3-4 所示。

表 3-4　IEEE 754 规定的浮点数规格

浮点数规格	总长（位）	符号位 S（位）	阶码 E（位）	尾数 M（位）	尾数最大值
单精度浮点数规格	32	1	8	23	8 388 608
双精度浮点数规格	64	1	11	52	4.5×10^{15}
扩展双精度数规格 1	80	1	15	64	1.8×10^{19}
扩展双精度数规格 2	128	1	15	112	5.1×10^{33}

3.1.5　二进制补码运算方式

1. 原码在二进制数运算中存在的问题

用原码表示二进制数简单易懂，易于和真值进行转换。但在二进制数原码进行加减运算时，原码存在以下问题：一是做 $x+y$ 运算时，首先要判别两个数的符号，如果 x、y 同号，则相加；如果 x、y 异号，就要判别两个数绝对值的大小，然后用绝对值大的数减去绝对值小的数。显然，这种运算方法不仅增加了运算时间，还使计算机的结构变得复杂。二是在原码中，由于规定最高位是符号位，"0" 表示正数，"1" 表示负数，就会出现：$[00000000]_2=[+0]_{10}$，$[10000000]_2=[-0]_{10}$ 的现象，而 0 有两种表示形式是不符合运算规则的。三是两个带符号的二进制数原码运算时，在某些情况下，符号位会对运算结果产生影响，导致运算出错。

【例 3-30】$[01000010]_2+[01000001]_2=[10000011]_2$（进位导致的符号位错误）。

【例 3-31】$[00000010]_2+[10000001]_2=[10000011]_2$（符号位相加导致的错误）。

在计算机中，需要寻找一种可以带符号进行运算，而运算结果不会产生错误的编码形式。二进制数的 "补码" 便具有这种特性。因此，计算机中的数值广泛采用 "补码" 的形式进行存储和计算。

2. 二进制数的反码表示

引入反码的目的是因为补码运算的需要。二进制正数的反码与原码相同，负数的反码是对该数的原码除符号位外各位取反。

【例 3-32】二进制数字长为 8 位时，$[+5]_{10}=[00000101]_原=[00000101]_反$。

【例 3-33】二进制数字长为 8 位时，$[-5]_{10}=[10000101]_原=[11111010]_反$。

3. 二进制数的补码表示

正数的补码就是它的原码。负数的补码等于其正数原码 "取反加 1"，即按位取反，末位加

1。负数的补码最高位（符号位）为1，不管是原码、反码还是补码，符号位都是不变的。下面以$[10]_{10}$和$[-10]_{10}$说明正数和负数的补码形式。

【例3-34】$[10]_{10}$的二进制原码为：$[10]_{10}=[00001010]_原$（最高位0表示正数）。

$[-10]_{10}$的二进制原码为：$[-10]_{10}=[10001010]_原$（最高位1表示负数）。

【例3-35】$[10]_{10}$的二进制反码为：$[10]_{10}=[00001010]_反$（最高位0表示正数）。

$[-10]_{10}$的二进制反码为：$[-10]_{10}=[11110101]_反$（最高位1表示负数）。

【例3-36】$[10]_{10}$的二进制补码为：$[10]10=[00001010]_补$（最高位0表示正数）。

$[-10]_{10}$的二进制补码为：$[-10]10=[11110110]_补$（最高位1表示负数）。

计算机中，二进制数各种编码的表示方法如表3-5所示。

表 3-5　二进制数各种编码的表示方法

十进制数	真 值	原 码	反 码	补 码
0	0	00000000	00000000	00000000
0	0	10000000	11111111	00000000
+1	+1	00000001	00000001	00000001
−1	−1	10000001	11111110	11111111
+15	+1111	00001111	01110000	01110001
−15	−1111	10001111	11110000	11110001
−127	−1111111	11111111	10000000	10000001
−128	−10000000	—	—	10000000

4. 补码的运算规则

补码运算的算法思想是：把正数和负数都转换为补码形式，使减法变成加一个负数的形式，从而使正负数的加减运算转换为单纯的加法运算。补码运算方式在逻辑电路设计中实现起来很容易。当补码运算结果不超出范围（8位二进制数补码表示范围为：−128～+127）时，可得出以下重要结论：

用补码表示的两个数进行加法运算时，其结果仍为补码。补码的符号位可以与数值位一同参与运算。运算结果如有进位，判断是否为"溢出"。如果不是"溢出"，则将进位舍去不要。不论对正数和负数，补码都具有以下性质如式（3-3）和式（3-4）所示。

$$[A]_补+[B]_补=[A+B]_补 \qquad (3-3)$$

$$[[A]_补]_补=[A]_原 \qquad (3-4)$$

式（3-3）和式（3-4）中，A、B为正整数、负整数、0均可。小数的情况，在以后的章节中讨论。

【例3-37】$A=[-70]_{10}$，$B=[-55]_{10}$，求A与B相加之和。

先将A和B转换为二进制数的补码，然后进行补码加法运算，最后将运算结果（补码）转换为原码即可。原码、反码、补码在转换中，要注意符号位不变的原则。

$[-70]_{10}=[-(64+4+2)]_{10}=[11000110]_原=[10111001]_反+[00000001]=[10111010]_补$

$[-55]_{10}=[-(32+16+4+2+1)]_{10}=[10110111]_原=[11001000]_反+[00000001]=[11001001]_补$

补码运算过程如下：

```
              1011
           1010
              1100
进位1自然丢失→   1001
              ────
              1000
           0011
```

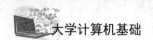

相加后的补码值为：$[10111010]_补+[11001001]_补=[10000011]_补$。注意进位1作为模，自然丢失（如13点与下午1点相同，其中模12自然丢失）。

由补码运算结果再进行一次求补运算（取反加1）就可以得到真值：

$$[10000011]_补=[11111100]_反+[00000001]=[11111101]_原=[-125]_{10}$$

可以看到，进行补码加法运算时，不用考虑数值的正负，直接进行补码加法就可以。减法也可以通过补码的加法运算来实现。如果运算结果不产生溢出，且最高位（符号位）为0，则表示结果为正数；如果最高位为1，则结果为负数。这大大简化了计算机运算电路的设计，运算效率也得到极大提高，因此补码运算在计算机中被广泛应用。

3.2 非数值信息在计算机中的表示

3.2.1 英文字符的表示

计算机除了用于数值计算外，还要处理大量的非数值信息，其中文本字符信息占有很大比重。字符数据包括西文字符（字母、数字、各种符号）和汉字字符。它们需要进行二进制数编码后，才能存储在计算机中进行处理，每个字符对应一个唯一的二进制数编码，这个二进制数称为字符编码。对于西文字符与汉字字符，由于形式的不同，使用的编码方式也不同。

1. BCDIC编码

早期计算机的字符编码是从Hollerith卡片发展而来。该卡片由赫尔曼·霍尔瑞斯（Herman Hollerith，1860—1929，美国）发明，并首次在1890年的美国人口普查中使用。6位字符编码系统BCDIC（Binary-Coded Decimal Interchange Code，二进制编码十进制交换编码）源自Hollerith码，20世纪60年代逐步扩展为8位EBCDIC码，并一直作为IBM大型计算机的编码标准，但没在其他计算机中使用。

2. ASCII编码

（1）ASCII码的编码规则

ASCII（美国信息交换标准码）起始于20世纪50年代后期，完成于1967年。开发ASCII的过程中，在字符长度是6位、7位还是8位的问题上产生了很大的争议。从可靠性的观点来看，ASCII不能是6位编码，但由于费用的原因也排除了8位编码的方案（因为当时每位的存储成本很昂贵）。最终字符编码确定为26个小写字母、26个大写字母、10个数字、32个符号、33个控制符号和一个空格，总共128个字符编码。ASCII码是目前使用最为广泛的字符编码。ASCII编码如表3-6所示。

表3-6 ASCII码表（可显示字符部分）

字　　符	ASCII编码			字　　符	ASCII编码		
	二进制	十进制	十六进制		二进制	十进制	十六进制
空格	00100000	32	20	'	00100111	39	27
!	00100001	33	21	(	00101000	40	28
"	00100010	34	22	)	00101001	41	29
#	00100011	35	23	*	00101010	42	2A
$	00100100	36	24	+	00101011	43	2B
%	00100101	37	25	,	00101100	44	2C
&	00100110	38	26	-	00101101	45	2D

字　符	ASCII编码			字　符	ASCII编码		
	二进制	十进制	十六进制		二进制	十进制	十六进制
.	00101110	46	2E	W	01010111	87	57
/	00101111	47	2F	X	01011000	88	58
0	00110000	48	30	Y	01011001	89	59
1	00110001	49	31	Z	01011010	90	5A
2	00110010	50	32	[	01011011	91	5B
3	00110011	51	33	\	01011100	92	5C
4	00110100	52	34	]	01011101	93	5D
5	00110101	53	35	^	01011110	94	5E
6	00110110	54	36	_	01011111	95	5F
7	00110111	55	37	`	01100000	96	60
8	00111000	56	38	a	01100001	97	61
9	00111001	57	39	b	01100010	98	62
:	00111010	58	3A	c	01100011	99	63
;	00111011	59	3B	d	01100100	100	64
<	00111100	60	3C	e	01100101	101	65
=	00111101	61	3D	f	01100110	102	66
>	00111110	62	3E	g	01100111	103	67
?	00111111	63	3F	h	01101000	104	68
@	01000000	64	40	i	01101001	105	69
A	01000001	65	41	j	01101010	106	6A
B	01000010	66	42	k	01101011	107	6B
C	01000011	67	43	l	01101100	108	6C
D	01000100	68	44	m	01101101	109	6D
E	01000101	69	45	n	01101110	110	6E
F	01000110	70	46	o	01101111	111	6F
G	01000111	71	47	p	01110000	112	70
H	01001000	72	48	q	01110001	113	71
I	01001001	73	49	r	01110010	114	72
J	01001010	74	4A	s	01110011	115	73
K	01001011	75	4B	t	01110100	116	74
L	01001100	76	4C	u	01110101	117	75
M	01001101	77	4D	v	01110110	118	76
N	01001110	78	4E	w	01110111	119	77
O	01001111	79	4F	x	01111000	120	78
P	01010000	80	50	y	01111001	121	79
Q	01010001	81	51	z	01111010	122	7A
R	01010010	82	52	{	01111011	123	7B
S	01010011	83	53	|	01111100	124	7C
T	01010100	84	54	}	01111101	125	7D
U	01010101	85	55	~	01111110	126	7E
V	01010110	86	56				

　　ASCII编码采用7位二进制数对1个字符进行编码，共计可以表示$2^7=128$个字符的编码。由于计算机存储器的基本单位是字节（B，8 bit），因此以1字节来存放1个ASCII码字符编码，每

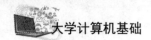

个字节的最高位为0。ASCII是一个非常可靠的标准，在键盘、显卡、系统硬件、打印机、字体文件、操作系统和Internet上，其他标准都不如ASCII码流行及根深蒂固。

（2）ASCII码应用案例

【例3-38】"Hello"的ASCII编码。

查ASCII码表可知，"Hello"的ASCII码为：

H	e	l	l	o
01001000	01100101	01101100	01101100	01101111

【例3-39】利用ASCII标准对字符"book"进行编码。

查ASCII码表可知，"book"的ASCII码为：

01100010	01101111	01101111	01101011

【例3-40】利用ASCII标准对字符"BOOK"进行编码。

查ASCII码表可知，"BOOK"的ASCII码为：

01000010	01001111	01001111	01001011

【例3-41】利用ASCII标准对字符"1+2"进行编码。

查ASCII码表可知，字符"1+2"的ASCII码为：

00110001	00101011	00110010

如图3-4所示，在计算机中用ASCII编码保存的文件称为文本文件，文件扩展名为.txt。

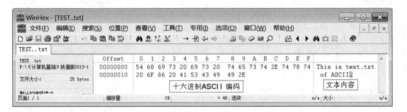

图3-4　ASCII编码保存的文本文件

（3）ASCII码的编码规律

字符0～9共10个数字字符的ASCII码的高4位编码（$b_7b_6b_5b_4$）为0011，低4位（$b_3b_2b_1b_0$）为0000～1001。当去掉高4位时，低4位正好是0～9的二进制数形式。这样编码既满足正常的排序关系，又有利于完成ASCII码与二进制数之间的转换。

ASCII码26个字母的编码是连续的（EBCDIC编码不是这样）。字母A～Z的编码值为65～90（01000001～01011010），小写英文字母a～z的编码值为97～122（01100001～01111010）。大、小写字母编码的差别仅表现在第6位（b_5）的值。大写字母第6位（b_5）的值为0，小写字母第6位（b_5）的值为1，它们之间的ASCII码值十进制形式相差32，因此大、小写英文字母之间的编码转换非常便利。

ASCII编码定义了33个无法显示的控制码，它们主要用于：打印或显示时的格式控制，对外围设备的操作控制，进行信息分隔，在数据通信时进行传输控制等用途，但是目前使用不多。

3. 扩展ASCII码（ANSI码）

ASCII码最大的问题是它是一个典型的美国标准，不能很好地满足其他非英语国家的需要。例如：它无法表示英磅符号（£）；英语中的单词通常很少需要重音符号（或读音符号），但是在使用拉丁字母语言的许多欧洲国家中，在语言中使用读音符号很普遍；还有一些国家不使用拉丁字母语言，如希腊语、希伯来语、阿拉伯语和俄语；在亚洲国家有中国、日本和朝鲜使用汉字系统。

由于 1 字节有 8 位，而 ASCII 码只用了 7 位，还有 1 位多出来。于是很多人就想到"我们可以使用 128 ~ 255 的码字来表示其他东西"。这样麻烦来了，这么多人同时出现了这样的想法，而且将之付诸实践。1981 年 PC 推出时，显卡的 ROM 芯片中固化了一个 256 个字符的字符集，它包括一些欧洲语言中用到的重音字符，还有一些画图的符号等。所有计算机厂商都开始按照自己的方式使用高 128 个码字。例如，有些个人计算机上编码 130 表示 é，而在以色列出售的计算机中，它可能表示的是希伯来字母 ג。当个人计算机在美国之外开始销售时，这些扩展的 ASCII 码字符集就完全乱套了。

最终 ANSI（美国国家标准学会）标准结束了这种混乱。在 ANSI 标准中，对于低 128 个码字采用标准的 ASCII 编码；对于高 128 个码字，根据用户所在地语言的不同，采用"码页"的处理方式。例如，最初的 IBM 字符集码页为 437；以色列使用的码页是 862；希腊使用的码页是 737。MS-DOS 和 Windows 的国际版有很多这样的码页，涵盖了从英语到冰岛语各种语言。但是，在同一台计算机中使用不同的码页时，会产生混乱。例如，想让希伯来语和希腊语在同一台计算机中和平共处，基本上没有可能。

3.2.2　汉字字符的表示

1. 双字节字符集（DBCS）

亚洲国家的常用文字符号大约有两万多个，如何容纳这些语言的文字而仍保持和 ASCII 码的兼容性呢？8 位编码无论如何也满足不了需要。解决方案是采用 DBCS（Double-Byte Character Set，双字节字符集）编码。DBCS 用两个字节定义一个字符。当两个字节（16 位）的编码值低于 128 时为 ASCII 码，编码值高于 128 时，是所在国家定义的标准编码。

【例3-42】在早期的双字节汉字编码中，一个字节的最高位为 0 时，表示一个标准的 ASCII 码；字节的最高位为 1 时，用两个字节表示一个汉字，即有的字符用一个字节表示（如英文字母），有的字符用两个字节表示（如汉字）。

双字节字符集虽然解决了亚洲语言码字不足的问题，但也带来了新的问题。

① 在程序设计中处理字符串时，指针移动到下一个字符比较容易，但移动到上一个字符就变得非常危险，于是程序设计中，"s++"或"s--"之类的表达式就不能使用。

② 一个字符串的字符数不能由它的字节数来决定，必须分析字符串才能决定它的长度；而且必须检查每个字节，以确定它是否为双字节字符的首字节，或单字节字符。

③ 如果丢失了一个双字节字符中的高位字节，后续的字符就会产生"乱码"现象。

④ 双字节字符在存储和传输过程中，是高位字节在前，还是低位字节在前？没有统一的标准。

互联网的出现让字符串在计算机之间的传输变得非常普遍，于是所有的混乱都爆发了。非常幸运，Unicode 字符集适时而生。

2. 汉字编码

英文为拼音文字。所有的英文单词均由 52 个英文大小写字母组合而成，加上数字及其他标点符号。常用的字符仅 95 种，因此 7 位二进制数编码已经够用。汉字由于数量庞大，构造复杂，给计算机处理带来困难。

汉字是象形文字，每个汉字字符都有自己的形状。所以，每个汉字在计算机中都需要一个

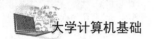

唯一的二进制编码。

（1）GB 2312—1980 字符集的汉字编码

1981 年，我国颁布了《信息交换用汉字编码字符集·基本集》（GB 2312—1980），又称"国标码"。GB 2312—1980 编码标准规定：一个汉字用两个字节表示，每个字节只使用低 7 位，最高位为 0。

GB 2312—1980 标准共收录 6 763 个简体汉字、682 个符号，其中一级汉字有 3 755 个，以拼音排序；二级汉字 3 008 个，以偏旁排序。GB 2312—1980 标准的编码（部分）方法如表 3-7 所示。

表 3-7　GB 2312—1980 编码表（部分）

区码 / 位码		第2字节编码							
		00100001	00100010	00100011	00100100	00100101	00100110	00100111	00101000
第1字节编码	区位	位01	位02	位03	位04	位05	位06	位07	位08
00110000	16区	啊	阿	埃	挨	哎	唉	哀	皑
00110001	17区	薄	雹	保	堡	饱	宝	抱	报
00110010	18区	病	并	玻	菠	播	拨	钵	波
00110011	19区	场	尝	常	长	偿	肠	厂	敞
00110100	20区	础	储	矗	搐	触	处	揣	川

【例3-43】"啊"字的国标码为：

00110000	00100001
30H	21H

（2）内码

国标码每个字节的最高位为"0"，无法与国际通用的 ASCII 码区分。因此，在计算机内部，汉字编码全部采用内码（又称机内码）表示。内码就是将国标码两个字节的最高位设定为"1"，这样解决了国标码与 ASCII 码的冲突，保持了中英文的良好兼容性。

【例3-44】"啊"字的内码为：

10110000	10100001
B0H	A1H

操作系统内部的字符编码，早期的 DOS 系统采用的是 ASCII 码，而目前的操作系统内部基本都采用 Unicode 字符集的 UTF 编码。除此之外，为了利用计算机系统中现有的西文键盘输入汉字，还要对每个汉字编一个西文键盘输入码（简称输入码）。主要的输入码有拼音码、字型码等。

（3）GBK 字符集的汉字编码

《汉字内码扩展规范》简称为 GBK（国标扩展）编码。根据相关资料，GBK 最初是微软公司对 GB 2312 标准的扩展（即 CP 936）。值得注意的是 GBK 并非国家正式标准，它只是国家技术监督局发布的"技术规范指导性文件"。虽然 GBK 收录了所有 Unicode 1.1 及 GB 13000.1—1993 之中的汉字，但是编码方式与 Unicode 1.1 及 GB 13000.1—1993 不同。

GBK 编码与 GB 2312 编码向下兼容，GBK 编码用两个字节表示一个汉字，第 2 字节的最高位不一定是"1"，GBK 编码共 23 940 个码位，共收录了 21 003 个汉字。目前的中文版 Windows 系列操作系统都支持 GBK 编码。

（4）GB 18030—2000 字符集的汉字编码

国家标准 GB 18030—2000《信息交换用汉字编码字符集基本集的补充》是我国计算机系统

必须遵循的强制执行标准。标准规定了一些常用符号和27 533个汉字的编码。标准中的字符分别以单字节、双字节和四字节编码。

（5）GB 18030—2005字符集的汉字编码

GB 18030—2005《信息技术中文编码字符集》标准以汉字为主，包含我国多种少数民族文字，如藏、蒙古、傣、彝、朝鲜、维吾尔文等。GB 18030—2005共收入汉字 70 000余个。GB 18030—2005在GB 18030—2000的基础上增加了42 711个汉字和多种少数民族文字的编码，增加的内容是推荐性的。

（6）BIG5字符集的汉字编码

BIG5是台湾、香港地区普遍使用的一种繁体汉字的编码标准，包括440个符号，一级汉字5 401个，二级汉字7 652个，共计13 053个汉字。

3. 字形编码

ASCII码和GB 2312汉字编码主要解决了字符信息的存储、传输、计算、处理（录入、检索、排序等）等问题，而字符信息在显示和打印输出时，需要另外对"字形"编码。通常，将所有字形编码的集合称为字库，先将字库以文件的形式存放在硬盘中，在字符输出（显示或打印）时，根据字符编码在字库中找到相应的字形编码，再输出到外设（显示器或打印机）中。由于文件中的字形有多种形式，如宋体、黑体、楷体等，因此计算机中有几十种中英文字库。由于字库没有统一的标准进行规定，同一文件在不同计算机中显示和打印时，可能会有差异。字形编码有点阵字形和矢量字形两种类型。

（1）点阵字形编码

点阵字形是将每一个字符分成16×16或24×24个点阵，然后用每个点的虚实来表示字符的轮廓。点阵字形最大的缺点是不能放大，一旦放大后就会发现字符边缘的锯齿。

【例3-45】图3-5所示是"啊"的点阵图。每一行用两个字节表示，第一行的二进制代码是00000000 00000100，第二行的二进制代码是00101111 01111110，第三行是11111001 00000100，依此类推。共用16行，32个字节来表达一个16×16点阵的汉字的字形信息。

（2）矢量字形编码

矢量字形保存的是对每一个字符的数学描述信息，如一个笔画的起始、终止坐标，半径、弧度等。在显示、打印这一类字形时，要经过一系列的数学运算才能输出结果。矢量字形可以无限地放大，笔画轮廓仍然能保持圆滑。Windows系统中，打印和显示的字符绝大部分为矢量字形，只有很小的字符（一般是小于8磅的字符）采用点阵字形。

【例3-46】图3-6所示是微软Windows系统中Arial矢量字库中存储的字形R和S。这些字形由多个直线方程参数点和Bezier3（三次贝塞尔曲线）点组成。在字形S中，点41是锚点，用于控制曲线的张力；点40和点42是控制点，用于控制字形外形轮廓曲线的圆滑度。

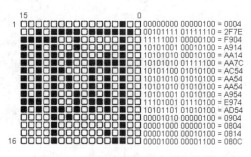

图3-5 "啊"字的点阵字形和编码

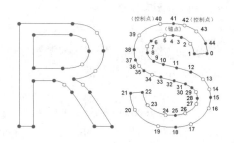

图3-6 微软 Arial 矢量字库中字形 R、S 的曲线

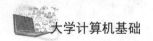

（3）True Type矢量字形

True Type（简称TT）字形技术是美国Apple公司和Microsoft公司联合提出的一种数字化字形描述技术。TT字形是一种用函数描述字体轮廓外形的指令集合，这些指令包括：字形构造、颜色填充、数字描述函数、流程条件控制、栅格处理器（TT字形处理器）控制、附加提示信息、控制指令等。

TT矢量字形采用几何学中的二次B样条曲线和直线方程来描述字形的外部轮廓。二次B样条曲线具有一阶连续性和正切连续性。

Windows中的TT矢量字形解释器已包含在GDI（图形设备接口）中，任何Windows支持的输出设备（显示器、打印机等），都能用TT字形输出。Windows使用的矢量字库保存在C:\Windows\Fonts目录下。如果文件扩展名为FON，表示该文件为点阵字库；扩展名为TTF，表示是矢量字库。Windows中矢量字形与点阵字形的显示效果如图3-7所示。

图3-7　Windows 10中矢量字形与点阵字形的显示效果

TT矢量字形技术具有以下优点：

① 具有所见即所得的效果。TT字形支持大部分的输出设备，如计算机屏幕、激光打印机等。所有安装了TT字形的操作系统，均能够在输出设备上以指定的分辨率输出，所以多数排版类软件可以根据输出设备的分辨率等参数，对页面进行精确布局。

② 支持字体嵌入技术。TT字形采用嵌入技术解决了跨系统之间的文件和字形的一致性问题。在应用程序中（如Word），在文件存盘时，可以将文件中使用的所有TT字形嵌入文件中并保存。当文件传递到其他计算机中使用时，即使其他计算机没有安装所传送文件使用的字体，也可通过装载随文件一同嵌入的TT字形，来保持文件的原格式，使用原字形进行修改和打印。

③ 与操作系统的兼容性好。目前Mac和Windows平台均提供系统级的TT字形支持。

④ 设置字宽值。在TT字形中的每个字符都有各自的字宽值，TT解释器已包含在操作系统的GDI（图形设备接口）中。任何Windows支持的输出设备，都能用TT字形输出。

3.2.3　国际统一字符编码

1. 国际通用字符集

（1）Unicode（统一码）字符集

Unicode（统一码）是由多家语言软件制造商组成的统一码协会制定的一种国际通用字符编码标准。Unicode字符集的目标是收录世界上所有语言的文字和符号，并对每一个字符定义一个值，这个值称为代码点。代码点可以用两个字节表示（UCS-2），也可以用四个字节（UCS-4）表示。而且Unicode/UCS对每个字符赋予了一个正式的名称，方法是在一个代码点值（十六进制数）前面加上"U+"，如字符"A"的名称是"U+0041"。

目前Unicode和UCS已经获得了网络、操作系统、编程语言等领域的广泛支持。如当前的所有主流操作系统都支持 Unicode 和 UCS，如 Windows NT/2000/XP/7/8/10 和 Linux 等。

（2）UCS-2（Universal Character Set，通用字符集）

UCS-2 是 ISO（国际标准化组织）和 Unicode 组织共同定义的国际通用字符集。UCS-2 代码点长度固定为 16 位，每个字符都采用两个字节编码。在 UCS-2 字符集中，英文符号是在 ACSII 码的前面加上一个代码点为 0 的字节。例如，"A" 的 ASCII 码为 41H，而它的 UCS-2 代码点为 U+0041H。

UCS-2 字符集的优点是：对亚洲字符的存储空间需求比 UTF-8 编码少，因为每个字符都是两个字节；处理字符的速度比 UTF-8 编码更快，因为编码长度是固定的；对于 Windows 和 Java 的支持更好。目前 Windows XP/7/8/10 在整个系统内部都使用 UCS-2 字符集，必要时转换为 ASCII 码。如果想在 C 语言中创建一个 UCS-2 的字符串，只需在字符串前面加 L 即可，如 L"Hello"。

（3）字符集与编码的关系

字符集和字符编码是不同的概念，但有时称呼上有些模糊。人们经常笼统地称这些 Unicode 字符集为 Unicode 编码。Unicode 字符集只规定了有哪些字符，但最终决定采用哪些字符，每一个字符用多少个字节表示等问题，是由编码来决定的。Unicode/UCS 字符集有多种编码形式，如 UTF-8、UFT-16、UTF-32 等，编码之间可以按照规范进行转换。

Unicode 和 UCS 都是字符集，而 UTF（Unicode/UCS Transformation Format，统一码/通用字符集转换格式）是一种编码方式，它的出现是因为 Unicode 和 UCS 不适宜在某些场合直接传输和处理。

ASCII 码既是一个字符集，又是一种编码，在早期作为计算机的内码使用；而 GB 2312—1980 是一个字符集和编码，它的内码是在字符编码的每个字节的最高位为 "1"；而且多数其他的双字节字符集都只有一种编码方式。

2. Unicode 字符的存储和传输问题

（1）"大端" 与 "小端" 字节序

在英国讽刺小说家乔纳森·斯威夫特（Jonathan Swift，1667—1745）的《格列佛游记》中，小人国的内战源于吃鸡蛋时究竟从大端（Big Endian）敲开还是从小端（Little Endian）敲开，曾因此发生过 6 次叛乱，其中一个皇帝送了命，另一个丢了王位。

在计算机字符编码的存储和传输过程中，同样遇到了 "大端" 与 "小端" 的问题。例如 "汉" 字的 Unicode 编码的两个字节是 U+6C49，那么写到文件中时，究竟是将 "6C" 写在前面，还是将 "49" 写在前面？如果将 "6C" 写在前面，就是 "大端" 字节序（BE，高位在前）；如果将 "49" 写在前面，就是 "小端" 字节序（LE，低位在前）。在 x86 系统中，数据的存储和传输采用 "小端" 字节序；而在苹果计算机中，则采用 "大端" 字节序。

例如，字符串 "Hello" 在 Unicode 编码中，采用 "大端" 字节序的编码是：U+0048 U+0065 U+006C U+ 006C U+006F；采用 "小端" 字节序的编码为：U+4800 U+6500 U+6C00 U+6C00 U+6F00。

（2）UBOM（Unicode Byte Order Mark）存储模式

计算机在不清楚 "大端" 或 "小端" 的情况下，如何进行数据解析呢？解决办法是在每一个 Unicode 字符串的最前面增加两个字节，用 "FE FF" 表示大端字节序（BE），"FF FE" 表示 "小端"（LE）字节序，这样程序在读取字符串时就知道字节序了。由于 "FE FF" 是实际中不存在的字符码，在正常情况下不会用到，所以不用担心会出现与正常字符编码冲突的问题，这就是 UBOM 编码方法。

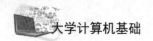

3. UTF-16编码

（1）UTF-16编码方法

UTF-16直接采用Unicode字符集的编码，没有变换。最初的Unicode字符集（UCS-2）编码长度固定为两个字节表示一个字符，这样可以表示2^{16}=65 535个字符。显然，它不能覆盖世界全部历史上的文字，也不能解决数据的网络传输问题。Unicode 4.0标准考虑到这种情况，定义了一组附加字符编码。附加字符编码采用四个字节表示，最多可以定义1 048 576个附加字符，Unicode 4.0只定义了45 960个附加字符。

实际上，UTF-16编码就是UCS-2字符集加上附加字符的支持，也就是符合Unicode 4.0规范的UCS-2，所以UTF-16是UCS-2的严格超集。

UTF-16中的字符，要么用两个字节表示，要么是四个字节表示。UTF-16编码主要用于Windows 2000/XP/7/8操作系统。UTF-16相对UTF-8的优点，与UCS-2是一致的。

（2）UTF-16编码案例

UTF系列编码存在LE、BE、BOM、无BOM几种编码方法。

例如，"中国"字符的各个版本UTF-16编码如表3-8所示。

表3-8　UTF-16编码案例

编码标准	"中国"字符的编码序列	说　明
UTF-16BE	4E 2D 56 FD	大端编码
UTF-16LE	2D 4E FD 56	小端编码
UTF-16（BOM，BE）	FE FF 4E 2D 56 FD	字节序标示符+大端编码
UTF-16（BOM，LE）	FF FE 2D 4E FD 56	字节序标示符+小端编码

（3）UTF-16编码在UNIX下的问题

在类UNIX系统下使用UCS-2（或UCS-4）字符集会导致非常严重的问题，因为UTF-16编码的头256个字符的第1个字节都是00H，而在类UNIX系统（C语言）中，00H有特殊意义，如"\0"或"/"在文件名和C语言库函数里有特别的含义；其次，大多数使用ASCII码文件的类UNIX下的工具软件，如果不进行重大修改，会无法读取16位的字符。基于这些原因，UCS-2不适合作为UNIX的内码，采用UTF-8编码对Unicode字符集直接编码就可以避免这些问题。

4. UTF-8编码

（1）UCS-2编码对存储空间的浪费

在UCS-2编码中，英文符号是在ACSII码的前面加上一个编码为0的字节，如"A"的ASCII码为"41"，而它的UCS-2码就是"U+0041"。这样，英文系统会出现大量为0的字节，这种字符串所占空间的翻倍，网络传输时间浪费的翻倍，解决这个问题的方法是采用UTF-8（Unicode Transformation Format）编码。

（2）UTF-8编码方法

UTF-8遵循一个非常聪明的设计思想："不要试图去修改那些没有坏或你认为不够好的东西，如果要修，只去修改出问题的部分。"在UTF-8编码中，0~127之间的码字都使用一个字节存储，超过128的码字使用2~4个字节存储。也就是说，UTF-8编码的长度是可变的。ASCII码中每个字符的编码在UTF-8中完全一致，都是一个字节长，这解决了美国程序员的烦恼。一般来说，欧洲字符长度为1~2个字节，而亚洲大部分字符是三个字节，附加字符为四个字节。UTF-8的编码规则如表3-9所示。

表 3-9　UTF-8 编码规则

码点范围（16 进制）	第 1 字节	第 2 字节	第 3 字节
0000 0000-0000 007F	0xxxxxxx（0~127）		
0000 0080-0000 07FF	110xxxxx（192~223）	10xxxxxx（128~191）	
0000 0800-0000 FFFF	1110xxxx（224~239）	10xxxxxx（128~191）	10xxxxxx（128~191）

说明：x 的内容是将左边代码点的二进制值依次注入。

例如，字符"中"在 UTF-8 中占三个字节，编码为"E4 A8 AD"；而在 UTF-16 中编码为"4E 2D"；GBK 编码为"D6 D0"。

又如，"Hello"的 UTF-8 编码为"48 65 6C 6C 6F"。这与 ASCII 码、ANSI 标准码等字符集都是一样的，效果非常好，因为英文的文本使用 UTF-8 存储形式时，完全与 ASCII 码一样。

（3）UTF-8 编码的优点

对于欧洲字符只需要较少的存储空间；兼容 ASCII 码，容易从 ASCII 码向 UTF-8 迁移；与字节顺序无关，可以在不同平台之间交流；类似于哈夫曼编码，很容易判断出一个字节及其后面的字节数；容错能力高，任何一个字节损坏后，最多只会导致一个编码码位损失，不会产生连锁错误（如 GB 码中错一个字节就会导致整行乱码）。

类 UNIX 系统普遍采用 UTF-8 字符集，如 Linux 系统默认的字符编码是 UTF-8；HTML 和大多数浏览器也支持 UTF-8；而 Windows 和 Java 则支持 UCS-2 编码。

（4）其他 Unicode 编码方法

事实上，还有若干对 Unicode 字符集进行编码的方法。例如 UTF-7，它与 UTF-8 差不多，但是保证字节的最高位总是 0，这样在字符经过一些严格的邮件系统时（这些系统认为 7 个比特完全够用），就不会有信息丢失。还有 UCS-4，使用四个字节来存储每个码点，好处是每个码点都使用相同的字节数来存储，可是这种编码实在太浪费空间。

5. 如何识别文本文件的编码

如何得知一个字符串所使用的空间是何种编码呢？如果是一份电子邮件，在邮件格式的头部会有如下语句：Content-Type: text/plain; charset="UTF-8"。

对于 IE 浏览器，在网页中右击，选择"查看源文件"命令，查看网页头部有如下语句：

例如，<"Content-Type" content="text/html; charset=utf-8">。

又如，<meta http-equiv="Content-Type" content="text/html; charset=gb2312" />。

网页中的 meta 标签必须在 head 部分第一个出现，一旦浏览器看到这个标签就会马上停止解析页面，然后使用这个标签中给出的编码从头开始重新解析整个页面。

一些早期的和一些设计不良的程序在保存 Unicode 文本时，不使用位于开头的字符集标记。这时，软件可能采取一种比较安全的方式来决定字符集及其编码，弹出一个对话框来请示用户。如果程序不想麻烦用户，或者它不方便向用户请示，那它只能采取自己"猜"的方法，程序可以根据整个文本的特征来猜测它可能属于哪个字符集，这就很可能不准。例如，老的 8 位码也倾向于把国家编码放在 128~255 码字的范围内。

在"记事本"程序中输入"中文"等字符后，选择"文件"→"另存为"命令，这时会看到在最后一个"编码"下拉框中显示有 ANSI、UTF-8 等编码选择（见图 3-8）。值得注意的是，Windows 取消了单独的 ASCII 文本存储，转而采用与之兼容的 Unicode 编码。

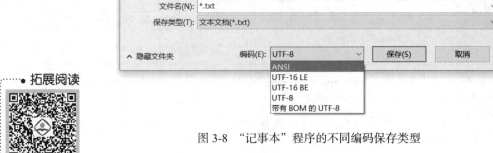

图 3-8 "记事本"程序的不同编码保存类型

拓展阅读

基本逻辑运算
及其应用

 思考与练习

一、思考题

1. 在计算机中采用 BCD 编码有哪些优点?

2. 计算机对同一类型的数据采用相同的数据长度进行存储,如1和12345678都采用4字节存储。(1)为什么不对1采用1字节存储,12345678采用4字节存储?(2)这说明了什么计算思维原则?

3. 如果用2位二进制数表示+、-符号有哪些优点和缺点?如"00"表示正数,"10"表示负数。

4. 逻辑运算要注意哪些问题?

二、填空题

1. 二进制数的运算规则是(   )。

2. 0x00003A5F表示十六进制数(   )。

3. 将(1111.01)$_2$转换成十进制数时为(   )。

4. 十进制数转换为二进制数时,整数部分采用(   )法进行计算。

5. 十进制数转换为二进制数时,小数部分采用(   )法进行计算。

6. 将十进制数40.25转换为二进制数时为(   )。

7. 将二进制数101000.01转换为十六进制数时为(   )。

8. 将十六进制数4F.6转换为二进制数时为(   )。

9. ASCII编码采用(   )位二进制数对1个字符进行编码。

10. ASCII编码共计可以表示(   )个字符的编码。

11. 标准ASCII字符编码的最高位为(   )。

12. GB 2312—1980编码标准规定:1个汉字用(   )字节表示。

13. 目前操作系统内部基本都采用Unicode字符集的(   )编码。

14. 字符信息显示和打印输出时,需要对(   )编码。

15. 矢量字形在显示时,要经过一系列的(   )才能输出结果。

16. Windows系统中,打印和显示的字符绝大部分为(   )字形。

17. Windows系统中,矢量字形大部分采用(   )曲线进行描述。

18. UCS-2代码点长度固定为(   )位。

19. Windows XP/7/8在系统内部使用(   )字符集,必要时转换为ASCII码。

20. Windows XP/7/8 操作系统主要采用（　　　）编码。

21. UTF-16 编码就是（　　　）字符集加上附加字符的支持。

22. 在 x86 计算机中，数据的存储和传输采用（　　　）字节序。

23. 英文文本使用（　　　）编码存储时，与 ASCII 码完全一致。

24. Linux 系统默认的字符编码是（　　　）。

25. 能实现逻辑运算的电路称为逻辑（　　　）。

26. 与运算是逻辑（　　　）运算，运算规律是（全 1 为 1，否则为 0）。

27. 或运算是逻辑（　　　）运算，运算规律是（全 0 为 0，否则为 1）。

28. 非运算是逻辑值（　　　）运算。

三、简答题

1. 将二进制数（1001.001）$_2$ 按位权展开方式表示。

2. 简要说明 UCS-2 字符集的优点。

3. 简要说明布尔代数中 3 种最基本的逻辑运算。

第 4 章

操作系统

操作系统是最重要的计算机系统软件，计算机发展到今天，从微机到高性能计算机，无一例外都配置了一种或多种操作系统。操作系统已经成为现代计算机系统不可分割的重要组成部分。本章主要内容包括：操作系统的基本原理和主要功能，Windows操作系统的基本操作等。

● 拓展阅读

操作系统概述

4.1 Windows 系统功能

Windows（视窗）是微软公司开发的一系列操作系统，也是目前世界上用户最多的操作系统。微软公司开发的Windows产品分为3个系列：个人用户系列（主要有Windows XP/7/8/10等），服务器系列（主要有Windows Server 2003/2008/2012/2012 R2等），嵌入式用户系列（主要有Windows CE、Windows Phone 8、Windows 10 Mobile等）。随着计算机硬件和软件的不断升级，Windows操作系统也在不断升级，从16位、32位到64位操作系统，128位的Windows也在开发之中。Windows桌面如图4-1所示。

图 4-1　Windows 7（左）和 Windows 10（右）桌面

4.1.1 Windows系统结构

Windows是微软公司为x86系列计算机设计的图形用户界面（GUI）操作系统。现在的Windows系统（如Windows 2000/XP/7/10等）都采用了Windows NT内核，而NT内核的设计借鉴了 OS/2 和 Open VMS 等操作系统，NT 内核自 Windows 2000 之后变化不是很大。Windows 可以在 32 位和 64 位的 x86 处理器上运行。Windows 操作系统在世界范围内占据了个人计算机操作系统 90% 的市场。

Windows 系统经过数十年的发展，体积成几何级数增长。目前已经包含数千个 EXE、DLL 文件和 API（应用程序接口）。由于各文件以及组件之间关联错综复杂，如果其中一个文件进行改动，可能无法估计会影响到多少个其他文件。

1. Windows NT 基本结构

Windows NT 操作系统的基本结构如图 4-2 所示。在硬件层次结构之上，有一个由微内核直接接触的硬件抽象层（HAL）。不同的驱动程序以模块的形式挂载在内核上运行。微内核具有输入/输出、文件系统、网络通信、信息安全机制与虚拟内存等功能。系统服务层提供统一规格的函数调用库，用于所有子系统的实现。在系统服务层之上的子系统，全部工作在用户模式，避免用户程序对系统的破坏行为。

用户模式	OS/2 应用程序	Win32 应用程序	DOS 程序	Win16 应用程序	POSIX 应用程序
		其他 DLL 库	DOS 系统	Windows 3.1 模拟系统	
	OS/2 子系统	Win32 子系统			POSIX.1 子系统
内核模式	系统服务层				
	输入/输出管理、文件系统、网络通信	对象管理系统、安全管理系统、进程管理、对象间通信管理 进程间通信管理、虚拟内存管理、中断管理等 （微内核）			视窗管理程序
	驱动程序	硬件抽象层（HAL）			图形驱动
硬件（处理器、存储器、外围设备等）					

图 4-2　Windows NT 操作系统的基本结构

2. 硬件抽象层（HAL）

在 Windows 操作系统中，HAL 是一个独立的 DLL（动态链接库）。通过 HAL 可以隔离不同硬件设备的差异，使操作系统上层的模块无须考虑下层真实硬件之间的差异性。上层模块不能直接访问硬件设备，它们通过 HAL 来访问硬件设备，这样做的好处是使上层模块保持一致性。由于个人计算机的硬件设备并不一致，所以操作系统必须有多个 HAL。

例如，有些计算机的 CPU 为 Intel 的产品，而有些为 AMD 的 CPU；有的 CPU 为 2 核，而有些为 4 核，这些差异会造成硬件上的不一致。为了解决这个问题，Windows 在打包时会附带多个 HAL，如一个 HAL 针对 2 核，一个 HAL 针对 4 核。Windows 在安装时会自动识别处理器是 AMD 还是 Intel 的产品，然后 Windows 自动选择一个合适的 HAL 进行安装。安装 Windows 时，HAL 会复制到 C:\Windows\System32\HAL.DLL 中。

3. 系统内核（WRK）

Windows 操作系统的内核由执行体和微内核组成。Windows 内核文件为 ntoskrnl.exe，它是一个二进制代码文件，文件位于 C:\Windows\System32 目录下，在 Windows 10 下文件大小为 3.73 MB。

WRK（Windows Research Kernel，Windows 研究内核）是微软公司在 2006 年针对教育界开放的 Windows 内核的部分源代码。WRK 建立在真实的 NT 内核基础上，实现了线程调度、内存管理、I/O 管理、文件系统等操作系统所必需的基本功能。

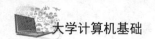

WRK给出了Windows操作系统内核的大部分源程序代码，人们可以对其中的源程序进行修改、编译，并且用这个内核启动Windows操作系统。WRK还提供了编译工具，通过编译工具，可以将WRK编译成一个可执行模块的内核EXE文件，然后利用这个EXE文件来取代操作系统本身的内核。这样，在下次开机的时候，操作系统所加载的内核就是用户编译的EXE内核文件了。

4. 子系统

DOS子系统将每个DOS程序当成一个进程运行，并以独立的MS-DOS虚拟机承载其运行环境。另外一个子系统是Windows 3.1模拟系统，它实际上是在Win32子系统下运行Win16程序。这些子系统保证了目前系统与MS-DOS、早期Windows程序之间的兼容性。OS/2（早期IBM和微软公司共同研发的一种图形用户接口操作系统）和POSIX（IEEE定义的可移置操作系统接口）是为了兼容而保留的子系统，在实际工作中极少应用。

4.1.2 Windows 进程管理

1. 进程的特征

简单地说，进程是程序的一次执行过程。程序是静态的，它仅仅包含描述算法的代码；而进程是动态的，它包含了程序代码、数据和程序运行的状态等信息。进程具有以下特征：

（1）动态性

进程是一个动态的活动，这种活动的属性随时间而变化。进程由操作系统创建、调度和执行；进程可以等待、执行、撤销和结束；进程与计算机的运行状态有关，关机后所有进程都会结束；而程序一旦编制成功后，不会因为关机而消失。

（2）并发性

在操作系统中，同时有多个进程在活动。进程的并发性提高了计算机系统资源的利用率。例如，一个程序能同时与多个进程有关联。人们用IE浏览器程序打开多个网页时，只有一个IE浏览器程序，但是每个打开的网页都拥有自己的进程，每个网页的数据对应于各自的进程，这样不会使网页数据显示混乱。

（3）独立性

进程是一个能够独立运行的基本单位，也是系统资源分配和调度的基本单位。进程获得资源后才能执行，失去资源后暂停执行。

（4）未知性

多个进程之间按各自独立的、不可预知的速度生存。一个进程什么时候分配到CPU上执行，进程在什么时间结束等，都是不可预知的。操作系统负责各个进程之间的协调运行。例如，用户会突然关闭正在播放的视频，而导致视频播放进程突然结束，其他进程的执行顺序也会做相应改变。

2. 进程的管理

进程管理的主要任务是对CPU资源进行分配，并对运行进行有效的控制和管理。它包括以下几方面的工作：

（1）进程的组成

每个进程都是由程序段、数据段以及一个PCB（程序控制块）3部分组成的。

系统创建一个进程，就是系统为某个程序设置一个PCB。PCB中包含了进程的描述信息和控制信息，用于对该进程进行控制和管理。进程任务完成后，由系统收回 PCB，该进程便消亡。

（2）进程控制

在多道程序环境下，要使作业运行，就必须先为它创建一个或几个进程，并为之分配必要的资源。进程运行结束时，要立即撤销该进程，及时回收该进程所占用的各类资源。进程控制的主要任务是为作业创建进程，撤销已结束的进程，以及控制进程在运行过程中的状态转换。

（3）进程同步

进程共享的资源（如 CPU）不允许被同时访问，这称为进程的互斥，以互斥关系使用的共享资源称为临界资源。操作系统必须提供一种机制对共享临界资源的进程进行协调，以保证这些进程能够有序地执行，这就是进程同步。

进程同步主要有两种协调方式：一是进程互斥方式，指进程对临界资源进行访问时，应该采用互斥方式，最简单的实现进程互斥的机制是为每一种临界资源配置一把锁，当锁打开时，进程可以对临界资源进行访问；关上时，则禁止进程访问该临界资源。二是进程同步方式，原则是空闲让进，忙则等待，即无进程处于临界区时，可让申请进入临界区的进程中；如果已有进程进入临界区时，其他试图进入临界区的进程必须等待。

（4）进程通信

在多道程序环境下，可由系统为一个应用程序建立多个进程。这些进程相互合作去完成一共同任务，而在这些相互合作的进程之间，往往需要交换信息。

例如，有 3 个相互合作的进程，它们是输入进程、计算进程和打印进程。输入进程负责将所输入的数据传送给计算进程；计算进程利用输入数据进行计算，并把计算结果传送给打印进程，由打印进程把结果打印出来。进程通信的任务就是用来实现相互合作进程之间的信息交换。

当相互合作的进程处于同一计算机系统时，通常是采用直接通信方式，即由源进程利用发送命令直接将消息挂到目标进程的消息队列上，以后由目标进程利用接收命令从其消息队列中取出消息。

当相互合作的进程处于不同的系统中时，常采用间接通信方式，即由源进程利用发送命令，将消息送入一个存放消息的中间实体中以后，由目标进程利用接收命令从中间实体中取走消息。该中间实体通常称为邮箱，相应的通信系统称为电子邮件系统。

（5）进程调度

等待在后备队列上的每个作业，通常要经过调度才能执行。作业调度的基本任务是从后备队列中按照一定的算法（如先到先服务），选择若干个作业，为它们分配必要的资源（首先是分配内存）。

将它们调入内存后，便为它们建立进程，使之成为可能获得 CPU 的就绪进程，并将它们按一定算法插入就绪队列。而进程调度的任务则是从进程的就绪队列中，按照一定的算法选出一个新进程，将 CPU 分配给它，并为它设置运行现场，使进程投入运行。

3. 进程的状态和转换

进程执行时的间断性决定了进程有多种状态。如图 4-3 所示，进程的基本状态有就绪、执行和等待（又称阻塞状态）。

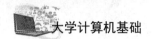

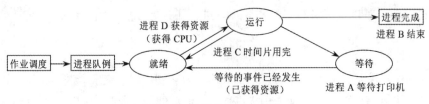

图 4-3 进程的状态和转换

（1）就绪状态

进程获得了除CPU之外的所有资源，做好了执行准备时，就可以进入就绪状态排队，一旦得到了CPU资源，进程便立即执行，即由就绪状态转换到执行状态。一个系统中处于就绪状态的进程可能有多个，通常将它们排成一个队列，称为就绪队列。

（2）执行状态

进程进入执行状态后，在CPU中执行进程。每个进程在CPU中的执行时间很短，一般为几十毫秒，这个时间称为"时间片"。时间片由CPU进行分配和控制。在单CPU系统中，只能有一个进程处于执行状态；在多核CPU系统中，则可能有多个进程处于同时执行状态（在不同CPU内核中执行）。如果进程在CPU中执行结束，不需要再次执行时，进程进入结束状态；如果进程还没有结束，则返回就绪状态。

（3）等待状态

正在执行的进程，由于发生了某个事件或等待某个数据暂时无法执行时，便放弃CPU而处于暂停状态，即进程的等待状态。通常将处于等待状态的进程也排成一个队列。当进程进入等待状态后，调度程序立即将CPU分配给另一个就绪进程；当等待进程的事件消失或数据准备好后，进程不会立即恢复到执行状态，而是转变为就绪状态，重新排队等待CPU。

4. 进程的优点与缺点

引入进程是基于多道程序和分时操作系统的需要，因为只有每道程序建立了进程后，它们才能并发执行。进程的优点是改善了系统资源的利用率，提高了系统的吞吐量。

进程的缺点有：一是内存开销增大，系统必须为每个进程建立一个PCB（进程控制块），它需要占用几十到几百个内存单元，此外，为了协调多个进程的并发执行，系统还必须设置相应的进程管理机构，这些也必然占用可观的内存单元；二是时间开销增大，例如，进行进程切换时，系统必须保存正在运行进程的现场，为即将运行的进程设置新现场，这些都需要花费CPU的时间。

5. Windows操作系统中进程的运行状态

Windows任务管理器提供了正在计算机上运行的程序和进程的相关信息。Windows任务管理器可以快速查看正在运行的进程的状态，或者终止已停止响应的进程。可以使用多达15个参数评估正在运行的进程的活动，以及查看CPU和内存使用情况的图形和数据。

启动Windows任务管理器的方法有两种：一是按【Ctrl+Alt+Del】组合键，选择"任务管理器"选项，系统将打开"Windows任务管理器"窗口；二是右击任务栏空白处，在弹出的快捷菜单中选择"任务管理器"命令，打开"Windows 任务管理器"窗口。图4-4所示为"Windows任务管理器"窗口中的"进程"选项卡，其中显示了正在运行的"应用"和"后台进程"。

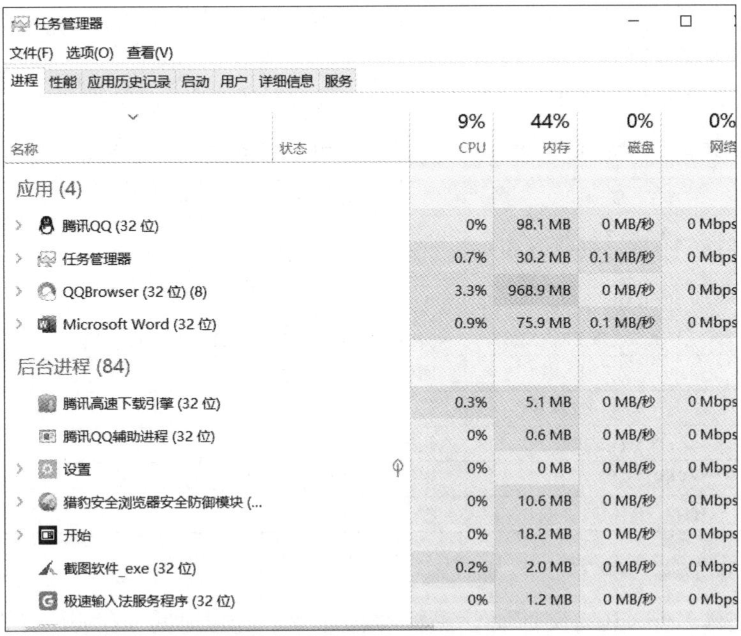

图 4-4　Windows "任务管理器" 窗口中的 "进程" 选项卡

4.1.3　Windows文件管理

文件是具有文件名的一组相关信息的集合。在计算机系统中，所有的程序和数据都是以文件的形式存放在计算机的外部存储器（如硬盘、U盘等）中。例如，一个C源程序、一个Word文档、一张图片、一段视频、各种程序等都是文件。

在操作系统中，负责管理和存取文件的部分称为文件系统。在文件系统的管理下，用户可以按照文件名查找文件和访问文件（打开、执行、删除等），而不必考虑文件如何保存（在Windows系统中，大于4 KB的文件必须分块存储），硬盘中哪个物理位置有空间可以存放文件，文件目录如何建立，文件如何调入内存等。文件系统为用户提供了一个简单、统一的访问文件的方法。

1.　文件名

在计算机中，任何一个文件都有文件名，文件名是文件存取和执行的依据。在大部分情况下，文件名分为文件主名和扩展名两个部分。

文件名由程序设计员或用户自己命名。文件主名一般用有意义的英文或中文词汇或数字命名，以便识别。例如，Windows中的Internet浏览器的文件名为iexplore.exe。

不同操作系统对文件名的命名规则有所不同。例如，Windows操作系统不区分文件名的大小写，所有文件名的字符在操作系统执行时，都会转换为大写字符，如test.txt、TEST.TXT、Test.TxT，在Windows操作系统中都视为同一个文件；而有些操作系统是区分文件名大小写的，如在Linux操作系统中，test.txt、TEST.TXT、Test.TxT被认为是3个不同的文件。在命名时建议见名知义，也就是看到文件名字，能想到里面保存的文件的基本内容等信息。以下9个字符不可以出现在文件命名中：\ / : * ? " < > | 。

2.　文件类型

在绝大多数操作系统中，文件的扩展名表示文件的类型。不同类型的文件，处理方法是不同的。用户不能随意更改文件扩展名，否则将导致文件不能执行或打开。在不同操作系统中，

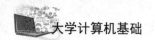

表示文件类型的扩展名并不相同。在Windows操作系统中，虽然允许文件扩展名为多个英文字符，但是大部分文件扩展名习惯采用3个英文字符。

Windows操作系统中常见的文件扩展名的类型及表示的意义如表4-1所示。

表4-1　Windows 操作系统中常见的文件扩展名的类型及表示的意义

文件类型	扩 展 名	说 明
可执行程序	EXE、COM	可执行程序文件
文本文件	TXT	通用性极强，它往往作为各种文件格式转换的中间格式
源程序文件	C、BAS、ASM	程序设计语言的源程序文件
Office 文件	DOC、DOCX、PPTX、XLSX	MS Office 中 Word、PowerPoint、Excel 创建的文档
图像文件	JPG、GIF、BMP	图像文件，不同的扩展名表示不同格式的图像文件
视频文件	AVI、MP4、RMVB	通过视频播放软件播放，视频文件格式极不统一
压缩文件	RAR、ZIP	压缩文件
音频文件	WAV、MP3、MID	不同的扩展名表示不同格式的音频文件
网页文件	HTM、HTML、MHT	静态网页文件

3. 文件属性

文件除了文件名外，还有文件大小、占用存储空间、建立时间、存放位置等信息，这些信息称为文件属性。

4. 文件操作

文件中存储的内容可能是数据，也可能是程序代码。不同格式的文件通常都会有不同的应用和操作。文件的常用操作有：建立文件（需要专门的应用软件，如建立一个电子表格文档需要Excel软件）、打开文件（需要专用的应用软件，如打开图片文件需要ACDSee等看图软件）、编辑文件（在文件中写入内容或修改内容称为文件"编辑"，这需要专用的应用软件，如修改网页文件需要Dreamweaver等软件）、删除文件（可在操作系统下实现）、复制文件（可在操作系统下实现）、更改文件名称（可在操作系统下实现）等。

5. 目录管理

计算机中的文件有成千上万个，如果把所有文件存放在一起会有许多不便。为了有效地管理和使用文件，大多数文件系统允许用户在根目录下建立子目录（又称文件夹），在子目录下再建立子目录。如图4-5所示，可以将目录建成树状结构，然后用户将文件分门别类地存放在不同的目录中。这种目录结构像一棵倒置的树，树根为根目录，树中每一个分支为子目录，树叶为文件。在树状结构中，用户可以将相同类型的文件放在同一个子目录中；同名文件可以存放在不同的目录中。

用户可以自由建立不同的子目录，也可以对目录进行移动、删除、修改目录名称等操作。操作系统和应用软件在安装时，也会建立一些子目录，如Windows、Documents and Settings、Office 2016等。这些目录用户不能进行移动、删除、修改目录名称等操作，否则将导致操作系统或应用软件不能正常使用。

图4-5　树状目录结构

6. 文件路径

文件路径是文件在存取时，需要经过的子目录名称。目录结构建立后，所有文件分门别类地存放在所属目录中，计算机在访问这些文件时，依据要访问文件的不同路径，进行文件查找。

文件路径有绝对路径和相对路径。绝对路径是指从根目录开始，依序到该文件之前的目录名称；相对路径是从当前目录开始，到某个文件之前的目录名称。

7. 文件查找

在 Windows 10 中查找文件或文件夹非常方便，可单击"任务栏"中的"搜索"栏，输入需要查找文件的部分文件名即可（见图 4-6）。

图 4-6　任务栏上的"搜索"窗口

 ## 4.2　Windows 系统应用

4.2.1　Windows 基本操作

1. Windows 系统桌面

在计算机图形用户界面中，操作系统启动后显示的初始图形用户界面称为桌面。一个典型的桌面环境提供了快捷图标、窗口、任务栏、文件夹、壁纸等。桌面环境在设计和功能上的特性，赋予了它与众不同的外观和感觉。Windows 10 的桌面环境如图 4-7 所示。

图 4-7　Windows 10 的桌面环境

优秀的图形界面也会十分重视文字的作用。例如，Windows 系统对桌面图标和大部分应用程序提供了 Tool Tips 功能，即鼠标一旦指向桌面的某个图标并稍作停留时，都会弹出一个"文本泡"，告知用户该图标的名称、存储位置、文件大小等参数；当鼠标指向应用程序的某个图

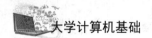

标或工具按钮时，"文本泡"会显示该按钮的名称，同时在屏幕底端的状态栏给出有关该按钮的功能简介或操作提示。这种图文结合的界面胜过单独的图形界面或单独的文本界面，并充分显示了Windows系统的易用性。

（1）图标

根据Windows系统安装方式的不同，桌面上出现的图标也会有所不同，常见的有"此电脑""回收站"等图标；此外，用户可以根据自己的需要创建若干快捷图标。

（2）"开始"菜单

"开始"菜单位于屏幕左下角，Windows 10具有开始屏幕功能。在Windows 10操作系统中，"开始"菜单没有文字标注，但是光标移到"开始"按钮时，"文本泡"会显示"开始"文字。"开始"菜单包含了计算机安装的绝大部分应用程序和操作系统提供的一些系统设置方法。例如，在"开始"菜单包含了各种Windows系统自带的应用程序，以及用户自行安装的程序。用户可以按照最近添加、首字排序、拼音排序等方法方便地查找程序。在"开始"菜单"设置"窗口中，可以对系统、设备、网络、个性化、账号、时间和语言、轻松使用等系统功能进行参数设置；在"开始"菜单"电源"菜单中，可以进行系统更新并关机/重启、睡眠、重新启动、关机等操作。

（3）任务栏

任务栏一般位于Windows桌面的底部，它由"开始"按钮、快速启动栏、任务按钮区、语言栏和通知区域等部分组成。

2. 鼠标的操作方法

Windows操作系统支持键盘和鼠标操作，Windows 10操作系统还支持触摸屏操作。使用鼠标是操作Windows系统最简便的方式。常见的鼠标有左、右两个按钮加一个滚轮，两个按钮用来执行程序命令，中间的滚轮方便用户上下滚动文本或翻页。

鼠标移动时，屏幕上会显示一个指针，指针的不同形状说明了不同的操作状态。例如，在正常状态下，指针呈现箭头形状时；指针呈现漏斗形状时，说明程序正在运行中。不同的应用程序对指针形状和操作定义各不相同，例如，在文字处理软件Word中，指针指向工具按钮后单击表示应用该命令、闪烁的"|"光标表示文本所处的位置。指针或光标是鼠标的操作显示图标，在大部分操作说明中它们几乎是同义词。鼠标的操作方法如表4-2所示。

表4-2　鼠标的操作方法

名 称	操 作 方 法	功 能 说 明
移动	指针移动到某一对象上	用于操作定位，打开菜单，突出显示
单击	按下鼠标左键然后松开	用于选择某个对象，进行某种操作
右击	按下鼠标右键然后松开	弹出对象的快捷菜单或帮助提示
双击	快速连击鼠标左键后立即释放	用于运行某个程序，打开某个窗口
拖动	按住鼠标左键不松开，同时移动指针到预期位置后松开鼠标左键	通常用于窗口或对象的位置移动
滚动	上下移动鼠标中间的滚轮	实现文本信息的上下移动

例如，将指针移到"开始"菜单中的"账户头像"时，右侧显示当前账户名称；单击则可以更改账户设置、锁定或注销。

又如，在Word中当指针移到磁盘图标时，就会显示"保存"字符的文本泡。

3. 键盘的操作方法

Windows的键盘操作分为输入操作和命令操作两种形式。输入操作是用户通过键盘向计算机输入信息，如文字、数据等；命令操作的目的是向计算机发布命令，让计算机执行指定的操作。Windows 常用的键盘快捷键操作如表4-3所示。

表 4-3　Windows 常用的键盘快捷键操作

	快 捷 键	功 能 说 明
窗口操作	Alt+Tab	在当前打开的各窗口之间进行切换
	Alt+Space	打开当前的系统菜单
	PrintScreen（或 PrtSc）	复制当前屏幕图像到剪贴板
	Alt+PrintScreen（或 PrtSc）	复制当前窗口、对话框或其他对象到剪贴板
	Alt+F4	关闭当前窗口或退出应用程序
	F1	显示被选中对象的帮助信息
菜单操作	Ctrl+Esc	打开"开始"菜单
	F10、Alt	激活菜单栏
	Shift+F10	打开选中对象的快捷菜单
	Alt+菜单栏上带下画线的字母	打开相应的菜单
对象操作	Ctrl+A	选中所有（或窗口）的显示对象
	Ctrl+X	剪切选中的对象
	Ctrl+C	复制选中的对象
	Ctrl+V	粘贴对象
	Ctrl+Z	撤销操作
	Ctrl+Home	回到文件或窗口的顶部
	Ctrl+End	回到文件或窗口的底部

4. 启动应用程序的方法

Windows 中启动应用程序的方法如下：

① 利用桌面快捷图标启动应用程序。如果在桌面上有应用程序的快捷图标，则双击桌面上应用程序的快捷图标，即可启动应用程序。

② 通过"开始"菜单启动应用程序。单击"开始"按钮，在开始菜单的程序列表中选择需要运行的程序单击即可。

③ 直接在应用程序所在的文件夹中运行应用程序。不是所有的应用程序都位于"所有程序"菜单中或放置在桌面上，运行这些程序的一个有效方法是使用"计算机"或"Windows资源管理器"，找到应用程序文件，然后双击它。例如，启动Windows自带的"写字板"程序时，在C盘Windows目录下找到write程序，双击文件即可启动。

④ 在桌面创建应用程序的快捷图标。创建应用程序的快捷图标非常简单，例如，为Microsoft Word 2016建立快捷图标，单击"开始"按钮，在程序列表中选择Microsoft Office命令，再选择Microsoft Word 2016命令，右击，在弹出的快捷菜单中选择"更多"→"打开文件位置"命令，在文件窗口中右击程序图标，在弹出的快捷菜单中选择"发送到"中的"桌面快捷方式"命令，桌面上就会出现Word 2016的快捷图标。

⑤ 在任务栏中右击当前应用程序的图标，在弹出的快捷菜单中选择"固定到任务栏"命令，即可在任务栏中创建快捷图标，单击即可运行。

5. 退出应用程序的方法

Windows 中退出应用程序的方法如下：

① 在应用程序的"文件"菜单中选择"退出"命令。

② 单击应用程序窗口右上角的"关闭"按钮。

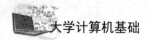

③ 按【Alt+F4】组合键关闭应用程序窗口。

④ 当某个应用程序不再响应用户的操作时，在桌面下方的"任务栏"上右击，在弹出的快捷菜单中选择"任务管理器"命令，打开"任务管理器"窗口，窗口中显示了正在运行的所有应用程序，选中要关闭的应用程序，再单击"结束任务"按钮即可。

6. 窗口的组成与操作

窗口是Windows的基本组成部件，所谓窗口是指桌面上用于查看应用程序文档等信息的一块区域。一般分为应用程序窗口和文档窗口，这两种窗口的组成和操作基本相同。窗口由标题栏、菜单栏、工具栏、状态栏及工作区等组成。

Windows窗口的操作方法如表4-4所示。

表4-4 Windows 窗口的操作方法

操 作	功 能 说 明
移动窗口	指针移到窗口"标题栏"，按住鼠标左键不松开，移动窗口，释放鼠标，窗口就被移动了
改变窗口大小	指针对准窗口的边框或角，指针变成双向箭头后，按住左键拖动，即可改变窗口的大小
滚动窗口内容	将指针移到窗口滚动条的滑块上，按住左键拖动滑块，即可移动窗口中的内容
打开/关闭窗口	单击窗口右上角的最小化、最大化和关闭窗口按钮
切换窗口	单击"任务栏"中的窗口图标；也可以在所需要的窗口没有被完全挡住时，单击所需要的窗口
排列窗口	右击"任务栏"空白处，在弹出的快捷菜单中选择排列方式

7. 菜单操作

在Windows中菜单随处可见，菜单由菜单项组成，是完成一定功能的命令集合。菜单的操作非常简单，单击菜单项便可实现相应的功能。

变灰的菜单项表示当前命令不可用；菜单项右端有" ▸ "符号时，表示还有下一级菜单；菜单名称右边有组合键时，表示本功能可以不打开菜单直接按快捷键来完成操作。

4.2.2 Windows系统安装

1. 操作系统的安装方法

操作系统有多种安装方法，它们各有优点和缺点。

（1）从光盘进行安装

这种操作系统安装方法是微软公司一直推荐采用的方法，它的优点是安装简单，安装过程中用户的可控性较强；缺点是安装时间较长。

（2）从U盘进行安装

由于光盘的读/写性能很差，而且部分计算机没有安装光驱，近年来大部分用户采用U盘进行系统安装。U盘安装的方法有：系统原盘安装、系统克隆安装、系统镜像安装等。U盘安装的优点是简单方便，缺点是系统盘制作麻烦。

（3）从硬盘进行安装

从硬盘安装操作系统主要用于系统升级，例如从Windows 8升级到Windows 10，或者是操作系统程序故障后，进行系统恢复安装。

（4）从网络进行安装

大批量计算机操作系统的安装（如机房），往往利用克隆软件从网络进行同步安装。

2. 操作系统安装前的准备

（1）准备系统安装软件

可以是 Windows 系统安装光盘，或者是自己制作的 Windows PE 安装 U 盘，准备好主板和显卡驱动程序。

（2）数据备份

对将要安装操作系统的硬盘进行数据备份。

（3）BIOS 设置

安装操作系统前，在 BIOS 中屏蔽一些不需要的功能。例如，部分主板芯片组支持 AC97 音频系统，一般应当将它屏蔽；在 BIOS 的 Power Management Setup 菜单项中，将 ACPI（高级电源管理接口）功能设置为 Enabled（允许），这样操作系统才可以使用电源管理功能，否则操作系统安装好后，会在"设备管理器"中出现有黄色"?"的设备；如果无法启动 Windows 10 安装程序，可能是在 BIOS 中开启了软驱（FDD），需要在 BIOS 里将软驱关闭等。

3. 操作系统安装过程

（1）引导盘 BIOS 设置

开机重启，按【Delete】键进入 BIOS 设置界面，找到 Advanced BIOS Features 按【Enter】键，用键盘方向键盘选定 1st Boot Device（第 1 引导设备），用【PgUp】或【PgDn】键翻页，将它右边的 HDD-0（硬盘启动）改为 USB-HDD（见图 4-8），按【F10】键，再输入"Y"，按【Enter】键，保存退出。

图 4-8　在 BIOS 中设置 U 盘启动

（2）安装系统

将 Windows PE 安装 U 盘插入 USB 接口，重新启动，进入 Windows PE 桌面后，进入原来做好的 Windows 10 镜像文件目录，执行 Windows 10 中的 Install.wim 安装文件，开始安装操作系统。系统盘开始复制文件，加载硬件驱动，进到安装向导中文界面。系统第 1 次重启时，拔出 U 盘，系统开始从硬盘中安装操作系统。

（3）检查系统

检查系统是否正常，右击"开始"按钮，在弹出的快捷菜单中选择"设备管理器"命令。如果在"设备管理器"的选项中出现黄色问号（?）或叹号（!）的选项，表示设备未识别，没有安装驱动程序，右击，在弹出的快捷菜单中选择"重新安装驱动程序"命令，放入相应的驱动程序光盘，选择"自动安装"命令，系统会自动识别对应驱动程序并完成安装。需要安装驱动程序的一般有：主板、显卡、声卡、网卡等。

（4）安装系统补丁

操作系统推出一段时间后，微软公司会推出 SP（Service Package）修正包程序。SP 包主要解决计算机兼容性问题和安全性问题。

（5）安装杀毒软件和防火墙软件

安装完 SP 包后，安装杀毒软件和防火墙软件，然后通过网络更新杀毒软件病毒库。

（6）安装应用软件

根据需要安装应用软件。

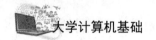

（7）克隆系统分区

所有软件安装完成后，试运行应用程序，检测这些软件的正确性。如果没有问题，重新启动计算机，运行Windows PE工具盘，利用其中的克隆软件（Ghost）对硬盘C盘分区进行镜像克隆，作为今后维修工作的备份文件。

4. 操作系统的卸载

出于市场垄断的原因，Windows操作系统的卸载非常不便。最简单的方法是利用可引导软件（如Windows PE），启动后对安装操作系统的分区进行格式化操作。

4.2.3 Windows驱动程序

1. 驱动程序的功能

驱动程序是操作系统与硬件设备之间进行通信的特殊程序。驱动程序相当于硬件设备的接口，操作系统只有通过这个接口，才能控制硬件设备的工作。如果硬件设备没有驱动程序的支持，那么性能强大的硬件就无法根据软件发出的指令进行工作，硬件就毫无用武之地。假设某设备的驱动程序安装不正确，设备就不能发挥应有的功能和性能，情况严重时，甚至会导致计算机不能正常工作。

从理论上讲，所有的硬件设备都需要安装相应的驱动程序才能正常工作。但是像CPU、内存、键盘、显示器等设备（见图4-9），不需要安装驱动程序也可以正常工作。而主板、显卡、声卡、网卡等设备则需要安装驱动程序，否则无法正常工作。因为CPU等设备对计算机来说是基本必需设备，因此在BIOS固件中直接提供了对这些设备的驱动支持。换句话说，CPU等核心设备可以被BIOS识别并且支持，不再需要安装驱动程序。

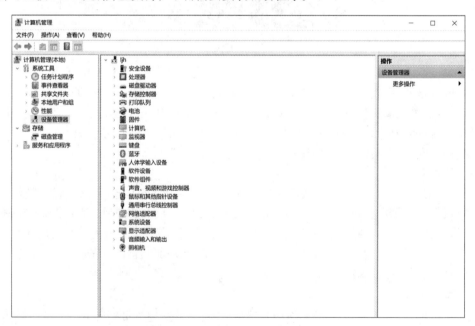

图 4-9　Windows 系统设备和设备驱动程序

2. 识别硬件设备型号

在安装驱动程序之前，必须先清楚哪些硬件设备需要安装驱动程序，哪些硬件设备不需要安装驱动程序。而且需要知道硬件设备的型号，只有这样才能根据硬件设备型号来选择驱动程序，然后进行安装。假如安装的硬件驱动程序与硬件型号不一致，可能使硬件设备无法使用，甚至使计算机无法正常运行。

识别硬件设备型号可以通过查看硬件设备包装盒及说明书，然后通过网站（如驱动之家）下载相应的驱动程序；当说明书找不到时，可以采用检测软件（如EVEREST等）进行测试的方法识别。

3. 驱动程序的安装顺序

驱动程序安装顺序的不同，可能导致计算机的性能不同、稳定性不同，甚至发生故障等。驱动程序的安装顺序如下：

① 操作系统安装完成后，就应当安装系统补丁程序。系统补丁主要解决系统的兼容性问题和安全性问题，这可以避免出现系统与驱动程序的兼容性问题。

② 安装主板驱动程序，主板驱动程序的主要功能是发挥芯片组的功能和性能。

③ 安装最新的DirectX程序，能为显卡提供更好的支持，使显卡达到最佳运行状态。

④ 安装各种板卡驱动程序，主要包括网卡、声卡、显卡等。

⑤ 安装打印机、扫描仪、摄像头、无线网卡、无线路由器等设备的驱动程序。对于一些有特殊功能的键盘和鼠标，也需要安装相应的驱动程序才能获得相应功能。

4. 驱动程序的安装方法

（1）直接安装

双击文件扩展名为.exe的驱动程序执行文件进行安装。

（2）搜索安装

打开"设备管理器"窗口，如果发现设备（如网卡）前面有个黄色的圆圈里面还有个"！"号，这表明网卡驱动程序没有安装，右击该设备，在弹出的快捷菜单中选择"更新驱动程序"命令进行安装。如果操作系统包含了这个硬件设备的驱动程序，那么系统将自动为这个硬件设备安装驱动程序；如果操作系统没有支持这个硬件设备的驱动程序，就无法完成驱动程序的安装。

（3）自动更新

通过Windows自动更新获取驱动程序并自动安装是一种最简单的方法。

5. 驱动程序的卸载

一般驱动程序卸载的频率比较低，但也有需要卸载驱动程序的时候。例如，安装完驱动后，发现与其他硬件设备的驱动程序发生冲突，与系统不兼容，造成系统不稳定；或者需要升级到新驱动程序的时候，就需要卸载原驱动程序。

（1）利用"设备管理器"卸载

打开"设备管理器"窗口，单击选中卸载设备（如网卡），然后右击，在弹出的快捷菜单中选择"卸载设备"命令。

（2）利用第三方软件卸载

利用Windows优化大师、完美卸载等工具软件卸载。

4.2.4　Windows系统优化

1. 系统注册表优化

（1）注册表的基本功能

注册表是一个非常庞大、非常复杂的计算机硬件和软件信息的集合（见图4-10）。注册表

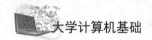

中每一条记录（键值）的目的是什么，合理参数是什么，微软公司和应用软件开发者从来没有公布过。因此，修改注册表只是根据使用者的经验和猜测进行，一旦修改错误，轻则使某个程序出错，重则导致计算机不能启动，因此不建议用户手动优化。有很多软件公司开发了注册表优化软件，如Windows优化大师等，用户只要使用它们就可以对计算机进行各方面的优化。

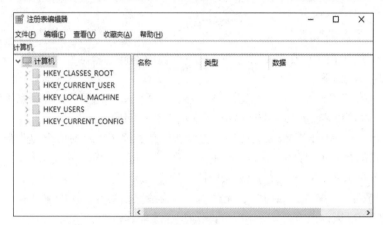

图 4-10　Windows 10 操作系统注册表

（2）利用Windows优化大师工具软件优化注册表

可以利用Windows优化大师等工具软件，对注册表进行优化处理。例如，运行"Windows优化大师"工具软件，选择"系统清理"下的"注册信息清理"命令，再单击"扫描"按钮，如图4-11所示，开始扫描注册表垃圾项目，扫描完成后，单击"全部删除"按钮，在弹出的对话框中单击"是"按钮，再单击"确定"按钮即可。

图 4-11　Windows 优化大师对注册表进行扫描

（3）手工注册表优化

如果要进行手动注册表优化，可以在Windows 10系统下，单击"开始"按钮，在弹出的菜单中选择"Windows系统"命令，再选择"运行"命令，输入regedit，单击"确定"按钮，运行"注册表编辑器"程序即可。这个软件的使用方法非常简单，但困难的是不知道如何修改注册表中的键值。虽然可以通过网络查询到部分注册表修改方法，但是随着操作系统的升级，这些注册表信息的内容会发生改变，而且键值的位置也会发生改变。

手工修改注册表中的任何内容都必须非常小心，因为注册表改错的话，有可能导致计算机无法正常运行，甚至无法启动。

2. 优化系统运行速度

（1）关闭"自动更新"功能

这个办法对提高系统运行速度效果非常明显，因为即使计算机没有连接网络，自动更新也会一遍遍地检查，它占了很大的内存空间。即使更新完成了，也还会定时检查更新。所以，影响计算机速度也是很明显的。关闭"自动更新"功能的具体操作为：单击"开始"按钮，在弹出的菜单中选择"设置"命令，在打开的"设置"窗口中选择"更新和安全"命令，在"Windows更新"界面中选择"高级选项"命令，将"高级选项"中的更新选项（四个）全部关闭。

（2）关闭Windows防火墙

如果安装了专业杀毒软件和防火墙，那么可把Windows中的防火墙关闭。在一台计算机中，没有必要装两种防火墙，这会影响计算机系统运行速度。具体操作为：单击"开始"按钮，在弹出的菜单中选择"控制面板"命令，选择"系统和安全"命令，再选择"Windows Defender防火墙"命令，在窗口左侧选择"启用或关闭Windows Defender防火墙"命令，再选择"关闭Windows Defender防火墙"单选按钮即可。

（3）关闭"与Internet时间服务器同步"功能

"与Internet时间服务器同步"是使计算机时钟每周与Internet时间服务器进行一次同步，这样计算机系统时间就是精确的。对大多数用户来说，这个功能用处不大，所以建议把它关掉。

（4）关闭"系统还原"

在计算机运行一段时间后，如果计算机运行效果良好，可先建立一个"还原点"，然后关掉"系统还原"，记住这个日期，以后系统出现故障时，可作为还原日期。具体操作为：单击"开始"按钮，在弹出的菜单中选择"控制面板"命令，在"系统和安全"下方选择"备份和还原"命令，在"备份和还原"窗口中选择"设置备份"命令，进行备份设置即可。

（5）关闭"远程桌面"功能

这个功能是可以让别人在另一台机器上访问自己的桌面，也可以访问其他机器。对普通用户来说，这个功能显得多余，可以关闭它。什么时候用，什么时候再打开就可以了。具体操作为：单击"开始"按钮，在弹出的菜单中选择"控制面板"命令，选择"系统和安全"命令，在"系统和安全"窗口中选择"允许远程访问"命令，打开"系统属性"对话框在"远程"选项卡中，取消选中"允许远程协助连接这台计算机"复选框，单击"确定"按钮即可。

3. 清理系统垃圾文件

（1）系统垃圾软件的类型

① 软件安装过程中产生的临时文件。许多软件在安装时，首先要把自身的安装文件解压缩到一个临时目录（一般为 C:\Windows\Temp 目录），然后再进行安装。如果软件设计有疏忽或者系统有问题，当安装结束后，这些临时文件就会留在原目录中，没有被删除，成为垃圾文件。例如，Windows 系统在自动更新过程中，会将自动从网络下载的更新文件保存在C:\Windows目录中，文件以隐藏子目录方式保存，子目录名以"$"开头。这些文件在系统更新后就没有作用了，之所以没有删除，从善意方面解读，是为了今后系统崩溃后不必再次下载系统更新文件；从恶意方面揣测，是为了做P2P（端到端）传输，也就是其他用户可以从自己的计算机下

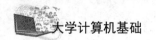

载更新文件，因此可以及时删除这些文件。

② 软件运行过程中产生的临时文件。软件运行过程中，通常会产生一些临时交换文件，例如一些程序工作时产生的 *.old、*.bak 等备份文件，杀毒软件检查时生成的备份文件，做磁盘检查时产生的文件（*.chk），软件运行的临时文件（*.tmp），日志文件（*.log），临时帮助文件（*.gid）等。特别是IE浏览器的临时文件夹 Temporary Internet Files，其中包含了临时缓存文件、历史记录、Cookie 等，这些临时文件不但占用了宝贵的硬盘空间，还会将个人隐私公之于众，严重时还会使系统运行速度变慢。

③ 软件卸载后遗留的文件。由于 Windows 的多数软件都使用了动态链接库（DLL），也有一些软件的设计还不太成熟，导致了很多软件被卸载后，经常会在硬盘中留下一些文件夹、*.dll 文件、*.hlp 文件和注册表键值以及形形色色的垃圾文件。

④ 多余的帮助文件。Windows 和应用软件都会自带一些帮助文件（*.hlp，*.pdf 等）、教程文件（*.hlp 等）等；应用软件也会安装一些多余的字体文件，尤其是一些中文字体文件，这不仅占用空间甚大，更会严重影响系统的运行速度；另外"系统还原"文件夹也占用了大量的硬盘空间。

（2）利用 Windows 优化大师等工具软件清理垃圾文件

可以利用 Windows 优化大师、360 安全卫士等软件，对垃圾文件进行清除。例如，运行 Windows 优化大师，选择"磁盘文件清理"命令，单击选中 C 盘（假设 Windows 系统安装在 C 盘），单击"扫描"按钮，开始扫描磁盘垃圾文件，扫描完成后，选择"全部删除"命令后，单击"确定"按钮即可。

 思考与练习

一、思考题

1. 简要说明操作系统的特点。
2. 简要说明批处理文件的特点。
3. 开源的类 UNIX 系统有哪些优点？
4. 为什么应用软件都是为特定的操作系统而设计的？

二、填空题

1. （　　　）是配置在计算机硬件上的第 1 层软件，是对硬件系统的首次扩充。
2. 操作系统在管理资源方面，要考虑到系统运行（　　　）和资源的（　　　）。
3. 操作系统应当提供方便和友好的（　　　），使用户可以方便有效地与计算机打交道。
4. 批处理系统追求（　　　）使用计算机；分时系统追求给每个用户尽可能快的（　　　）速度。
5. 从 UNIX 发展而来的操作系统称为（　　　）系统。
6. （　　　）是一种单用户、单任务的字符界面操作系统。
7. 分时操作系统以（　　　）为单位，轮流为每个程序服务。
8. 在操作系统中，（　　　）通常是指特定操作所消耗时间的上限是可预知的。
9. 常见的网络操作系统有：Linux、FreeBSD、（　　　）等。
10. 没有安装软件的计算机称为（　　　），它无法进行任何工作。
11. 一般情况下，应用软件都是为特定的（　　　）而设计的。

12. 进程是（　　　）的一次执行过程。

13. 进程由（　　　）创建、调度和执行。

14. 进程共享的资源不允许被同时访问，这称为进程的（　　　）。

15. 进程的基本状态有：就绪、（　　　）和等待。

16. 虚拟内存就是将（　　　）空间拿来当内存使用。

17. Windows 系统分配每个进程都拥有（　　　）GB 的地址空间。

18. 对于 32 位的 Windows 操作系统，当物理内存容量大于（　　　）GB 时就不能识别了。

19. 计算机系统中所有的程序和数据都以（　　　）的形式存储和管理。

20. 文件名分为文件（　　　）和扩展名两部分。

21. Windows 系统不区分（　　　）的大小写。

22. 文件的属性分别为系统、存档、隐藏、（　　　）。

23. 文件的（　　　）表示文件的类型。不同类型的文件处理方法不同。

24. （　　　）是文件存取时需要经过的子目录名称。

25. 操作系统中的（　　　）记录了计算机硬件和软件的所有信息。

三、简答题

1. 简要说明操作系统的基本功能。

2. 简要说明 UNIX 的设计原则。

3. 简要说明分时操作系统的主要特点。

4. 简要说明嵌入式操作系统的特点。

5. 简要说明程序运行的基本特征。

6. 简要说明操作系统的主要组成部分。

7. 简要说明进程的特征。

8. 简要说明存储管理主要有哪些工作。

9. 简要说明覆盖技术的工作原理。

10. 简要说明在 Windows 中启动应用程序有哪些方法。

11. 简要说明操作系统有哪些安装方法。

第5章

文字处理

文字处理是各种办公活动中最基础、最常见的工作，也是计算机进入办公室后最早涉及的工作领域。文字处理需要借助文字处理软件来实现。文字处理软件不仅仅是一个撰写工具，更重要的是它能够帮助用户完成写作的全过程，包括文章构思、编写大纲、输入编辑、结构控制、格式编排直至打印输出。在网络化环境的支持下，通过设置保留每个人的修改痕迹，可以实现多人协同编辑文档，对多人的修改还可以进行合并处理。本章主要介绍文字处理的基本操作、文档排版、制作表格、插入对象、高效排版、修订和打印文档等。

5.1　文字处理的基本操作

5.1.1　启动和退出 Word 2016

在计算机中安装 Office 2016 后便可以启动相应的组件，其中主要包括 Word 2016、Excel 2016、PowerPoint 2016，各组件的启动方法相同，下面以启动 Word 2016 为例进行讲解。

1. 启动 Word 2016

Word 的启动很简单，与其他常见应用软件的启动方法相类似，主要有以下 4 种方法：

① 选择"开始"→"所有程序"→"Microsoft Office"→"Word 2016"命令。

② 在桌面找到 Word 2016 的快捷方式，双击桌面上的快捷方式图标 。

③ 在任务栏中的"快速启动区"单击 Word 2016 图标 。

④ 在"开始"搜索区输入 Word，按【Enter】键即可启动。

2. 退出 Word 2016

退出 Word 2016 主要有以下 4 种方法：

① 选择"文件"→"关闭"菜单命令。

② 单击 Word 2016 窗口右上角的"关闭"按钮 。

③ 按【Alt+F4】组合键。

④ 把鼠标指针放在标题栏处，右击后在弹出的快捷菜单中选择"关闭"命令。

5.1.2　熟悉 Word 2016 工作界面

启动 Word 2016 后将进入其操作界面，如图 5-1 所示，下面介绍 Word 2016 操作界面中的主要组成部分。

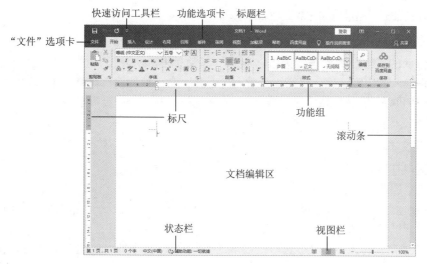

图 5-1　Word 2016 工作界面

1. 标题栏

标题栏位于 Word 2016 操作界面的顶端，用于显示程序名称和文档名称，右侧有"最小化""最大化"和"关闭"按钮。

2. 快速访问工具栏

快速访问工具栏中显示了一些常用的工具按钮，默认按钮有"保存"按钮 ，"撤销"按钮 ，"恢复"按钮 。用户还可以自定义其他按钮，只需要单击该工具栏右侧的"下拉"按钮 ，在打开的下拉列表中选择相应选项即可。

3. "文件"选项卡

该选项卡中的内容与 Office 其他版本中的"文件"菜单类似，主要用于执行与该组相关的文件的新建，打开和保存等命令。

4. 功能选项卡

Word 2016 默认包含 7 个功能选项卡，单击任何一个选项卡即可打开对应的功能区，单击其他选项卡可分别切换到相应的选项卡，每个选项卡分别包含了多个相应的功能组。

5. 标尺

标尺主要用于定位文档内容，位于文档编辑区上侧的称为水平标尺，左侧的称为垂直标尺，拖动水平标尺中的"缩进"按钮 还可以快速调节段落的缩进和文档的边距。

6. 文档编辑区

文档编辑区是指编辑文本的区域，对文本进行的各种操作结果都显示在该区域中。新建一篇空白文档后，在文档编辑区的左上角将显示一个闪烁的鼠标光标，称为插入点，该鼠标光标所在位置便是文本的起始输入位置。

7. 状态栏

状态栏位于操作界面的底端左侧，主要用于显示当前文档的工作状态，包含当前页数、字数和输入状态等。

8. 视图栏

视图栏位于操作界面的底端右侧，用于切换文档的视图方式，方便用户在"页面

拓展阅读

插入文件

拓展阅读

文档的视图方式

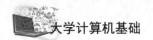

视图""阅读视图""Web版式视图"视图方式间切换。

5.1.3 文档编辑

对于输入的文本经常要进行插入、删除、移动、复制、替换、拼写和语法检查等编辑工作，以确保输入的内容正确，提高输入效率。对此，文字处理软件提供了丰富的编辑功能。文档编辑遵守的原则是："先选定，后执行"。被选定的文本一般以高亮显示，容易与未被选定的文本区分开来。

1. 选定文本

选定文本有2种方法，基本的选定方法和利用选定区的方法。

（1）基本的选定方法

① 鼠标选定：将光标移到欲选取的段落或文本的开头，按住鼠标左键拖动，经过需要选定的内容后松开鼠标左键。

② 键盘选定：将光标移到欲选取的段落或文本的开头，同时按住【Shift】键，使用光标移动键即方向键来选定内容。

（2）利用选定区的方法

在文本区的左边有一垂直的长条形空白区域，称为选定区。当鼠标指针移动到该区域时，鼠标指针变为右向箭头，在该区域单击，可选中鼠标指针所指的一整行文字；双击，会选中鼠标指针所在的段落；三击，整个文档全部选定。另外，在选定区中拖动鼠标可选中连续的若干行。

选定文本的常用技巧如表5-1所示。

表 5-1　选定文本的常用技巧

选 取 范 围	鼠 标 操 作
字/词	双击要选定的字/词
句子	按住【Ctrl】键，单击该句子
行	单击该行的选定区
段落	双击该行的选定区；或者在该段落的任何地方三击
垂直的一块文本	按住【Alt】键，同时拖动鼠标
一大块文字	单击所选内容的开始处，然后按住【Shift】键，单击所选内容的结束处
全部内容	三击选定区

文字处理软件还提供了可以同时选定多块区域的功能，这通过按住【Ctrl】键再加选定操作来实现。

若要取消选定，在文本窗口的任意处单击或按光标移动键即可。

2. 插入、删除、撤销、恢复与重复

① 插入：将光标移动到想要插入字符的位置，然后输入字符即可，注意确保此时的输入状态是"插入"状态。如果要插入一个空行，只需要将光标定位在需要产生空行的行首位置，按【Enter】键即可。

② 删除：对于单个字符，用【Backspace】键或【Delete】键；对于大量文字，可以先选定要删除的内容，然后通常采用下面任何一种方法：

a. 按【Backspace】键或【Delete】键；

b. 右击，在弹出的快捷菜单中选择"剪切"命令（或按【Ctrl+X】组合键）。

删除段落标记可以实现合并段落的功能。要将两个段落合并，可以将光标定位在第一段的段落标记前，然后按【Delete】键，这样两个段落就合并成了一个段落。

③ 撤销、恢复与重复：若用户的操作失误，可利用"撤销"按钮（或按【Ctrl+Z】组

合键），取消对文档所做的修改，使操作回退一步；利用"恢复"按钮 ⤾，恢复被撤销的一步或任意步操作。如果需要多次进行某种同样的操作时，可以利用"重复"按钮 ↻（或按【Ctrl+Y】组合键），重复前一次的操作。在 Word 2016 中，撤销、恢复与重复按钮位于工作界面左上角的快速访问工具栏中。

3. 移动或复制

在编辑文档时，可能需要把一段文字移动到另外一个位置，这时可以根据移动距离的远近选择不同的操作方法。

① 短距离移动：可以采用鼠标拖动的简捷方法，选定文本，移动鼠标指针到选定内容上。当鼠标指针形状变成左向箭头时，按住鼠标左键拖动，此时箭头右下方出现一个虚线小方框。随着鼠标指针的移动又会出现一条竖虚线，此虚线表明移动的位置，当虚线移到指定位置时，松开鼠标左键，完成文本的移动。

② 长距离移动（如从一页到另一页，或在不同文档间移动）：可以利用剪贴板进行操作。在文字处理软件里一般分解成两个动作，先将选定的原内容剪切到剪贴板，再从剪贴板粘贴到目标处。

4. 查找和替换

在文字处理软件中，查找和替换是经常使用、效率很高的编辑功能。根据输入的要查找或替换的内容，系统可自动地在规定的范围或全文内查找或替换。

查找和替换功能既可以将文本的内容与格式完全分开，单独对文本或格式进行查找或替换处理，也可以把文本和格式看成一个整体统一处理。除此之外，该功能还可作用于特殊字符、通配符等。

从网上获取文字素材时，由于网页制作软件排版功能的局限性，文档中经常会出现一些非打印排版字符。当文档中空格比较多的时候，可以在"查找内容"文本框中输入空格符号，在"替换为"文本框中不进行任何字符的输入，单击"全部替换"按钮将多余的空格删除；当要把文档中不恰当的人工手动换行符替换为真正的段落结束符的时候，在 Word 2016 中，可以单击"开始"选项卡"编辑"组中的"替换"按钮，打开"查找和替换"对话框。单击定位于"查找内容"文本框中，单击左下角的"更多"按钮，在展开的对话框中单击"特殊格式"按钮，通过"特殊格式"列表选择"手动换行符"（^l），在"替换为"文本框中用同样的方法选择特殊格式"段落标记"（^P），如图 5-2 所示，再单击"全部替换"按钮来达到目的。

拓展阅读

批量删除

拓展阅读

部分替换和全部替换

拓展阅读

全角半角替换

图 5-2　将手动换行符替换为段落标记

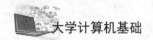
利用替换功能还可以简化输入，如在一篇文章中多次出现"Microsoft Office Word 2016"字符串，在输入时可先用一个不常用的字符（如#）表示，然后利用替换功能用字符串代替字符。

【例5-1】新建一个文档，输入以下内容，然后把文中所有的"你"替换为红色带有双下画线的"您"。

听说你是每天从鸟声中醒来的人，那一带苍郁的山坡上丛生的杂树，把你的初夏渲染得更绿了。而你的琴韵就拍醒了每一枝树叶，展示着自己的生命成长。

在Word 2016中，操作步骤如下：

① 单击"开始"选项卡"编辑"组中的"替换"按钮，弹出"查找和替换"对话框。在"查找内容"文本框中输入待查找文字"你"。

② 在"替换为"文本框中输入目标文字"您"，单击"更多"按钮（此时按钮标题变为"更少"），然后单击"格式"按钮，选择"字体"命令，在"字体"对话框中设置字体颜色为红色，"下画线线型"为"_____"，单击"确定"按钮返回，设置如图5-3所示。

● 拓展阅读

通配符查找替换

● 拓展阅读

特殊符号查找替换

图 5-3　将"你"替换为红色、带双下画线的"您"

③ 单击"全部替换"按钮，则文档中所有满足条件的文字均被替换成目标文字。"替换"按钮只是将根据默认方向查找到的第一处文字替换成目标文字。

5.1.4　保存和保护文档

1. 保存文档

用户输入和编辑的文档是存放在内存中并显示在屏幕上的，如果不执行存盘操作，一旦死机或断电，所做的工作就可能因为得不到保存而丢失。只有外存（如磁盘）上的文件才可以长期保存，所以在文字输入的过程中，应及时把工作成果保存到磁盘上。文字处理软件提供了手动和自动保存文档功能。

在Word 2016中，常用方法有2种：

① 单击快速访问工具栏的"保存"按钮 🖫 ，这是使用频率最高的一种方法。

② 选择"文件"→"保存"或"另存为"命令。

"保存"和"另存为"命令的区别在于："保存"是以新替旧，用新编辑的文档取代原文档，原文档不再保留；而"另存为"则相当于文件复制，它建立了当前文件的一个副本，原文档依然存在。

　　新文档第一次执行"保存"命令时会出现"另存为"对话框，如图 5-4 所示。此时，需要指定文件的 3 要素：保存位置、文件名、文件类型。Word 2016 默认的文件类型是"Word 文档（*.docx）"，也可以选择保存为文本文件（*.txt）、HTML 文件或其他文档。

图 5-4　"另存为"对话框

2. 保护文档

　　当用户所编辑的文档属于机密性文件时，为了防止其他用户随便查看，可使用密码将其保护起来。这样，只有知道密码的人才可以打开文档进行查看或编辑。文字处理软件提供了设置文档权限密码的功能。

　　在 Word 2016 中，可以在第一次保存时出现的"另存为"对话框中设置，选择保存地址后，单击"工具"按钮，在打开的下拉菜单中选择"常规选项"命令，打开"常规选项"对话框，在"打开文件时的密码"和"修改文件时的密码"文本框中输入相应密码，如图 5-5 所示，单击"确定"按钮后在弹出的"确认密码"对话框中分别再次输入密码即可。

图 5-5　设置"打开文件时的密码"和"修改文件时的密码"

5.1.5　打开文档

　　在进行文字处理时，往往难以一次完成全部工作，而是需要对已输入的文档进行补充或修改，这就要将存储在磁盘上的文档调入文字处理软件工作窗口，也就是打开文档。文字处理软件提供了打开文档的功能。

在 Word 2016 中，打开 Word 文档有 2 种常用方法：

① 在快速访问栏添加"打开"按钮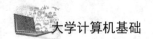，并单击。

② 选择"文件"→"打开"命令。

不论哪一种方式，操作后都将弹出"打开"对话框，在该对话框中选择文档所在的文件夹，再双击需要打开的文件名即可。

文字处理软件允许同时打开多个文档，实现多文档之间的数据交换。

 ## 5.2 文档排版

文档的排版是文字处理中不可缺少的重要环节，恰当地应用各种排版技术，会使文档显得美观易读、丰富多彩。现在的文字处理软件一般采用所见即所得的排版方式，即在屏幕上看到的排版方式就是实际打印时的形式。

一般而言，根据操作对象的不同，文字处理软件的格式编排命令有 3 种基本单位：字符、段落、页面，由此形成了文字排版命令、段落排版命令和页面排版命令。

文档的排版一般在页面视图下进行，它同样遵守"先选定，后执行"的原则。

5.2.1 字符排版

字符是指文档中输入的汉字、字母、数字、标点符号和各种符号。字符排版是以若干字符为对象进行格式化，常见的字符格式有字符的字体和字号、字形（加粗和倾斜）、字符颜色、下画线、着重号、删除线、上下标、文本效果、字符缩放、字符间距、字符和基准线的上下位置等。对于中文字符，还有中文版式，如图 5-6 所示。

拓展阅读
字体、字号、字形

五号宋体	倾斜	删除线	字符底纹
四号黑体	字符加粗	上标 x²	文字效果
三号隶书	红色字符	字 符 间 距 加 宽 2 磅	㊙
12磅华文行楷	加下划线	降低8磅 字符标准位置	jiāpīnyīn加拼音
14磅华文彩云	着重号	字符加边框	

图 5-6 字符排版效果

1. 字符格式化

对字符进行格式化需要先选定文本，否则只对光标处新输入的字符有效。

字符的格式化设置主要包括以下几个方面。

① 字体：指文字在屏幕或打印机上呈现的书写风格。字体包括中文（如宋体、楷体、黑体等）和英文字体（如 Times New Roman、Arial 等），英文字体只对英文字符起作用，而中文字体则对汉字、英文字符都起作用。字体数量的多少取决于计算机操作系统中安装的字体数量。掌握字体特点对于制作一个美观的文档是必要的，不同的字体给人的视觉效果也不同，例如一本书中的正文一般要用宋体，显得整洁、规矩；而标题一般用黑体，起到一种强调、突出的作用。有时为了区分，也可以在一段文字中使用不同的字体。

② 字号：指文字的大小，是以字符在一行中垂直方向上所占用的点（即磅值）来表示的。它以磅为单位，1 磅约为 1/72 英寸或 0.353 mm。字号有汉字数码表示和阿拉伯数字表示两种，其中汉字数码越小字体越大，阿拉伯数字越小字体越小；用阿拉伯数字表示的字号要多于用汉

字数码表示的字号。选择字号时，可以选择这两种字号表示方式的任何一种，但如果需要使用大于"初号"的大字号时，只能使用数字的方式进行设置，根据需要直接在字号框内输入表示字号大小的数字。

③ 字形：指文字可能的各种书写形式，如常规、倾斜、加粗、加粗倾斜等形式。

④ 字符颜色：指字符的颜色，可以使字符变得醒目、突出和美观。

⑤ 字符缩放：指对字符的横向尺寸进行缩放，以改变字符横向和纵向的比例，制作出具有特殊效果的文字。

⑥ 字符间距：指两个字符之间的间隔距离，标准的字符间距为0。字符间距对于处理一些需要特殊效果的文字非常有用。当规定了一行的字符数后，也可以通过加宽或紧缩字符间距来调整，保证一行能够容纳规定的字符数。

⑦ 字符位置：指字符在垂直方向上的位置，包括字符提升和降低。

⑧ 特殊效果：指根据需要进行多种设置，包括删除线、上下标、文本效果等。其中，文本效果可以为普通文本应用多彩的艺术字效果，包括轮廓、阴影、映像、发光等方面的设置。

拓展阅读
字符间距

在 Word 2016 中，字符格式化一般通过"开始"选项卡"字体"组的相应按钮（见图5-7）以及"字体"对话框来实现。单击"字体"组右下角的对话框启动器按钮，打开"字体"对话框，如图5-8所示。其中有"字体"和"高级"2个选项卡：

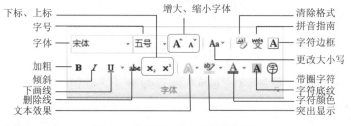

图 5-7　"字体"组中各按钮功能

拓展阅读
字体颜色和底纹

① "字体"选项卡：用于设置字体、字号、字形、字符颜色、下画线、着重号和静态效果。

② "高级"选项卡：用于设置字符的横向缩放比例、字符间距、字符位置等内容。

注意：选中文本后，右上角会出现"字体"浮动工具栏，字符格式也可以通过单击其中相应的按钮快捷完成。

【例5-2】在例5-1的文档内容最前面插入一行标题"你从鸟声中醒来"，然后将其字号变为"四号"，字符缩放150%，加宽2磅。用喜欢的文本效果设置标题，并自定义阴影和发光效果。效果如图5-9所示。

在 Word 2016 中，操作步骤如下：

① 将光标置于文档内容"听"字前，按【Enter】键，产生一个空行，输入标题："你从鸟声中醒来"。

② 选定标题"你从鸟声中醒来"，单击"开始"选项卡

图 5-8　"字体"对话框

"字体"组中的"字号"下拉按钮，在"字号"下拉列表框中，选择"四号"命令，再单击右下角的对话框启动器按钮，打开"字体"对话框，单击"高级"选项卡，在"缩放"下拉列

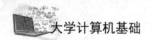
表框中选择"150%"命令，在"间距"下拉列表框中选择"加宽"命令，在右边的"磅值"中选择或输入"2磅"（见图5-8），单击"确定"按钮。

你从鸟声中醒来

听说你是每天从鸟声中醒来的人，那一带苍郁的山坡上丛生的杂树，把你的初夏渲染得更绿了。而你的琴韵就拍醒了每一枝树叶，展示着自己的生命成长。

图 5-9 字符格式化效果

③ 选定标题"你从鸟声中醒来"，单击"开始"选项卡"字体"组中的"文本效果"按钮，在弹出的文本效果库中选择"填充-红色，强调文字颜色2，双轮廓-强调文字颜色2"，如图5-10所示；再次单击"文本效果"按钮，光标指向"阴影"命令，在展开的子列表中选择"透视"区的"右上对角透视"，如图5-11所示；再次单击"文本效果"按钮，指向"发光"，在展开的子列表中选择"红色，11pt发光，强调文字颜色2"，如图5-12所示。

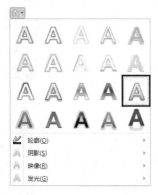

图 5-10 选择文本预设样式　　图 5-11 选择文本阴影效果　　图 5-12 选择文本发光效果

2. 中文版式

对于中文字符，文字处理软件提供了具有中国特色的特殊版式，如简体和繁体的转换、加拼音、加圈、纵横混排、合并字符、双行合一等，其效果如图5-13所示。

簡體和繁體的轉換、加拼音、⑩、纵横混排、双行合一、合并字符效果

图 5-13 中文版式效果

在Word 2016中，简体和繁体的转换可以单击"审阅"选项卡"中文简繁转换"组中的相应按钮；而加拼音、加圈则通过单击"开始"选项卡"字体"组中对应的按钮和来实现；其他功能则通过单击"开始"选项卡"段落"组中的"中文版式"按钮，选择相应的命令来完成。

【例5-3】将例5-2文档标题"你从鸟声中醒来"中的"鸟"字加圈号变为。

在Word 2016中，操作步骤如下：

① 在文档标题中选中"鸟"字。

② 单击"开始"选项卡"字体"组中的"带圈字符"按钮，打开"带圈字符"对话框，选择样式为"增大圈号"、圈号为三角形，如图5-14所示，然后单击"确定"按钮。

注意：若要清除文档中的样式、文本效果和字体格式，选定内

图 5-14 "带圈字符"设置

容，单击"开始"选项卡"字体"组中的"清除格式"按钮 即可。

5.2.2 段落排版

完成字符格式化后，应对段落进行排版。段落由一些字符和其他对象组成，最后是段落标记（ ，按【Enter】键产生）。段落标记不仅标识段落结束，而且存储了这个段落的排版格式。段落的排版是指整个段落的外观，包括对齐方式、段落缩进、段落间距、行间距等，同时还可以添加项目符号和编号、边框和底纹等。文字处理软件提供了段落排版功能。

1. 对齐方式

在文档中对齐文本可以使文本清晰易读。例如一个图表的说明一般位于一行的中心，文字左对齐，数字右对齐。一般书籍的正文左右都对齐，大标题居中对齐，其他标题左对齐等。

对齐方式一般有5种：左对齐、居中、右对齐、两端对齐和分散对齐。其中，两端对齐是以词为单位，自动调整词与词间空格的宽度，使正文沿页的左右边界对齐，这种方式可以防止英文文本中一个单词跨两行的情况，但对于中文，其效果等同于左对齐；分散对齐是使字符均匀地分布在一行上。段落的对齐效果如图5-15所示。

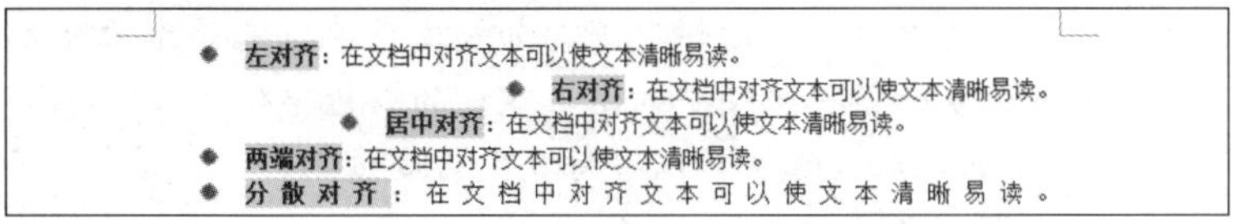

图 5-15 段落的对齐效果

2. 段落缩进

段落缩进是指段落各行相对于页面边界的距离，设置段落缩进可以使段落之间层次清晰明了。中文一般在每一段的首行缩进两个字符以表示一个新段落的开始，而英文在开始一个新段落时可以缩进也可以不缩进。段落缩进主要有4种方式：

① 首行缩进：段落第一行的左边界向右缩进一段距离，其余行的左边界不变。

② 悬挂缩进：段落第一行的左边界不变，其余行的左边界向右缩进一段距离。

③ 左缩进：整个段落的左边界向右缩进一段距离。

④ 右缩进：整个段落的右边界向左缩进一段距离。

段落的缩进效果如图5-16所示。

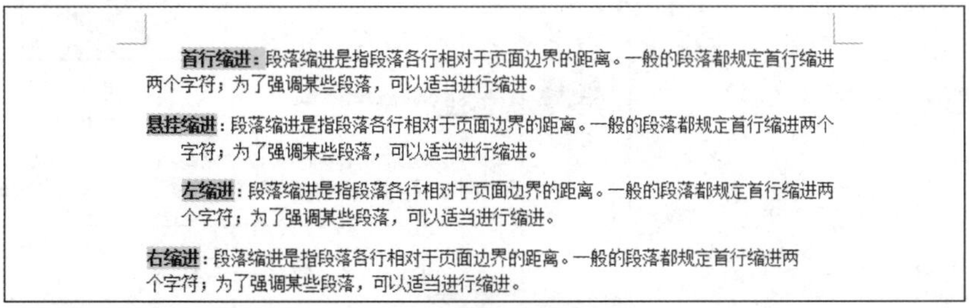

图 5-16 段落的缩进效果

3. 段落间距与行间距

段落间距指当前段落与相邻两个段落之间的空白距离，即段前距离和段后距离。加大段落之间的间距可使文档显示清晰。行间距指段落中行与行之间的距离（即一行的底部与上一行的底部之间的距离），有单倍行距、1.5倍行距、2倍行距、最小值、固定值和多倍行距等。两行之间的空白距离（行间距）可以通过行距来调整。行距可用单行间距的"倍"数为单位来衡量，如1.5倍、2倍等。单行间距是指把每行间距设置成容纳行内最大字体的高度。

段落间距和行间距也是调整文档美观的一项重要内容，可以使阅读的时候更加赏心悦目。

在Word 2016中，段落排版一般通过"开始"选项卡"段落"组的相应按钮（见图5-17）以及单击"段落"组右下角的对话框启动器按钮，打开"段落"对话框（见图5-18）来完成。

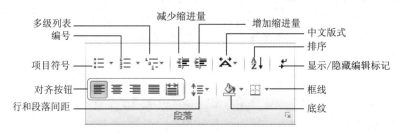

图5-17 "段落"组中各按钮功能

注意：设置段落缩进、间距时，单位有"磅""厘米""字符""英寸"等，可以通过选择"文件"→"选项"命令，打开"Word选项"对话框，然后选择"高级"选项卡，在"显示"区中进行度量单位的设置。一般情况下，如果度量单位选择为"厘米"，而"以字符宽度为度量单位"复选框也被选中的话，默认的缩进单位为"字符"，对应的段落间距单位为"行"；如果取消选中"以字符宽度为度量单位"复选框，则缩进单位为"厘米"，对应的段落间距单位为"磅"。

拓展阅读
段落交换

【例5-4】将例5-3文档中正文设置为左右各缩进1厘米，首行缩进0.8厘米，行距为最小值15磅，段后间距为8磅。段落排版效果如图5-19所示。

拓展阅读
行距

拓展阅读
段前、段后间距

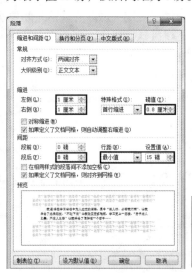

图5-18 "段落"对话框

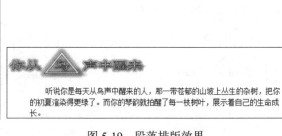

图5-19 段落排版效果

在Word 2016中，操作步骤如下：

① 选择"文件"→"选项"命令，打开"Word选项"对话框，选择"高级"选项卡，在"显示"区中确保度量单位是"厘米"，注意不要选中下面的"以字符宽度为度量单位"复选框，如图5-20所示。

② 选中正文，单击"开始"选项卡"段落"组右下角的对话框启动器按钮，打开"段落"对话框，进行相应设置（见图5-18），然后单击"确定"按钮。

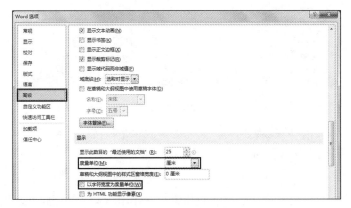

图 5-20　设置段落缩进单位为厘米和间距单位为磅

4. 项目符号和编号

在文档处理中，为了准确、清楚地表达某些内容之间的并列关系、顺序关系等，经常要用到项目符号和编号。例如，写一篇文章的时候，经常需要列举一些事实或列出某部分的所有组成部分等，或者一本书的章节安排等。项目符号可以是字符，也可以是图片；编号是连续的数字和字母。文字处理软件提供了创建项目符号和编号的功能。

在 Word 2016 中，创建项目符号和编号的方法是：选择需要添加项目符号或编号的若干段落，然后单击"开始"选项卡"段落"组中的 3 个按钮。

① "项目符号"按钮 ≡▼：用于对选中的段落加上合适的项目符号。单击该按钮右边的下拉按钮，弹出项目符号库，可以选择预设的符号，也可以自定义新符号。选择其中的"定义新项目符号"命令，打开"定义新项目符号"对话框，如图 5-21 所示，单击"符号"和"图片"按钮来选择符号的样式。如果是字符，还可以通过单击"字体"按钮来进行格式化设置，如改变符号大小和颜色、加下画线等。

② "编号"按钮 ≡▼：用于对选中的段落加上需要的编号样式。单击该按钮右边的下拉按钮，弹出编号库，选择需要的一种编号样式，或选择"定义新编号格式"命令，打开"定义新编号格式"对话框，如图 5-22 所示，在这个对话框中可以设置编号的字体、样式、起始值、对齐方式和位置等。

图 5-21　"定义新项目符号"对话框

图 5-22　"定义新编号格式"对话框

③ "多级列表"按钮 ‡▼：用于创建多级列表，清晰地表明各层次的关系。创建多级列表时，需要先确定多级格式，然后输入内容，再通过"段落"组的"减少缩进量"按钮 ≣ 和"增

加缩进量"按钮 ⯐ 来确定层次关系。图 5-23 所示为项目符号、编号和多级列表的设置效果。

编号	项目符号	多级列表
A. 字符排版	☐ 字符排版	1 字符排版
B. 段落排版	☐ 段落排版	1.1 段落排版
C. 页面排版	☐ 页面排版	1.1.1 页面排版

图 5-23 项目符号、编号和多级列表的设置效果

要取消项目符号、编号和多级列表，只需要再次单击该按钮，在相应的项目符号库、编号库、列表库中选择"无"选项即可。

5. 边框和底纹

给段落添加边框和底纹，可以起到强调和美观的作用。文字处理软件提供了添加边框和底纹的功能。

在 Word 2016 中，简单地添加边框和底纹，可以单击"开始"选项卡"段落"组中的"底纹"和"框线"按钮；较复杂的则通过"边框和底纹"对话框来完成。选定段落，单击"开始"选项卡"段落"组"下框线"的下拉按钮 ⯐ ，在下拉列表中选择"边框和底纹"命令，打开"边框和底纹"对话框，如图 5-24 所示，其中有"边框""页面边框""底纹"3 个选项卡。

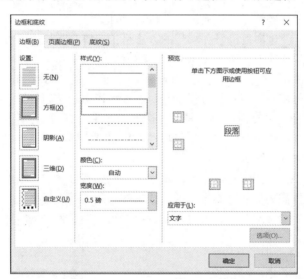

图 5-24 "边框和底纹"对话框

① "边框"选项卡：用于对选定的段落或文字加边框。可以选择边框的类别、线形、颜色和宽度等。如果需要对某些边设置边框线，如只对段落的上、下边框设置边框线，可以单击预览窗口正文的左、右边框按钮将左、右边框线去掉。

② "页面边框"选项卡：用于对页面或整个文档加边框。它的设置与"边框"选项卡类似，但增加了"艺术型"下拉列表框。

③ "底纹"选项卡：用于对选定的段落或文字加底纹。其中，"填充"为底纹的背景色；"样式"为底纹的图案式样（如浅色上斜线）；"颜色"为底纹图案中点或线的颜色。

注意：在设置段落的边框和底纹时，要在"应用于"下拉列表中选择"段落"命令；设置文字的边框和底纹时，要在"应用于"下拉列表中选择"文字"命令。

【例 5-5】将例 5-4 文档正文中"而你的琴韵就拍醒了每一枝树叶，展示着自己的生命成长。"另起一段，然后将正文第 1 段段落添加外粗内细的边框，第 2 段文字添加"灰色 25%"底

纹。效果如图 5-25 所示。

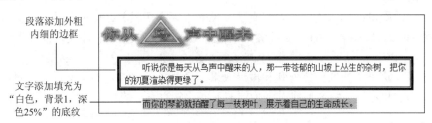

图 5-25　添加边框和底纹的效果

在 Word 2016 中，操作步骤如下：

① 将光标置于文档中"而你的琴韵……"中的"而"字前，按【Enter】键，另起一段。

② 选中正文第 1 段，单击"开始"选项卡"段落"组下框线 的下拉按钮，在下拉列表中选择"边框和底纹"命令，打开"边框和底纹"对话框，在"边框"选项卡"样式"下拉列表框中选择外粗内细的线型，"应用于"下拉列表框中选择"段落"命令，然后单击"确定"按钮。

③ 选中正文第 5 段，如前所述打开"边框和底纹"对话框，选择"底纹"选项卡，在"填充"下拉列表框中选择"白色，背景 1，深色 25%"，"应用于"下拉列表框中选择"文字"命令，如图 5-26 所示，然后单击"确定"按钮。

图 5-26　设置填充为"白色，背景 1，深色 25%"底纹

6. 格式刷

在文字处理过程中，有时候需要对多个段落使用同一格式，利用"格式刷"可以快速地复制格式，提高效率。它还可以用来实现字符格式的快速复制。文字处理软件提供了"格式刷"的功能。

在 Word 2016 中，"格式刷"按钮 位于"开始"选项卡"剪贴板"组中，其使用方法如下：

① 选定要复制格式的文本或段落（如果是段落，在该段落的任意处单击即可）。

② 单击"开始"选项卡"剪贴板"组中的"格式刷"按钮 。

③ 用鼠标拖动经过要应用此格式的文本或段落（如果是段落，在该段落的任意处单击即可）。

如果同一格式要多次复制，可在第②步操作时，双击"格式刷"按钮 。若需要退出多次复制操作，可再次单击"格式刷"按钮 或按【Esc】键取消。

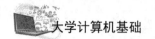
5.2.3 页面排版

输出文档的质量好坏、美观与否与文字及段落排版密切相关，但文字及段落排版处理的只是文档的局部，如果从全局的角度对文档进行排版，需要利用文字处理软件提供的页面排版功能。

页面排版反映了文档的整体外观和输出效果。页面排版主要包括页面设置、页面背景、页眉和页脚、脚注和尾注、特殊格式设置（首字下沉、分栏、文档竖排）等。

1. 页面设置

页面设置决定了文档的打印结果。页面设置通常包括打印用纸的大小及打印方向、页边距、页眉和页脚的位置、每页容纳的行数和每行容纳的字数等。文字处理软件提供的页面设置工具可以帮助用户轻松完成页面设置。

在 Word 2016 中，页面设置通过"布局"选项卡"页面设置"组中的相应按钮或通过"页面设置"对话框来实现。

"页面设置"对话框可以通过单击"页面设置"组中右下角的对话框启动器按钮 打开。该对话框有 4 个选项卡，如图 5-27 所示。

① "页边距"选项卡：用于设置文档内容与纸张四边的距离，从而确定文档版心的大小。通常正文显示在页边距以内，含脚注和尾注，而页眉和页脚则显示在页边距上。页边距设置包括"上""下""左""右"的设置。除了自定义边距外，Word 还提供了常规、窄、中等、宽、对称 5 种预设方式，这可以通过"布局"选项卡"页面设置"组中的"页边距"下拉按钮快捷设置。在该选项卡中还可以设置装订线的位置或选择纸张打印方向等。纸张打印方向是为控制每行文字的宽度而设定的，通常是纵向打印，即让纸张竖向放置，以纸张的长度控制一页的大小，以纸张的宽度控制一行的长度。如果遇到一行文字的长度可能大于纸张的宽

图 5-27 "页面设置"对话框

度的情况，就需要横向打印。纸张方向也可以通过单击"布局"选项卡"页面设置"组中的"纸张方向"下拉按钮快捷设置。

② "纸张"选项卡：用于选择打印纸的大小。通常使用的纸张都有一定的标准，其中 A4 纸较为常用，也是文字处理软件的默认标准。如果当前使用的纸张为特殊规格，可以在"纸张大小"下拉列表框中选择"其他纸张大小"命令，并通过"高度"和"宽度"框定义纸张的大小。纸张大小也可以通过"布局"选项卡"页面设置"组中的"纸张大小"下拉按钮快捷设置，它提供了多种预定义的纸张大小，如 Letter（信纸）、A4、A3、16 开等。

③ "布局"选项卡：用于设置页眉和页脚的特殊选项。例如，在编排一本书或杂志时，如果为单双页（即奇偶页）设置不同的页眉/页脚：单页编排章节名称，双页编排书的名称，而起始页没有页眉/页脚。这时，就需要在"布局"选项卡"页眉和页脚"栏中选中"奇偶页不同""首页不同"复选框。在该选项卡中还可以设置页眉和页脚距页边界的距离、页面的垂直对齐方式等。

④ "文档网格"选项卡：用于设置每页容纳的行数和每行容纳的字数，文字排列方向，行、列网格线是否要打印等。

通常，页面设置作用于整个文档，如果对部分文档进行页面设置，应将光标移到这部分文档的起始页面，然后在"页面设置"对话框"应用于"下拉列表中选择"插入点之后"命令。

这样，从起始位置之后的所有页都将应用当前设置。

2. 页面背景

文字处理软件为用户提供了丰富的页面背景设置功能，用户可以通过为文档添加文字或图片水印、设置文档的颜色或图案填充效果以及为页面添加边框等来使页面更加美观。

在 Word 2016 中，通过"设计"选项卡"页面背景"组中的相应按钮来实现。

【例5-6】为例5-5文档进行页面设置：上边距为2.5厘米，下边距为3厘米，页面左边预留2厘米的装订线，纸张方向为纵向，纸张大小为16开，设置页眉/页脚奇偶页不同，文档中每页35行，每行30个字，并为文档添加喜欢的图片水印效果和页面边框。

在 Word 2016 中，操作步骤如下：

① 打开文档，单击"布局"选项卡"页面设置"组中右下角的对话框启动器按钮 ，打开"页面设置"对话框，在"页边距"选项卡中调整上下页边距旁边的数字微调按钮，调整数字为上：2.5厘米，下：3厘米（或直接输入相应数字）；调整"装订线"旁的数字微调按钮，调整数字为：2厘米，选择装订线位置为"左"；在"方向"栏中选择"纵向"。

② 选择"纸张"选项卡，在"纸张大小"下拉列表框中选择"16开"命令。

③ 选择"版式"选项卡，在页眉和页脚栏中选中"奇偶页不同"复选框。

④ 选择"文档网格"选项卡，在"网格"组中选中"指定行和字符网格"单选按钮，每行设为30，每页设为35，其设置如图5-28所示。

⑤ 单击"设计"选项卡"页面背景"组中的"水印"按钮，选择"自定义水印"命令，打开"水印"对话框。

⑥ 选中"图片水印"单选按钮，再单击"选择图片"按钮，打开"插入图片"对话框，从中选择需要的图片，返回"水印"对话框后，根据图片大小在"缩放"数值框中输入图片的缩放比例，然后取消选中"冲蚀"复选框（因为图片冲蚀处理后颜色太淡），如图5-29所示。最后单击"确定"按钮。

图 5-28　设置每页的行数和每行的字数

图 5-29　"水印"对话框设置

⑦ 将光标置于文档中任意位置，单击"设计"选项卡"页面背景"组中的"页面边框"按钮，打开"边框和底纹"对话框，在"页面边框"选项卡的"艺术型"下拉列表框中，选择喜欢的边框类型，然后单击"确定"按钮。效果如图5-30所示。

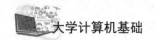

图 5-30　图片水印和页面边框效果

3. 页眉和页脚

在文档排版打印时，有时需要在每页的顶部和底部加入一些说明性信息，称为页眉和页脚。这些信息可以是文字、图形、图片、日期或时间、页码等，还可以是用来生成各种文本的"域代码"（如日期、页码等）。"域代码"与普通文本不同，它在显示和打印时会被当前的最新内容代替。例如，日期域代码是根据显示或打印时系统的时钟生成当前的日期，同样，页码也是根据文档的实际页数生成当前的页码。文字处理软件一般预设了多种页眉和页脚样式，可以直接应用于文档中。

在 Word 2016 中，设置页眉/页脚是通过单击"插入"选项卡"页眉和页脚"组中的相应按钮来完成的。

插入页眉的时候，选好样式，进入页眉编辑区，此时正文呈浅灰色，表示不可编辑。页眉内容输入完后，双击正文部分完成操作。页脚和页码的操作方法与此类似。

编辑时，双击页眉/页脚或页码，Word 2016 窗口会出现"页眉和页脚工具"选项卡，如图 5-31 所示。

图 5-31　"页眉和页脚工具"选项卡

可以根据需要插入图片、日期或时间、域（位于"插入"选项卡"文本"组"文档部件"按钮的下拉菜单中）等内容。如果要关闭页眉页脚编辑状态回到正文，直接单击"关闭页眉和页脚"组中的"关闭页眉和页脚"按钮；如果要删除页眉和页脚，先双击页眉或页脚，选定要删除的内容，按【Delete】键；或者执行"页眉""页脚"按钮下拉菜单中相应的"删除页眉""删除页脚"命令。

在文档中可自始至终使用同一个页眉或页脚，也可在文档的不同部分使用不同的页眉和页脚。例如，首页不同、奇偶页不同，这需要在"页眉和页脚工具"中"设计"选项卡"选项"组中勾选相应的复选框。如果文档被分为多个节，也可以设置节与节之间的页眉页脚互不相同。

4. 脚注和尾注

脚注和尾注用于给文档中的文本加注释。脚注对文档某处内容进行注释说明，通常位于页面底端；尾注用于说明引用文献的来源，一般位于文档末尾。在同一个文档中可以同时包括脚注和尾注，但一般在"页面视图"方式下可见。

脚注和尾注由两部分组成：注释引用标记和与其对应的注释文本。对于注释引用标记，文字处理软件可以自动为标记编号，还可以创建自定义标记。添加、删除或移动了自动编号的注释时，将对注释引用标记重新编号。注释可以使用任意长度的文本，可以像处理其他文本一样设置文本格式，还可以自定义注释分隔符，即用来分隔文档正文和注释文本的线条。

在 Word 2016 中，设置脚注和尾注是通过单击"引用"选项卡"脚注"组中相应按钮或单击"脚注"组右下角的对话框启动器按钮 ，在打开的"脚注和尾注"对话框中进行的，如图 5-32 所示。

要删除脚注和尾注，只要定位在脚注和尾注引用标记前，按【Delete】键，则引用标记和注释文本同时被删除。

图 5-32　"脚注和尾注"对话框

【例5-7】为例5-6文档设置页眉，内容为"散文"，选择喜欢的样式插入页码，并为"渲染"添加脚注：脚注引用标记是①，脚注注释文本是"用水墨或淡的色彩涂抹画面"；为文档添加尾注：尾注引用标记是 ♥，尾注注释文本是"散文欣赏"，效果如图 5-33 所示。

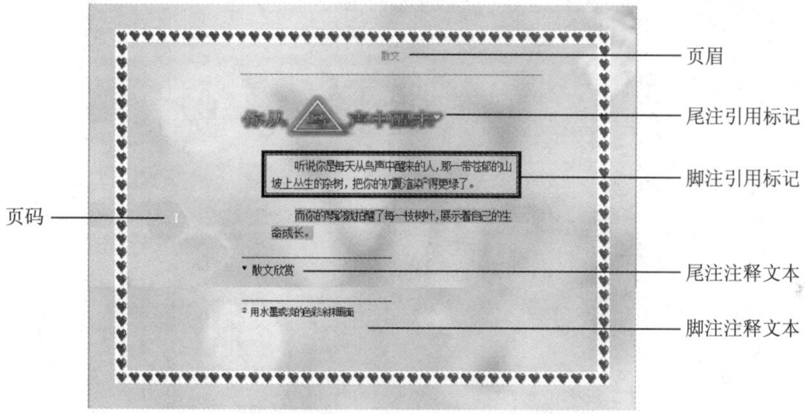

图 5-33　添加页眉页码、脚注尾注效果

在 Word 2016 中，操作步骤如下：

① 打开文档，单击"插入"选项卡"页眉和页脚"组"页眉"的下拉按钮，在展开的页眉库中选择"空白"样式，在页眉编辑区输入文字"散文"。

② 单击"页眉和页脚工具"中"设计"选项卡"页眉和页脚"组中"页码"的下拉按钮，在下拉菜单中指向"页边距"，在"带有多种形状"区中选择"圆（左侧）"，最后双击正文或单击"关闭"组的"关闭页眉和页脚"按钮返回。

③ 将光标定位在"渲染"后面，单击"引用"选项卡"脚注"组中右下角的对话框启动器按钮 ，打开"脚注和尾注"对话框，选中"脚注"单选按钮，选择需要的编号格式"①，②，③……"（见图5-32），再单击"插入"按钮，进入脚注区，输入脚注注释文本"用水墨或淡的色彩涂抹画面"。

④ 将光标定位在标题"你从鸟声中醒来"的最后，单击"引用"选项卡"脚注"组中右下角的对话框启动器按钮 ，打开"脚注和尾注"对话框，选中"尾注"单选按钮，单击"自定义标记"旁边的"符号"按钮，在出现的对话框中选择"♥"，再单击"插入"按钮，进入尾注区，输入尾注注释文本"散文欣赏"，在尾注区外单击结束输入。

135

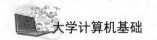

5. 特殊格式设置

① 分栏：版面编排一般有通栏和分栏之分。分栏是指将一页纸的版面分为几栏，使得页面更生动和更具可读性，这种排版方式在报纸、杂志中经常用到。文字处理软件提供了相应的分栏排版命令。

在 Word 2016 中，分栏排版是通过"布局"选项卡"页面设置"组中的"分栏"下拉按钮来操作的。如果分栏较复杂，需要在其下拉菜单中选择"更多栏"命令，打开"栏"对话框，如图 5-34 所示。该对话框的"预设"组用于设置分栏方式，可以等宽地将版面分成两栏、三栏；如果栏宽不等的话，则只能分成两栏；也可以选择分栏时设置各栏之间是否带"分隔线"。此外，用户还可以自定义分栏形式，按需要设置"栏数""宽度""间距"。

如果要对文档进行多种分栏，只要分别选择需要分栏的段落，执行分栏操作即可。多种分栏并存时，系统会自动在栏与栏之间增加双虚线的"分节符"（草稿视图下可见）。

分栏排版不满一页时，会出现分栏长度不一致的情况，采用等长栏排版可使栏长一致。具体操作如下：首先将光标移到分栏文本的结尾处，然后单击"布局"选项卡"页面设置"组"分隔符"的下拉按钮，在下拉列表"分节符"区中选择"连续"命令。

若要取消分栏，只要选择已分栏的段落，改为一栏即可。

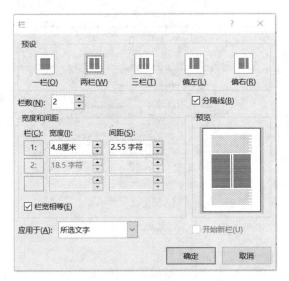

图 5-34 "栏"对话框

注意：分栏操作只有在页面视图状态下才能看到效果；当分栏的段落是文档的最后一段时，为使分栏有效，必须在分栏前，在文档最后添加一个空段落（按【Enter】键产生）。

② 首字下沉：首字下沉是将选定段落的第一个字放大数倍，以引导阅读。它也是报纸、杂志中常用的排版方式。文字处理软件提供了相应的首字下沉排版功能。

在 Word 2016 中，建立首字下沉的方法如下：选中段落或将光标定位于需要首字下沉的段落中，单击"插入"选项卡"文本"组中的"首字下沉"按钮，选择需要的方式。其中的"首字下沉选项"命令，将打开"首字下沉"对话框，如图 5-35 所示，不仅可以选择"下沉"或"悬挂"位置，还可以设置字体、下沉行数及与正文的距离。

若要取消首字下沉，只要选定已首字下沉的段落，改为"无"即可。

【例 5-8】将例 5-7 文档中正文第 2 段分为等宽两栏，栏宽为 4.8 厘米，栏间加分隔线；并设置首字下沉，字体为隶书，下沉行数为 2，距正文 0.3 厘米。

在Word 2016中，操作步骤如下：

① 因文档正文第2段是最后一段，将光标置于正文第2段后，按【Enter】键，产生一个空段落，以使分栏有效。

② 选定正文第2段，单击"布局"选项卡"页面设置"组"分栏"的下拉按钮，在下拉菜单中选择"更多栏"命令，打开"栏"对话框，在"预设"组中选择"两栏"，宽度设为"4.8厘米"，选中"分隔线"复选框，其设置见图5-34，然后单击"确定"按钮。

③ 单击"插入"选项卡"文本"组"首字下沉"的下拉按钮，在下拉菜单中选择"首字下沉选项"命令，打开"首字下沉"对话框进行操作，其设置如图5-35所示，然后单击"确定"按钮。设置效果如图5-36所示。

注意：Word 2016页面排版中插入脚注和分栏是有冲突的，分栏正文会跳至下页。解决办法是：选择"文件"→"选项"命令，在"Word选项"对话框中选择"高级"选项卡，单击最后的"版式选项"按钮，选中"按Word 6.X/95/97的方式安排脚注"复选框。

拓展阅读
首字下沉

图 5-35　"首字下沉"对话框

图 5-36　分栏、首字下沉效果

③ 文档竖排：通常情况下，文档都是从左至右横排的，但是有时需要特殊效果，如古文、古诗的排版需要文档竖排。文字处理软件提供了"文字方向"功能，使文字可以朝软件预设的方向排列，如"垂直""将所有文字旋转90°""将所有文字旋转270°""将中文字符旋转270°"等。

在Word 2016中，这通过单击"布局"选项卡"页面设置"组"文字方向"的下拉按钮，在下拉列表中选择需要的竖排样式来实现。文档竖排效果如图5-37所示。

图 5-37　文档竖排效果

注意：如果把一篇文档中的部分文字进行文档竖排，竖排文字会单独占一页进行显示。如果想在一页上既出现横排文字，又出现竖排文字，则需要利用到后面介绍的竖排文本框来处理。

5.3　制作表格

作为文字处理软件，表格功能是必不可少的。文档中经常需要使用表格来组织文档中有规律的文字和数字，有时还需要利用表格将文字段落并行排列（如履历表）。表格具有分类清晰、简明直观的优点。文字处理软件提供的表格处理功能可以方便地处理各种表格，特别适用于简

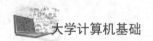
单表格（如课程表、作息时间安排表、成绩表等）；如果要制作较大型、复杂的表格（如年度销售报表），或是要对表格中的数据进行大量、复杂的计算和分析时，电子表格处理软件则是更好的选择。

表格主要有3种类型：规则表格、不规则表格、文本转换成的表格，如图5-38所示。表格由若干行和若干列组成，行列的交叉处称为单元格。单元格内可以输入字符、图形，或插入另一个表格。

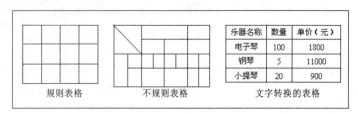

图 5-38　表格的 3 种类型

5.3.1　创建表格

1. 建立表格

文字处理软件提供了多种途径来建立精美别致的表格。

（1）建立规则表格

在 Word 2016 中，建立规则表格有2种方法：

① 单击"插入"选项卡"表格"组中的"表格"按钮，在下拉列表中的虚拟表格里移动鼠标指针，经过需要插入的表格行列，如图5-39所示，确定后单击，即可创建一个规则表格。

② 单击"插入"选项卡"表格"组中的"表格"按钮，在下拉菜单中选择"插入表格"命令，出现图5-40所示的"插入表格"对话框，选择或直接输入所需的列数和行数然后单击"确定"按钮。

● 拓展阅读

插入表格

● 拓展阅读

表格线设置

图 5-39　"插入表格"按钮

图 5-40　"插入表格"对话框

（2）建立不规则表格

在 Word 2016中，单击"插入"选项卡"表格"组中的"表格"按钮，在下拉菜单中选择"绘制表格"命令。此时，指针呈铅笔状，可直接绘制表格外框、行列线和斜线（在线段的起点单击并拖动至终点释放），表格绘制完成后再单击"表格工具"中"布局"选项卡中的"绘制表格"按钮 ，取消选定状态。在绘制过程中，可以根据需要选择表格线的线型、宽度和颜色等。对多余的线段可利用"橡皮擦"按钮 ，用指针沿表格线拖动或单击即可。

（3）将文本转换成表格

按规律分隔的文本可以转换成表格，文本的分隔符可以是空格、制表符、逗号或其他符号等。文字处理软件提供了文本转换成表格的功能。在 Word 2016 中，要将文本转换成表格，先选定文本，单击"插入"选项卡"表格"组中的"表格"下拉按钮，在下拉菜单中选择"文本转换成表格"命令即可。

拓展阅读

表格与文本的转换

注意：文本分隔符不能是中文或全角状态的符号，否则转换不成功。

创建表格时，有时需要绘制斜线表头，即将表格中第 1 行第 1 个单元格用斜线分成几部分，每一部分对应于表格中行列的内容。对于表格中的斜线表头，可以利用"插入"选项卡"插图"组"形状"按钮下拉列表"线条"区中的直线和"基本形状"区中的"文本框"共同绘制完成。

2. 输入表格内容

表格建好后，可以在表格的任意单元格中定位光标并输入文字，也可以插入图片、图形、图表等内容。

在单元格中输入和编辑文字的操作与文档的其他文本段落一样。单元格的边界作为文档的边界，当输入内容达到单元格的右边界时，文本自动换行，行高也将自动调整。

输入时，按【Tab】键使光标往后一个单元格移动，按【Shift+Tab】组合键使光标往前一个单元格移动，也可以将鼠标指针直接指向所需的单元格后单击。

要设置表格单元格中文字的对齐方式，在 Word 2016 中，可选定文字，右击，在弹出的快捷菜单中选择"表格属性"命令，在打开的"表格属性"对话框中选择"表格"选项卡进行操作，如图 5-41 所示。其他设置如字体、缩进等与前面介绍的文档排版操作方法相同。

【例 5-9】创建一个带斜线表头的表格，如图 5-42 所示。表格中文字对齐方式为水平居中对齐（即水平和垂直方向上都是居中对齐方式）。

在 Word 2016 中，操作步骤如下：

① 新建一个文档，单击"插入"选项卡"表格"组中的"表格"按钮，在下拉列表中的虚拟表格里移动光标，经过 4 行 4 列时，单击。在表格中任意一个单元格中单击，将鼠标指针移至表格右下角的符号"□"，当鼠标指针变成箭头时，可适当调整表格大小。

图 5-41　垂直对齐方式设置

② 在第 1 个单元格中单击，单击"插入"选项卡"插图"组"形状"按钮，在"线条"区单击直线图标，在第一个单元格左上角顶点按住鼠标左键拖动至右下角顶点，绘制出表头斜线；然后单击"基本形状"区的"文本框"按钮，在单元格的适当位置绘制一个文本框，输入"科"字，然后选中文本框，右击，在弹出的快捷菜单中选择"设置形状格式"命令，打开"设置形状格式"窗格，在"填充"与"线条"区中分别选中"无填充"和"无线条"单选按钮，如图 5-43 所示。同样的方法制作出斜线表头中的"目""姓""名"等字。

拓展阅读

单元格和表格的对齐方式

③ 在表格其他单元格中输入相应内容，然后选定整个表格中的文字，右击，在弹出的快捷菜单中选择"表格属性"命令，然后在"表格属性"对话框中进行选择（见图 5-41）。

图 5-42 带斜线表头的表格

图 5-43 绘制斜线表头中文本框的处理

5.3.2 编辑表格

表格的编辑操作同样遵守"先选定、后执行"的原则,文字处理软件选定表格的操作如表5-2所示。

表 5-2 选定表格

选 取 范 围	菜单操作 ("表"组中"选择"按钮下拉菜单中的命令)	鼠 标 操 作
一个单元格	选择单元格	鼠标指针指向单元格内左下角处,指针呈右上角方向黑色实心箭头,单击
一行	选择行	鼠标指针指向该行左端边沿处(即选定区),单击
一列	选择列	鼠标指针指向该列顶端边沿处,指针呈向下黑色实心箭头,单击
整个表格	选择表格	单击表格左上角的符号⊞

表格的编辑包括:缩放表格;调整行高和列宽;增加或删除行、列和单元格;表格计算和排序;拆分和合并表格、单元格;表格复制和删除;表格跨页操作等。文字处理软件提供了丰富的表格编辑功能。

在 Word 2016中,这主要是通过"表格工具"中"布局"选项卡中的相应按钮(见图5-44)或右键快捷菜单中的相应命令来完成的。

图 5-44 "表格工具"中"布局"选项卡中的按钮

1. 缩放表格

当鼠标指针位于表格中时,在表格的右下角会出现符号"□",称为句柄。当鼠标指针位于句柄上，变成箭头时，拖动句柄可以缩放表格。

2. 调整行高和列宽

根据不同情况有3种调整方法：

① 局部调整：可以采用拖动标尺或表格线的方法。

② 精确调整：在Word 2016中，选定表格，在"表格工具"中"布局"选项卡"单元格大小"组中的"高度"和"宽度"数值框中设置具体的行高和列宽；或单击"表"组中的"属性"按钮；或在右键快捷菜单中选择"表格属性"命令，打开"表格属性"对话框，在"行"和"列"选项卡中进行相应设置。

③ 自动调整列宽和均匀分布：选定表格，单击"表格工具"中"布局"选项卡"单元格大小"组中"自动调整"的下拉按钮，在下拉菜单中选择相应的调整方式。或在右键快捷菜单中选择"自动调整"中的相应命令。

3. 增加或删除行、列和单元格

增加或删除行、列和单元格可利用"表格工具"中"布局"选项卡"行和列"组中的相应按钮或在右键快捷菜单中选择相应命令。如果选定的是多行或多列，那么增加或删除的也是多行或多列。

【例5-10】对例5-9中的表格设置行高为2厘米，列宽为3厘米；在表格的底部添加一行并输入"平均分"，在表格的最右边添加一列并输入"总分"。

在Word 2016中，操作步骤如下：

① 选定整个表格。

② 单击定位在"表格工具"中"布局"选项卡"单元格大小"组中的"高度"数值框中，调整至"2厘米"或者直接输入"2厘米"，同样，在"宽度"数值框中设置"3厘米"，按【Enter】键，并适当调整一下斜线表头大小和位置。

③ 选中最后1行，单击"表格工具"中"布局"选项卡"行和列"组中的"在下方插入"按钮（或者将光标置于最后一个单元格按【Tab】键，或者将光标置于最后一行段落标记前按【Enter】键），然后在新插入行的第1个单元格中输入"平均分"。

④ 选中最后1列，单击"表格工具"中"布局"选项卡"行和列"组中的"在右侧插入"按钮，然后在新插入列的第1个单元格中输入"总分"。设置新增加的行和列的单元格文字对齐方式为水平居中对齐。

4. 表格计算和排序

① 表格计算。在表格中可以完成一些简单的计算，如求和、求平均值、统计等。这可以通过文字处理软件提供的函数快速实现。这些函数包括求和（SUM）、平均值（AVERAGE）、最大值（MAX）、最小值（MIN）、条件统计（IF）等。但是，与电子表格处理软件相比，文字处理软件的表格计算自动化能力差，当不同单元格进行同种功能的统计时，必须重复编辑公式或调用函数，效率低。最大的问题是，当单元格的内容发生变化时，结果不能自动重新计算。

在Word 2016中，表格计算是通过"表格工具"中"布局"选项卡"数据"组中的"公式"按钮来使用函数或直接输入计算公式完成的。在计算过程中，经常要用到表格的单元格地址，它用字母后面跟数字的方式来表示，其中字母表示单元格所在列号，每一列号依次用字母A、B、C……表示，数字表示行号，每一行号依次用数字1、2、3……表示，如B3表示第2列第3行的单元格。作为函数自变量的单元格表示方法如表5-3所示。

表 5-3　单元格表示方法

函数自变量	含　义
LEFT	左边所有单元格
ABOVE	上边所有单元格
单元格1:单元格2	从单元格1到单元格2矩形区域内的所有单元格。例如，A1:B2表示A1,B1,A2,B2共4个单元格中的数据参与计算
单元格1,单元格2,…	计算所有列出来的单元格1，单元格2，…的数据

注意：其中的"："和"，"必须是英文的标点符号，否则会导致计算错误。

② 表格排序。除计算外，文字处理软件还可以根据数值、笔画、拼音、日期等方式对表格数据按升序或降序排列，同时，允许选择多列进行排序，即当选择的第一列（称为主关键字）内容有多个相同的值时，可根据另一列（称为次要关键字）排序，依此类推，最多可选择3个关键字进行排序。

拓展阅读

求和与求平均

【例5-11】对例5-10中的表格计算每位学生的"总分"及每门课程的"平均分"（要求平均分保留2位小数），并对表格进行排序（不包括"平均分"行）。首先按总分降序排列，如果总分相同，再按语文成绩降序排列。结果如图5-45所示。

在Word 2016中，操作步骤如下：

① 计算总分。计算总分即求和，选择的函数是SUM。单击存放第1位学生总分的单元格，单击"表格工具"中"布局"选项卡"数据"组中的"公式"按钮 fx，出现"公式"对话框，如图5-46所示。此时，Word自动给出的公式是正确的，可以直接单击"确定"按钮；继续单击用于存放第2位学生总分的单元格，重复相同的步骤。但这次Word自动提供的公式"＝SUM(ABOVE)"是错误的，需要将括号中的内容进行更改，最简单的方法是用"LEFT"替换"ABOVE"，也可以选择用"B3,C3,D3"或"B3:D3"（注意其中的标点符号必须是英文的）替换"ABOVE"，还可以不使用SUM函数，直接在公式框中输入"＝B3+C3+D3"，公式框中的字母大小写均可；用同样的方法计算出第3位学生的总分。

科目\姓名	语文	数学	英语	总分
王立	79	81	72	232
张军	78	87	67	232
李凡	64	73	65	202
平均分	73.67	83.00	68.00	224.67

图 5-45　表格计算和排序结果

图 5-46　计算总分

② 计算平均分。计算平均分与总分类似，选择的函数是"AVERAGE"。单击存放"语文"平均分的单元格，单击"表格工具"中"布局"选项卡"数据"组中的"公式"按钮 fx，在"公式"对话框中保留"＝"号，删除其他内容。然后单击"编号格式"下拉按钮，在下拉列表框中选择"0.00"（小数点后有几个0就是保留几位小数），再单击"粘贴函数"下拉列表框，在其中选择"AVERAGE"，光标自动定位在公式框中的括号内，输入"ABOVE"，如图5-47所示。也可以在括号内输入"B2,B3,B4"或"B2:B4"，或者在公式框中输入"＝(B2+B3+B4)/3"，最后单击"确定"按钮。第一个保留两位小数的平均分就算好了。用同样的方法计算出"数学"和"英语"的平均分。

③ 表格排序。选定表格前4行，单击"表格工具"中"布局"选项卡"数据"组中的"排序"按钮。在排序对话框中选择"主要关键字"和"次要关键字"以及相应的排序方式，如图5-48所示。

图 5-47　计算平均分　　　　　　　　　图 5-48　设置"排序"对话框

5. 拆分和合并表格、单元格

在文字处理过程中，有时需要将一个表格拆分为两个表格，或者需要将单元格拆分、合并的情况。在 Word 2016 中，拆分表格的操作方法是，首先将指针移到表格将要拆分的位置，即第 2 个表格的第 1 行，然后单击"表格工具"中"布局"选项卡"合并"组中的"拆分表格"按钮 ，此时在两个表格中产生一个空行。删除这个空行，两个表格又合并成为一个表格。

拆分单元格是指将一个单元格分为多个单元格，合并单元格则恰恰相反。在 Word 2016 中，拆分和合并单元格可以利用"表格工具"中"布局"选项卡"合并"组中的"拆分单元格"按钮 和"合并单元格"按钮 来完成。

6. 表格的复制和删除

表格的复制和删除主要通过文字处理软件右键快捷菜单中的"复制"和"删除单元格"命令来完成。

注意：选定表格按【Delete】或【Del】键，只能删除表格中的数据，不能删除表格。

7. 表格跨页操作

当表格很长，或表格正好处于两页的分界处，表格会被分割成两部分，即出现跨页的情况。文字处理软件提供了两种处理跨页表格的方法：

① 一种是跨页分断表格，使下页中的表格仍然保留上页表格中的标题（适于较大表格）。

② 另一种是禁止表格分页（适于较小表格），让表格处于同一页上。

在 Word 2016 中，表格跨页操作通过单击"表格工具"中"布局"选项卡"表"组中"属性"按钮，打开"表格属性"对话框，在"行"选项卡中选中"允许跨页断行"复选框来完成。跨页分断表格还可以通过单击"表格工具"中"布局"选项卡"数据"组中的"重复标题行"按钮 来实现。

5.3.3　格式化表格

1. 自动套用表格格式

文字处理软件为用户提供了各种各样的表格样式，这些样式包括表格边框、底纹、字体、颜色的设置等，使用它们可以快速格式化表格。在 Word 2016 中，这通过"表格工具"中"设计"选项卡"表格样式"组中的相应按钮来实现。

2. 边框与底纹

自定义表格外观，最常见的是为表格添加边框和底纹。使用边框和底纹可以使每个单元格或每行每列呈现出不同的风格，使表格更加清晰明了。文字处理软件提供了为表格添加边框和

拓展阅读

合并、拆分
单元格

拓展阅读

表格样式

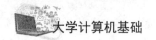

底纹的功能。

在Word 2016中，通过单击"表格工具"中"设计"选项卡"边框"组"边框"下拉按钮，在下拉菜单中选择"边框和底纹"命令，打开"边框和底纹"对话框来进行操作。其设置方法与段落的边框和底纹设置类似，只是在"应用于"下拉列表框中选择"表格"命令。

【例5-12】为例5-11中的表格设置边框和底纹：表格外框为1.5磅实单线，内框为1磅实单线；平均分这一行设置文字红色底纹。效果如图5-49所示。

在Word 2016中，操作步骤如下：

① 选定表格，单击"表格工具"中"设计"选项卡"边框"组中"边框"的下拉按钮，在下拉菜单中选择"边框和底纹"命令，在"边框和底纹"对话框中选择"边框"选项卡，在"样式"列表框中选择单实线，"宽度"下拉列表框中选择"1.5磅"，在预览区中单击示意图的4条外边框；再在"宽度"下拉列表框中选择"1磅"，在预览区中单击示意图的中心点，生成十字形的两个内框，如图5-50所示。设置边框时除单击示意图外，也可以使用其周边的按钮。

底纹设置

图 5-49　表格加边框和底纹的效果

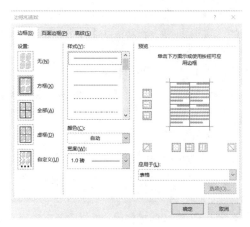

图 5-50　设置表格边框

② 选定平均分这一行，单击"表格工具"中"设计"选项卡"边框"组中"边框"的下拉按钮，在下拉菜单中选择"边框和底纹"命令，在"边框和底纹"对话框中选择"底纹"选项卡，在"填充"下拉列表框"标准色"组中选择红色，"应用于"下拉列表框中选择"文字"，然后单击"确定"按钮。

5.4　插入对象

文字处理软件不仅仅局限于对文字的处理，还能插入各种各样的媒体对象并编辑处理，使文章的可读性、艺术性和感染力大大增强。文字处理软件可以插入的对象包括各种类型的图片、图形对象（如形状、SmartArt图形、文本框、艺术字等）、公式和图表，如图5-51所示。

在Word 2016中，要在文档中插入这些对象，通常单击"插入"选项卡"插图"组中的相应按钮，"文本"组中的"文本框"按钮、"艺术字"按钮，以及"符号"组中的"公式"按钮。

如果要对插入的对象进行编辑和格式化操作，可以利用各自的右键快捷菜单及对应的工具选项卡来进行。图片对应的是"图片工具"选项卡，图形对象对应的分别是"绘图工具""SmartArt工具""公式工具""图表工具"选项卡等。选定对象，这些工具选项卡就会出现。

144

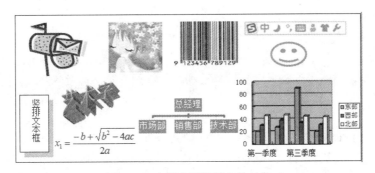

图 5-51　文档中可以插入的对象

5.4.1　插入图片

通常情况下，文档中所插入的图片主要来源于4方面：

① 从图片库或联机图片中搜索需要的图片。

② 通过扫描仪获取出版物上的图像或一些个人照片。

③ 来自于数码照相机。

④ 从网络上下载所需图片。上网搜索到所需图片后，右击图片，在弹出的快捷菜单中选择"图片另存为"命令，将图片保存到计算机硬盘上。

图片文件具体分为3类：

① 矢量图形，文件扩展名为 .wmf（Windows图元文件）或 .emf（增强型图元文件）。

② 其他图形文件，例如 .bmp（Windows位图）、.jpg（静止图像压缩标准格式）、.gif（图形交换格式）、.png（可移植网络图形）和 .tiff（标志图像文件格式）等。

③ 截取整个程序窗口或截取窗口中部分内容等。

在 Word 2016 中，要在文档中插入图片，可以通过"插入"选项卡"插图"组中的相应按钮来进行。

【例5-13】新建一个空白文档，插入一张图片、一个程序窗口图像（截取整个程序窗口）以及搜狗输入法状态条图标（截取窗口中部分内容）。

操作步骤如下：

① 插入图片文件

a. 将光标移到文档中需要放置图片的位置。

b. 单击"插入"选项卡"插图"组中的"图片"按钮，在下拉列表中选择"此设备"命令打开"插入图片"对话框，选择图片所在的位置和图片名称，单击"插入"按钮，将图片文件插入到文档中。

② 插入一个程序窗口图像（截取整个程序窗口）

a. 打开一个程序窗口，如画图程序，然后将光标移到文档中需要放置图片的位置。

b. 单击"插入"选项卡"插图"组中的"屏幕截图"按钮，在弹出的下拉列表中可以看到当前打开的程序窗口，单击需要截取画面的程序窗口即可。也可以打开程序窗口后，按【Alt+PrintScreen】组合键将其复制到剪贴板，然后粘贴至文档。

注意：如果是整个桌面图像，可以先在任务栏上右击，在弹出的快捷菜单中选择"显示桌面"命令，然后打开文档，光标定位，单击"插入"选项卡"插图"组中的"屏幕截图"按钮，在下拉列表中选择"屏幕剪辑"命令，然后截取整个屏幕。也可以显示桌面后，按【PrintScreen】键将其复制到剪贴板，然后粘贴至文档。

拓展阅读

插入图片

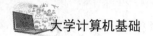
③ 插入图标

a. 显示"搜狗"输入法状态条，移到屏幕上空白区域（方便截取）。

b. 单击"插入"选项卡"插图"组中的"屏幕截图"按钮，在弹出的下拉列表中选择"屏幕剪辑"命令，然后迅速将鼠标指针移动到系统任务栏处，单击截取画面的程序图标（此处是Word程序窗口），激活该程序。等待几秒，画面就处于半透明状态，在要截图的位置处（"搜狗"输入法状态条）拖动鼠标，选中要截取的范围，然后释放鼠标完成截图操作。

插入文档中的图片，除复制、移动和删除等常规操作外，还可以调整图片的大小，裁剪图片（按比例或形状裁剪）等；可以设置图片排列方式（即文字对图片的环绕）如"嵌入型"（将图片当作文字对象处理），其他非"嵌入型"如四周型、紧密型等（将图片当作区别于文字的外部对象处理）；可以调整图片的颜色（亮度、对比度、颜色设置等）；删除图片背景使文字内容和图片互相映衬；设置图片的艺术效果（包括标记、铅笔灰度、铅笔素描、线条图、粉笔素描、画图笔画、画图刷、发光散射、虚化、浅色屏幕、水彩海绵、胶片颗粒等多种效果）、设置图片样式（样式是多种格式的总和，包括为图片添加边框、效果的相关内容等）；如果是多张图片，可以进行组合与取消组合的操作；多张图片叠放在一起时，还可以通过调整叠放次序得到最佳效果（注意，此时图片的文字环绕方式不能是"嵌入型"）。

在 Word 2016 中，这主要通过"图片工具"选项卡和右键快捷菜单中的对应命令来实现。"图片工具"选项卡如图 5-52 所示。

图 5-52 "图片工具"选项卡

图片刚插入文档时往往很大，这就需要调整图片的尺寸大小。最常用的方法是：单击图片，此时图片四周出现 8 个尺寸句柄，拖动它们可以进行图片缩放。如果是准确地改变尺寸，在 Word 2016 中，可以右击图片，在弹出的快捷菜单中选择"大小和位置"命令，打开"设置图片格式"对话框，在"大小"选项卡中操作完成，如图 5-53 所示。也可以在"图片工具"中"格式"选项卡"大小"组中进行设置。

文档插入图片后，常常会把周围的正文"挤开"，形成文字对图片的环绕。文字对图片的环绕方式主要分为 2 类：一类是将图片视为文字对象，与文档中的文字一样占有实际位置，它在文档中与上下左右文本的位置始终保持不变，如"嵌入型"，这是系统默认的文字环绕方式；另一类是将图片视为区别于文字的外部对象处理，如"四周型""紧密型""衬于文字下方""浮于文字上方""上下型""穿越型"。其中前 4 种更为常用，四周型是指文字沿图片四周呈矩形环绕；紧密型的文字环绕形状随图片形状不同而不同（如图片是圆形，则环绕形状是圆形）；衬于文字下方是指图形位于文字下方；浮于文字上方是指图形位于文字上方。这 4 种文字环绕的效果如图 5-54 所示。

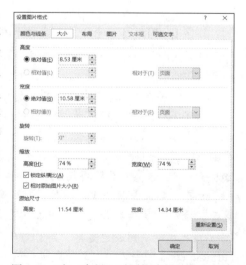

图 5-53 在"布局"对话框中设置图片大小

在 Word 2016 中，设置文字环绕方式有 2 种方法：一种方法是单击"图片工具"中"格式"选项卡"排列"组中的"环绕文字"按钮，在下拉菜单中选择需要的环绕方式；另一种方法是右击图片，在弹出的快捷菜单中选择"环绕文字"命令，如图 5-55 所示。

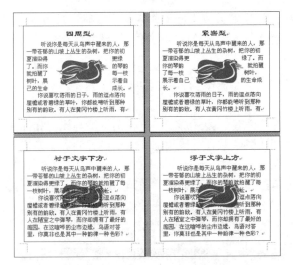

图 5-54　4 种常用的文字环绕效果　　　　　图 5-55　"自动换行"下拉菜单

注意：如果在文档中插入图片时发生图片显示不全的情况，此时，只要将文字环绕方式由"嵌入型"改为其他任何一种方式即可。

在非"嵌入型"文字环绕方式中，衬于文字下方比浮于文字上方更为常用。但图片衬于文字下方后会使字迹不清晰，可以利用图形着色效果使图形颜色淡化。如图片水印效果的设置方法是，单击"图片工具"中"格式"选项卡"调整"组中"颜色"的下拉按钮，在下拉菜单"重新着色"区中选择"冲蚀"命令，如图 5-56 所示，其效果如图 5-57 所示。

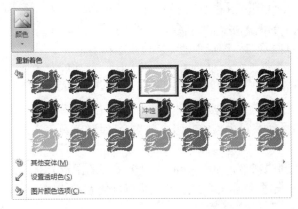

图 5-56　通过"图片工具"选项卡设置水印　　　　　图 5-57　"冲蚀"效果

插入文档中的图片有时往往由于原始图片的大小、内容等因素不能满足需要，期望能对所采用的图片进行进一步处理。文字处理软件提供了图片处理功能。例如，Word 2016 就具有去除图片背景及剪裁图片功能，用户在文档制作的同时就可以完成图片处理工作。具体操作步骤如下：选中图片，单击"图片工具"中"格式"选项卡"调整"组中的"删除背景"按钮，在图片上调整选择区域拖动句柄，使要保留的图片内容浮现出来；调整完成后，在"背景消除"选项卡中单击"保留更改"按钮，完成图片背景消除操作；然后单击"格式"选项卡"大小"

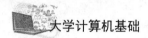

组中的"裁剪"按钮,在图片上拖动图片边框的滑块,调整到适当的图片大小,把不需要的空白区域裁剪掉。

5.4.2 插入图形对象

单纯的文字令人难以记忆,如果能够将文档中的某些理念以图形方式呈现出来,可以大大促进阅读者的理解,给其留下深刻的印象。文字处理软件提供了图形对象的制作功能。

图形对象包括形状、SmartArt图形、艺术字等。

1. 形状

形状包括线条、矩形、基本形状、箭头总汇、公式形状、流程图、星与旗帜和标注等多种类型,每种类型又包含若干图形样式。插入的形状还可以添加文字,设置阴影、发光、三维旋转等各种特殊效果。

在Word 2016中,插入形状是通过单击"插入"选项卡"插图"组中的"形状"按钮 来完成的。在形状库中单击需要的图标,然后用鼠标在文本区拖动从而形成所需要的图形。需要编辑和格式化时,选中形状,在"绘图工具"选项卡(见图5-58)或右键快捷菜单中操作。

图5-58 "绘图工具"选项卡

形状最常用的编辑和格式化操作包括:缩放、旋转、添加文字、组合与取消组合、叠放次序、设置形状格式等。

① 缩放和旋转。单击图形,在图形四周会出现8个白色点和一个旋转箭头,拖动白色点可以进行图形缩放,拖动旋转箭头可以进行图形旋转。

② 添加文字。在需要添加文字的图形上右击,在弹出的快捷菜单中选择"添加文字"命令。这时光标就出现在选定的图形中,输入需要添加的文字内容。这些输入的文字会变成图形的一部分,当移动图形时,图形中的文字也跟随移动。

③ 组合与取消组合。画出的多个图形如果要构成一个整体,以便同时编辑和移动,可以用先按住【Shift】键,再分别单击其他图形的方法来选定所有图形,然后移动鼠标至指针呈十字形箭头状时右击,在弹出的快捷菜单中选择"组合"命令。若要取消组合,右击图形,在弹出的快捷菜单中指向"组合",在其级联菜单中选择"取消组合"命令。

④ 叠放次序。当在文档中绘制多个重叠的图形时,每个重叠的图形有叠放的次序,这个次序与绘制的顺序相同,最先绘制的在最下面。可以利用右键快捷菜单中的"置于顶层""置于底层"命令改变图形的叠放次序。

⑤ 设置形状格式。右击图形,在弹出的快捷菜单中选择"设置形状格式"命令,打开"设置形状格式"窗格,在其中完成操作。

【例5-14】绘制一个如图5-59所示的流程图,要求流程图各个部分组合为一个整体。

```
开始 → 输入数据 → 处理数据 → 输出数据 → 结束
```

图5-59 流程图

在 Word 2016 中，操作步骤如下：

① 新建一个空白文档，单击"插入"选项卡"插图"组中的"形状"下拉按钮，在形状库中选择流程图中的相应图形。第 1 个是"矩形"区的圆角矩形，画到文档中合适位置，并适当调整大小。右击图形，在弹出的快捷菜单中选择"添加文字"命令，在图形中输入文字"开始"。

② 然后单击"线条"区的单向箭头按钮 ↘，画出向右的箭头。

③ 重复第①步和第②步，继续插入其他形状直至完成。

④ 按住【Shift】键，依次单击所有图形，全部选中后，在图形中间右击，在弹出的快捷菜单中选择"组合"命令，将多个图形组合在一起。

注意：基本形状中包括横排文本框和竖排文本框。使用它们可以方便地将文字放置到文档中的任意位置。做无边框的文本框时，右击文本框，在弹出的快捷菜单中选择"设置形状格式"命令，在"设置形状格式"窗格"填充"选项卡和"线条"选项卡中分别选中"无填充"和"无线条"单选按钮即可。在文本框中输入文字，若文本框中部分文字不可见时，可以调大文本框使文字显示。

拓展阅读 形状填充

拓展阅读 插入文本框

拓展阅读 文本框垂直对齐方式

拓展阅读 文本框文字方向

2. SmartArt 图形

SmartArt 图形是文字处理软件中预设的形状、文字以及样式的集合，包括列表、流程、循环、层次结构、关系、矩阵、棱锥图和图片等多种类型，每种类型下又有多个图形样式，用户可以根据文档的内容选择需要的样式，然后对图形的内容和效果进行编辑。

【例5-15】组织结构图是由一系列图框和连线来表示组织机构和层次关系的图形。绘制一个组织结构图，如图 5-60 所示。

在 Word 2016 中，操作步骤如下：

① 新建一个空白文档，单击"插入"选项卡"插图"组中的"SmartArt"按钮，打开"选择 SmartArt 图形"对话框，在"层次结构"选项卡中选择"半圆组织结构图"，如图 5-61 所示。

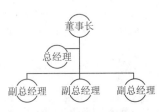

图 5-60　组织结构图

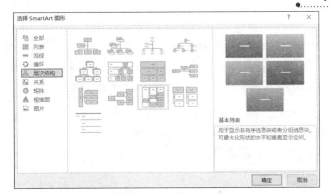

图 5-61　"选择 SmartArt 图形"对话框

② 单击各个"文本框"，从上至下依次输入"董事长""总经理""副总经理"。

③ 单击文档中其他任意位置，组织结构图完成。插入 SmartArt 图形后，可以利用其"SmartArt工具"选项卡完成设计和格式的编辑操作。

3. 艺术字

艺术字是以普通文字为基础，通过添加阴影、改变文字的大小和颜色、把文字变成多种预

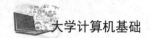
定义的形状等来突出和美化文字的。它的使用会使文档产生艺术美的效果，常用来创建旗帜鲜明的标志或标题。

在 Word 2016 中，插入艺术字可以通过"插入"选项卡"文本"组中的"艺术字"按钮来实现。生成艺术字后，会出现"绘图工具"中"格式"选项卡，在其中的"艺术字样式"组中进行操作，如改变艺术字样式、增加艺术字效果等。如果要删除艺术字，只要选中艺术字，按【Delete】键即可。

图 5-62 艺术字效果

【例 5-16】制作效果如图 5-62 所示的艺术字"淡泊以明志，宁静而致远"。

在 Word 2016 中，操作步骤如下：

① 单击"插入"选项卡"文本"组中的"艺术字"按钮，在展开的艺术字样式库中选择"填充：金色，主题色 4；软棱台"（第 1 行第 5 列），输入文字"淡泊以明志，宁静而致远"。

② 单击"绘图工具"中的"格式"选项卡，在"艺术字样式"组中单击"文本效果" <img> 下拉按钮；在下拉列表中指向"发光"，在其级联菜单"发光变体"区中单击"发光：18 磅；绿色，主题色 6"按钮（第 4 行第 6 列），继续在"艺术字样式"组中单击"文本效果" <img> 下拉按钮，在下拉列表中指向"转换"，在其级联菜单"弯曲"区中单击"波形上"按钮（第 5 行第 2 列）。

5.4.3 创建公式

在编写论文或一些学术著作时，经常需要处理数学公式，利用文字处理软件提供的公式编辑器，可以方便地制作具有专业水准的数学公式。产生的数学公式可以像图形一样进行编辑操作。

在 Word 2016 中，要创建数学公式，可单击"插入"选项卡"符号"组"公式" π 的下拉按钮，在下拉列表中选择预定义好的公式，也可以通过"插入新公式"命令来自定义公式，此时，出现公式输入框和"公式工具"中"设计"选项卡，如图 5-63 所示，帮助完成公式的输入。

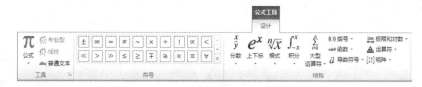

图 5-63 "公式工具"中"设计"选项卡

注意：在输入公式时，光标插入点的位置很重要，它决定了当前输入内容在公式中所处的位置。可通过在所需的位置处单击来改变光标的位置。

【例 5-17】输入公式：

$$s = \sqrt{\sum_{i=1}^{n} x_i^2 - n\overline{x^2}} + 1$$

在 Word 2016 中，操作步骤如下：

① 单击"插入"选项卡"符号"组"公式" π 的下拉按钮，在下拉菜单中选择"插入新公式"命令。

② 在公式输入框中输入"s="；单击"公式工具"中"设计"选项卡"结构"组中的"根式"按钮，在"根式"区选择 $\sqrt{\Box}$；单击根号中的虚线框，再单击"结构"组中的"大型运算

符"按钮，在"求和"区选择$\sum$，然后单击每个虚线框，依次输入相应内容："i=1""n""x"，接着选中"x"，单击"结构"组中的"上下标"按钮，在其中选择$\square_\square^\square$，单击上、下标虚线框，分别输入"2"和"i"；在x_i^2后单击，注意此时光标位置，输入"−"（应仍然位于根式中），继续输入"n"，单击"上下标"按钮，在"常用的下标和上标"区中选择x^2输入，然后选中"x^2"，再单击"标注符号"按钮，在"标注符号"区中选择$\square$；在整个表达式后单击，注意此时光标位置，输入"+"和"1"。

③ 在公式输入框外单击，结束公式输入。

5.5 高效排版

制作专业的文档除了使用常规的页面内容和美化操作外，还需要注重文档的结构以及排版方式。为了提高排版效率，文字处理软件提供了一些高效排版功能，包括样式、自动生成目录、邮件合并等。

5.5.1 样式的创建及使用

样式是一组命名的字符和段落排版格式的组合。例如，一篇文档有各级标题、正文、页眉和页脚等，它们分别有各自的字符格式和段落格式，并各以其样式名存储以便使用。

使用样式有两个好处：

① 可以轻松快捷地编排具有统一格式的段落，使文档格式严格保持一致，而且，样式便于修改，如果文档中多个段落使用了同一样式，只要修改样式，就可以修改文档中带有此样式的所有段落。

② 样式有助于长文档构造大纲和创建目录。

文字处理软件不仅预定义了很多标准样式，还允许用户根据自己的需要修改标准样式或自己新建样式。

1. 使用已有样式

在 Word 2016 中，选定需要使用样式的段落，在"开始"选项卡"样式"组"快速样式库"中选择已有的样式，如图 5-64 所示；或单击"样式"组右下角的对话框启动器按钮，打开"样式"任务窗格，在下拉列表框中根据需要选择相应的样式，如图 5-65 所示。

2. 新建样式

当文字处理软件提供的样式不能满足用户需要时，可以自己创建新样式。

在 Word 2016 中，单击"样式"任务窗格左下角的"新建样式"按钮，在"根据格式化创建新样式"对话框中进行设置。在该对话框中输入样式名称，选择样式类型、样式基准，设置该样式的格式，再选中"添加到样式库"复选框，如图 5-66 所示。在该对话框设置样式格式时，可以通过"格式"栏中相应按钮快捷设置；也可以单击"格式"按钮，在打开的菜单中选择相应的命令详细设置。新样式建立后，就可以像已有样式一样直接使用了。

图 5-64 "快速样式库"列表框

图 5-65 "样式"窗格

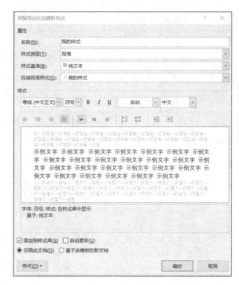

图 5-66 "根据格式化创建新样式"对话框

3. 修改和删除样式

如果对已有的段落样式和格式不满意,可以进行修改和删除。修改样式后,所有应用了该样式的文本都会随之改变。

在 Word 2016 中,修改样式的方法是:在"样式"任务窗格中,右击需要修改的样式名,在弹出的快捷菜单中选择"修改"命令,在"修改样式"对话框中设置所需的格式即可。

删除样式的方法与上面类似,不同的是应选择删除样式名命令,此时,带有此样式的所有段落自动应用"正文"样式。

5.5.2 自动生成目录

书籍或长文档编写完后,需要为其制作目录,以方便读者阅读和大概了解文档的层次结构及主要内容。文字处理软件不仅可以手动输入目录,还提供了自动生成目录的功能。

1. 创建目录

要自动生成目录,前提是将文档中的各级标题统一格式化。一般情况下,目录分为3级,可以使用相应的3级标题"标题1""标题2""标题3"样式,也可以使用其他几级标题样式或者自己创建的标题样式来格式化。在 Word 2016 中,先用"开始"选项卡"样式"组快速样式库中的标题将各级标题统一格式化,然后单击"引用"选项卡"目录"组中"目录"的下拉按钮,在下拉列表中选择"自动目录1"或"自动目录2"。如果没有需要的格式,可以选择"自定义目录"命令,打开"目录"对话框进行自定义操作,如图5-67所示。需要注意的是,Word 2016默认的目录显示级别为3级,如果需要改变设置,在"显示级别"框中利用数字微调按钮调整或直接输入相应级别的数字即可。

图 5-67 "目录"对话框

【例5-18】有下列标题文字，如图5-68所示，请为它们设置相应的标题样式并自动生成3级目录，效果如图5-69所示。

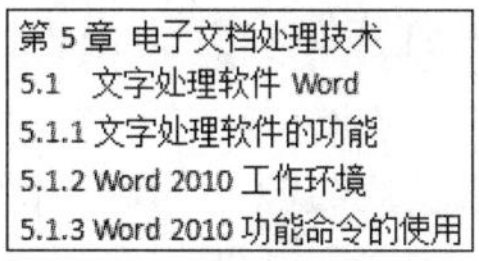

图 5-68　自动生成目录时使用的标题文字　　　　　图 5-69　自动生成目录的效果

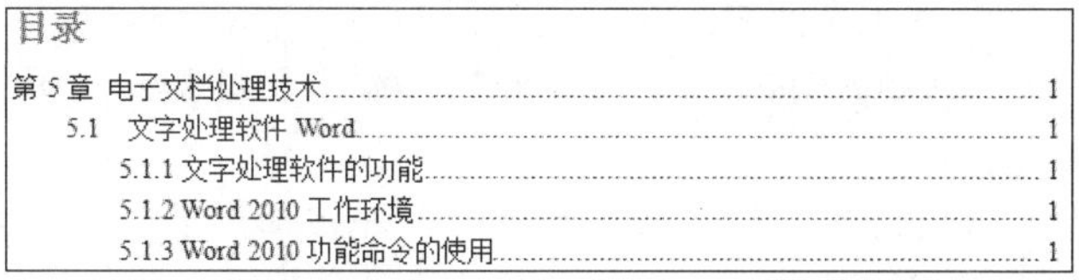

在 Word 2016 中，操作步骤如下：

① 为各级标题设置标题样式。选定标题文字"第 5 章 电子文档处理技术"，在"开始"选项卡"样式"组"快速样式库"中选择"标题1"，用同样的方法依次设置"5.1 文字处理软件 Word"为"标题2"，其他为"标题3"。

② 将光标定位到插入目录的位置，单击"引用"选项卡"目录"组中"目录"的下拉按钮，在下拉列表中选择"自动目录1"。

2. 更新目录

如果文字内容在编制目录后发生了变化，文字处理软件可以很方便地对目录进行更新。

在 Word 2016 中，操作步骤如下：

在目录中单击，目录区左上角会出现"更新目录"按钮，单击它打开"更新目录"对话框，再选择"更新整个目录"选项即可。也可以通过"引用"选项卡"目录"组中的"更新目录"按钮进行操作。

5.5.3　邮件合并

在实际工作中，经常要处理大量日常报表和信件，如打印信封、工资条、成绩单、录取通知书，发送信函、邀请函给客户和合作伙伴等。这些报表和信件的主要内容基本相同，只是数据有变化，如图5-70所示的邀请函。为了减少重复工作，提高效率，可以使用文字处理软件提供的邮件合并功能。

图 5-70　邀请函

邮件合并就是将两个相关文件的内容合并在一起，用于解决批量分发文件或邮寄相似内容信件时的大量重复性问题。邮件合并是在两个电子文档之间进行的。一个是"主文档"，它包括报表或信件共有的文字和图形内容；另一个是数据源，它包括需要变化的信息，多为通信资料，以表格形式存储，一行（又称一条记录）为一个完整的信息，一列对应一个信息类别，即数据域（如姓名、地址等），第一行为域名记录。在"数据源"文档中只允许包含一个表格，表格的第一行必须用于存放标题，可以在合并文档时仅使用表格的部分数据域，但不允许包含表格之外的其他任何文字和对象。

邮件合并主要包含以下几个步骤：

① 创建主文档，输入内容不变的共有文本。

② 创建或打开数据源，存放可变的数据。数据源是邮件合并所需使用的各类数据记录的总

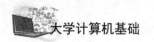

称，可以是多种格式的文件，如 Word、Excel、Access、Microsoft Outlook 联系人列表，HTML 文件等。

③ 在主文档中所需要的位置插入合并域名称。

④ 执行邮件合并操作，将数据源中的可变数据和主文档的共有文本合并，生成一个合并文档。

准备好主文档和数据源后可以开始邮件合并。文字处理软件通常提供"邮件合并向导"功能，它能帮助用户一步步地了解整个邮件合并的使用过程，并高效、顺利地完成邮件合并任务。

【例5-19】使用邮件合并技术制作邀请函（见图5-70）。

在 Word 2016 中，操作步骤如下：

① 先创建好"邀请函"主文档，如图5-71所示。

> 邀请函
>
> 老师，您好：
>
> 我协会于 2013 年 12 月 30 日—2014 年 1 月 1 日，在海南三亚市举办关于教师嵌入式&物联网培训的研讨会，诚邀您莅临！
>
> 全国高校骨干教师研讨交流协会

图 5-71　"邀请函"主文档

② 创建好数据源文件，如图5-72所示。

省份	学校	姓名	性别	电子邮箱	通信地址	邮编
广东	广东药学院	滕燕	女	tenyan@gdpu.edu.cn	广东大学城广东药学信息工程系	510006
江苏	南京师范大学	张波	男	zhangbo@njnu.edu.cn	江苏省南京市南京师范大学计算机学院	210097
福建	莆田学院	周平	男	zhouping3@sina.com	福建省莆田学院电子信息工程系	351100
北京	北京服装学院	刘刚	男	liugang@163.com	北京朝阳区樱花路路	100029
山西	运城学院	王丽	女	wangli@126.com	山西省运城市河东东街 333 号	044000

图 5-72　数据源文件（邀请人信息）

③ 打开邀请函主文档，单击"邮件"选项卡"开始邮件合并"组"开始邮件合并"的下拉按钮，在下拉菜单中选择"邮件合并分步向导"命令，打开"邮件合并"任务窗格，如图5-73所示。

④ 在第1步（总共6步）"选择文档类型"栏中，选择一个希望创建的输出文档类型，本例选中"信函"单选按钮，单击"下一步：开始文档"命令。

⑤ 在第2步"选择开始文档"栏中，选择邮件合并的主文档，本例选中"使用当前文档"单选按钮，单击"下一步：选择收件人"命令。

⑥ 在第3步"选择收件人"栏中，选中"使用现有列表"单选按钮，再单击"浏览"命令，打开"选取数据源"对话框，选择作为数据源的 Word 文件，单击"打开"按钮，按提示打开"邮件合并收件人"对话框。在该对话框中可以对需要合并的收件人信息进行修改。这里只需单击"确定"按钮。然后单击"下一步：撰写信函"命令。

⑦ 在第4步中，如果需要将收件人信息添加到信函中，先将鼠标指针定位在文档中的合适位置（本例是"老师"前），然后单击"地址块""问候语"等命令（本例是单击"其他项目"命令），打开"插入合

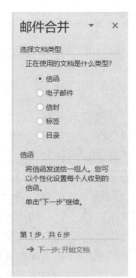

图 5-73　"邮件合并"任务窗格

并域"对话框。在"域"列表框中，选择要添加到邀请函中邀请人姓名所在位置的域，即"姓名"域，如图5-74所示，单击"插入"按钮。插入需要的域后，单击"关闭"按钮，文档中相应位置就会出现已插入的域标记。单击"下一步：预览信函"命令。

⑧ 在第5步"预览信函"栏中，单击"<<"或">>"按钮，查看不同邀请人姓名的信函。单击"下一步：完成合并"按钮。

⑨ 在第6步"合并"栏中，用户可以根据实际需要选择"打印"或"编辑单个信函"命令，本例选择"编辑单个信函"命令，打开"合并到新文档"对话框，在"合并记录"栏中，选中"全部"单选按钮，然后单击"确定"按钮。这样，Word 2016会将表格中的收件人信息自动添加到邀请函主文档中，并合并生成一个新文档，在该文档中，每一页中的邀请人信息均由数据源自动创建生成。

图 5-74　"插入合并域"对话框

5.6　修订文档

如果一篇文档需要多人协作、共同处理，审阅、跟踪文档的修订状况就变得非常重要。需要及时了解其他人更改了文档的哪些内容，以及为何要进行这些更改。

文字处理软件提供了多种方式协助用户完成文档审阅的相关操作，帮助用户快速对比、查看、合并同一文档的多个修订版本。

1. 修订文档

当用户在修订状态下修改文档时，文字处理软件将跟踪文档中所有内容的变化情况，同时会把用户在当前文档中修改、删除、插入的每一项内容标记下来。

在Word 2016中，开启文档的修订状态是通过单击"审阅"选项卡"修订"组中的"修订"按钮来实现的。用户在修订状态下直接插入的文档内容将通过颜色和下画线标记下来，删除的内容也会在右侧的页边空白处显示出来，方便其他人查看。如果多个用户对同一文档进行修订，文档将通过不同的颜色区分不同用户的修订内容。

2. 添加批注

在多人审阅文档时，如果需要对文档内容的变更情况进行解释说明，或者向文档作者询问问题，可以在文档中插入"批注"信息。"批注"与"修订"的不同之处在于，"批注"并不在原文的基础上进行修改，而是在文档页面的空白处添加相关的注释信息，并用有颜色的方框括起来。"批注"除了文本外，还可以是音频、视频信息。

在Word 2016中，添加批注信息是通过单击"审阅"选项卡"批注"组中的"新建批注"按钮，然后直接输入批注信息来完成的。若要删除批注信息，可以选择右键快捷菜单中的"删除批注"命令。

3. 审阅修订和批注

文档内容修订完成后，需要对文档的修订和批注状况进行最终审阅，并确定最终的文档版本。

在Word 2016中，接受或拒绝文档内容的每一项更改是通过单击"审阅"选项卡"更改"组中的"上一处"（或"下一处"）按钮，定位到文档中的上一处（或下一处）修订或批注，再

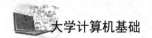

单击"更改"组中的"拒绝"或"接受"按钮来选择拒绝或接受的。对于批注信息还可以通过"批注"组中的"删除"按钮将其删除。

4. 快速比较文档

文档经过最终审阅后，可以通过对比方式查看修订前后两个文档版本的变化情况。在 Word 2016 中，提供了"精确比较"的功能。要显示两个文档的差异，操作步骤是，单击"审阅"选项卡"比较"组中的"比较"下拉按钮，在下拉菜单中选择"比较"命令，打开"比较文档"对话框，在其中通过浏览，找到原文档和修订的文档，如图 5-75 所示。单击"确定"按钮后，两个文档之间的不同之处将突出显示在"比较结果"文档的中间以供用户查看。在文档比较视图左侧的审阅窗格中，自动统计了原文档与修订文档之间的具体差异情况。

图 5-75 "比较文档"对话框

5. 标记文档的最终状态

如果文档已经确定修改完成，可以为文档标记最终状态来标记文档的最终版本。该操作将文档设置为只读，并禁用相关的内容编辑命令。

在 Word 2016 中，要标记文档的最终状态，操作步骤是，选择"文件"→"信息"命令，在"信息"选项卡中单击"保护文档"下拉按钮，在下拉菜单中选择"标记为最终"命令来完成的。

5.7 打印文档

计算机中编辑排版好的文档如果想变成书面文档，为计算机连接并添加打印机就可以将其打印输出。在打印输出前，可以对文档进行预览、进行相应内容设置，如页面布局、打印份数、纸张大小、打印方向等。这可以选择"文件"→"打印"命令，在"打印"选项卡中进行设置，如图 5-76 所示。

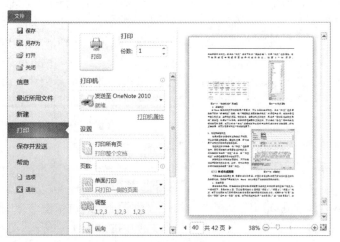

图 5-76 "打印"选项卡

5.8　综合应用实例

【例5-20】有一篇文章，内容如下：

第一章　绪论

1.1　系统开发背景

人力资源管理是一门新兴的、集管理科学、信息科学、系统科学及计算机科学为一体的综合性学科，在诸多的企业竞争要素中，人力资源已逐渐成为企业最主要的资源，现代企业的竞争也越来越直接地反映为人才战略的竞争。在此背景下，现代企业为适应快速变化的市场，需要更加灵活、快速反应的，具有决策功能的人力资源管理平台和解决方案。

1.2　研究目标和意义

开发使用人力资源管理系统可以使得人力资源管理信息化，可以给企业带来以下好处：

1）可以提高人力资源管理的效率；

2）可以优化整个人力资源业务流程；

3）可以为员工创造一个更加公平、合理的工作环境。

第二章　系统设计相关原理

2.1　技术准备

1. Hibernate

Hibernate是一个开放源代码的对象关系映射框架，它对JDBC进行了非常轻量级的对象封装，使得Java程序员可以随心所欲地使用对象编程思维来操纵数据库。

2. Struts

Struts最早是作为Apache Jakarta项目的组成部分，项目的创立者希望通过对该项目的研究，改进和提高Java Server Pages、Servlet、标签库以及面向对象的技术水准。

2.2　JSP

JSP（Java Server Pages）是由Sun公司倡导创建的一种新动态网页技术标准。

2.3　SQL Server

SQL Server是目前最流行的关系数据库管理系统之一。

第三章　系统分析

3.1　需求分析

包括任务概述、总体目标、遵循原则、运行环境、功能需求等。

3.2　可行性分析

从经济可行性、技术可行性两个方面进行分析。

第四章　系统总体设计

4.1　系统功能结构设计

人力资源管理系统由人事管理、招聘管理、培训管理、薪金管理、奖惩管理5部分组成。

4.2　数据库规划与设计

本系统采用SQL Server 2008数据库，系统数据库名为人力资源管理表，包括培训信息表、奖惩表、应聘信息表、薪金表和用户表5个数据表。其中，奖惩表（institution）结构如下表所示。

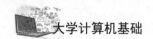

奖惩表结构

字 段 名	数据类型	长 度	是否主键	描 述
Id	int	4	是	数据库流水号
Name	varchar	2000	否	奖惩名称
Reason	varchar	50	否	奖惩原因
Explain	varchar	50	否	描述
Createtime	datetime	8	否	创建时间

第五章 系统详细设计与实现

5.1 用户登录模块

用户登录模块是用户进入主页面的入口。流程图如右图所示。

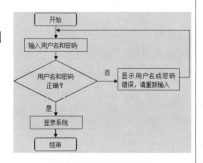

用户登录模块流程图

5.2 人员管理模块

主要包括浏览、添加、修改和删除人员信息。

5.3 招聘管理模块

主要包括应聘人员信息的详细查看、删除以及信息入库。

5.4 培训管理模块

主要包括浏览培训计划、信息删除和填写培训总结。

5.5 奖惩管理模块

主要包括浏览奖惩详细信息、修改和删除奖惩信息。

5.6 薪金管理模块

主要包括薪金信息的登记、修改、删除和查询。

为统计分析薪金，可以采用标准偏差函数，它反映了数值相对于平均值的离散程度。

第六章 总结与展望

6.1 总结

本系统由JSP为开发工具，依托于SQL Server 2008数据库实现。功能齐全，能基本满足企业对人力资源规划的需要，且操作简单，界面友好。

6.2 展望

当然，本系统也存在一定的不足之处，比如在薪金管理中，安全措施考虑的不是很周到，存在一定的风险，有待进一步完善。

【操作要求】

1. 对正文进行排版

（1）章名使用样式"标题1"，并居中；编号格式为：第X章，其中X为自动排序。

（2）小节名使用样式"标题2"，左对齐；编号格式为：多级符号，X.Y。X为章数字序号，Y为节数字序号（如1.1）。

（3）新建样式，样式名为"样式"+"1234"。其中：

①字体：中文字体为"楷体_GB2312"，西文字体为Times New Roman，字号为"小四"。

②段落：首行缩进2字符，段前0.5行，段后0.5行，行距1.5倍。

③其余格式：默认设置。

并将样式应用到正文中无编号的文字（注意：不包括章名、小节名、表文字、表和图的

题注)。

（4）对出现"1.""2."……处，进行自动编号，编号格式不变；对出现"1)""2)"……处，进行自动编号，编号格式不变。

（5）为正文文字（不包括标题）中首次出现"人力资源管理系统"的地方插入脚注，添加文字"Human Resource Management System，简称HRMS"。

（6）对正文中的表添加题注"表"，位于表上方，居中。

① 编号为"章序号"-"表在章中的序号"，（例如第1章中第1张表，题注编号为1-1）。

② 表的说明使用表上一行的文字，格式同表标号。

③ 表居中。

（7）对正文中出现"如下表所示"的"下表"，使用交叉引用，改为"如表X-Y所示"，其中"X-Y"为表题注的编号。

（8）对正文中的图添加题注"图"，位于图下方，居中。

① 编号为"章序号"-"图在章中的序号"，（例如第1章中第2幅图，题注编号为1-2）。

② 图的说明使用图下一行的文字，格式同图标号。

③ 图居中。

（9）对正文中出现"如下图所示"的"下图"，使用交叉引用，改为"如图X-Y所示"，其中"X-Y"为图题注的编号。

2. 分节处理

对正文做分节处理，每章为单独一节。

3. 生成目录和索引

在正文前按序插入节，使用"引用"中的目录功能，生成如下内容：

（1）第1节：目录。其中：

① "目录"使用样式"标题1"，并居中。

② "目录"下为目录项。

（2）第2节：表索引。其中：

① "表索引"使用样式"标题1"，并居中。

② "表索引"下为表索引项。

（3）第3节：图索引。其中：

① "图索引"使用样式"标题1"，并居中。

② "图索引"下为图索引项。

4. 添加页脚

使用域，在页脚中插入页码，居中显示。其中：

（1）正文前的节，页码采用"i,ii,iii,…"格式，页码连续，居中对齐。

（2）正文中的节，页码采用"1,2,3,…"格式，页码连续，居中对齐。

（3）更新目录、表索引和图索引。

5. 添加正文的页眉

使用域，按以下要求添加内容，居中显示。其中：

（1）对于奇数页，页眉中的文字为"章序号"+"章名"。

（2）对于偶数页，页眉中的文字为"节序号"+"节名"。

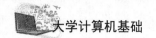

【操作提示】

1. 正文排版

操作要求（1）、（2）的操作步骤如下：

① 设置章名、小节名使用的编号。将光标置于第一章标题文字前，单击"开始"选项卡"段落"组"多级列表" 的下拉按钮，在下拉列表中选择"定义新的多级列表"命令，打开"定义新多级列表"对话框，单击左下角的"更多"按钮。

在"定义新多级列表"对话框中进行相应设置。选择级别：1，编号格式：第1章（"1"编号样式确定后，在"1"前输入"第"，在"1"后输入"章"）；在"将级别链接到样式"下拉列表框中选择"标题1"，如图5-77所示。标题1编号设置完毕。

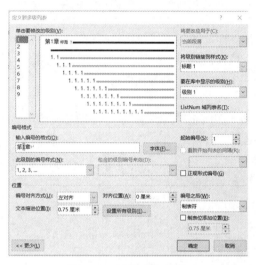

图 5-77　设置章名编号

继续在"定义新多级列表"对话框中操作，选择级别：2，编号格式：1.1，在"将级别链接到样式"下拉列表框中选择"标题2"；在"要在库中显示的级别"下拉列表框中选择"级别2"，如图5-78所示。标题2编号设置完毕。最后单击"确定"按钮。

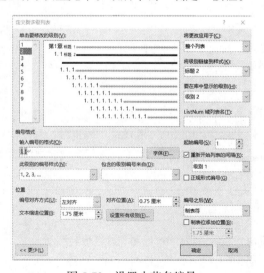

图 5-78　设置小节名编号

② 设置各章标题格式。首先选中各章标题（按【Ctrl】键+单击各章标题）；单击"开始"选项卡"样式"组快速样式中的"第1章 标题1"，再单击"段落"组中的"居中"按钮，各章标题设置完毕。（注意删除各章标题中的原有编号"第一章、第二章……"）

③ 设置各小节标题格式。首先选中各小节标题（按【Ctrl】键+单击各小节标题）；单击"开始"选项卡"样式"组快速样式中的"1.1标题2"，再单击"段落"组的"编号"按钮，直到设置成所需格式，各小节标题设置完毕。

操作要求（3）操作步骤如下：

① 新建样式。将光标置于第一段正文处，单击"开始"选项卡"样式"组右下角的对话框启动器按钮，打开"样式"任务窗格，在左下角单击"新建样式"按钮，打开"根据格式化创建新样式"对话框。

在"根据格式化创建新样式"对话框中输入样式名称：样式1234；然后单击"格式"按钮，在打开的菜单中选中"字体"命令，如图5-79所示，在打开的"字体"对话框中设置：中文字体为"楷体"，西文字体为Times New Roman，字号为"小四"；单击"确定"按钮返回。

继续单击"格式"按钮，在弹出的菜单中选中"段落"命令，在打开的"段落"对话框中设置：首行缩进2字符，段前0.5行，段后0.5行，行距1.5倍；单击"确定"按钮返回。

其余格式不要改动，在"根据格式化创建新样式"对话框中选中"自动更新"复选框，单击"确定"按钮结束。可以看到，在"样式"任务窗格及"样式"组快速样式库中均增加了一项"样式1234"。

② 样式应用。将光标依次置于各段正文中（注意：不包括章名、小节名、表文字、表和图的题注），然后单击"开始"选项卡"样式"组快速样式库中的"样式1234"，即可快速设置所有正文样式。

操作要求（4）操作步骤如下：

① 对"1.""2."……处，进行自动编号格式设置。逐次选中或将光标置于"1.""2."…处（若连续可同时选中），单击"开始"选项卡"段落"组中的"编号"按钮即可。

② 对"1)""2)"……处，进行自动编号格式设置方法同上。

操作要求（5）操作步骤如下：

① 查找正文首次出现"人力资源管理系统"的地方。将光标置于文档开始处，单击"开始"选项卡"编辑"组中的"查找"按钮，打开"导航"窗格，在文本框中输入"人力资源管理系统"后按【Enter】键，查找结果如图5-80所示。

图 5-79　"根据格式化创建新样式"对话框

图 5-80　查找结果

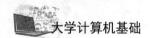

② 插入脚注。将光标置于找到的"人力资源管理系统"文字后，单击"引用"选项卡"脚注"组中的"插入脚注"按钮，光标自动跳转到插入脚注文本的当前页面底部，输入注释文字"Human Resource Management System，简称HRMS"。插入脚注的文字后会自动添加上标符号，本页底部有相应的注释文字。

操作要求（6）操作步骤如下：

题注通常是对文章中表格、图片或图形、公式或方程等对象的下方或上方添加的带编号的注释说明。生成题注编号的前提是必须将标题中的章节符号转变成自动编号。

① 插入表题注：

a. 将光标置于表的上方文字前。单击"引用"选项卡"题注"组中的"插入题注"按钮，打开"题注"对话框，如图5-81所示。

b. 单击"新建标签"按钮，打开"新建标签"对话框，在文本框中输入"表"，单击"确定"按钮返回"题注"对话框，在"选项"栏"标签"下拉列表中框中选择"表"；单击"编号"按钮，打开"题注编号"对话框，选中"包含章节号"复选框，单击"确定"按钮返回，然后单击"自动插入题注"按钮，打开"自动插入题注"对话框，选中"Microsoft Word 表格"复选框，设置"使用标签"为"表"，"位置"为"项目上方"，如图5-82所示，单击"确定"按钮。如果表格文字前没有插入题注，再次单击"引用"选项卡"题注"组中的"插入题注"按钮，在"选项"栏"标签"中选择"表"，确认题注正确后，单击"确定"按钮。

图 5-81　"题注"对话框

图 5-82　设置"自动插入题注"

② 题注和表居中。分别选中题注和表，单击"开始"选项卡"段落"组中的"居中"对齐按钮。

注意：为表格设置自动插入题注后，当再次插入或粘贴表格时，都会在表格上方自动生成表格题注编号，用户只需要输入表格的注释文字即可。当不再需要自动插入题注功能时，只需要再次打开"题注"对话框，取消选中不需要进行自动编号的对象的复选框。如果用户增删或移动了其中的某个图表，其他图表的标签也会相应自动改变。如果没有自动改变，可以选中所有文档，然后在右键菜单中选择"更新域"命令。要注意删除或移动图表时，应删除原标签。

操作要求（7）操作步骤如下：

前提：必须对该表用插入题注的方法生成表的题注编号。

准备：查找或移动到文档中第一处"如下表所示"，并选中"下表"两字。

① 单击"引用"选项卡"题注"组中的"交叉引用"按钮，打开"交叉引用"对话框。

② 在"交叉引用"对话框中，设置"引用类型"为"表"，"引用内容"为"仅标签和编号"，"引用哪一个题注"（即要连接的表题注）为"表4-1 奖惩表结构"，如图5-83所示。然后

单击"插入"按钮。此时，原来文字"如下表所示"自动变成"如表4-1所示"，即完成第一处插入。

③ 移动光标到下一处"如下表所示"，并选中"下表"两字。重复②中的操作，直到全部插入完毕，最后单击"关闭"按钮退出。

注意：当题注的交叉引用发生变化后，不会自动调整，需要用户自己"更新域"。"域"的更新方法如下：鼠标指向该"域"右击，在弹出的快捷菜单中选择"更新域"命令，即可更新域中的自动编号；若有多处，可以全选（按【Ctrl+A】组合键）后再更新；更新域也可以使用快捷键【F9】。

操作要求（8）操作步骤如下：

生成题注编号的前提是必须将标题中的章节符号转变成自动编号。

① 插入图题注：

a. 将光标置于图的下方文字前。单击"引用"选项卡"题注"组中的"插入题注"按钮，打开"题注"对话框（见图5-80）。

b. 单击"新建标签"按钮，打开"新建标签"对话框，在文本框中输入"图"，单击"确定"按钮返回"题注"对话框，在"选项"栏"标签"下拉列表框中选择"图"；单击"编号"按钮，打开"题注编号"对话框，选中"包含章节号"复选框，单击"确定"按钮返回"题注"对话框，再单击"确定"按钮。如果图文字前没有插入题注，可以再次单击"引用"选项卡"题注"组中的"插入题注"按钮，在"选项"栏"标签"中选择"图"，确认题注正确后，单击"确定"按钮。为其他图插入题注很简单，选中图后右击，在弹出的快捷菜单中选择"插入题注"命令，在打开的"题注"对话框中直接单击"确定"按钮即可。如果需要在编号后再增加一些说明文字，可以在"题注"对话框的"题注"文本框中题注编号后直接输入说明文字。

② 题注和图居中。分别选中题注和图，单击"开始"选项卡"段落"组中的"居中"对齐按钮。

操作要求（9）操作步骤如下：

前提：必须对该图用插入题注的方法生成图的题注编号。

准备：查找或移动到文档中第一处"如下图所示"，并选中"下图"两字。

① 单击"引用"选项卡"题注"组中的"交叉引用"按钮，打开"交叉引用"对话框。

② 在"交叉引用"对话框中，设置"引用类型"为"图"，"引用内容"为"仅标签和编号"，"引用哪一个题注"（即要连接的图题注）为"图5-1用户登录模块结构图"，如图5-84所示。然后单击"插入"按钮。此时，原来文字"如下图所示"自动变成"如图5-1所示"，即完成第一处插入。

图 5-83　表的交叉引用　　　　　　　　　图 5-84　图的交叉引用

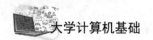

③ 移动光标到下一处"如下图所示",并选中"下图"两字。重复②中的操作,直到全部插入完毕,最后单击"关闭"按钮退出。

2. 分节处理

"节"是文档版面设计的最小有效单位,可以以节为单位设置页边距、纸型和方向、页眉和页脚、页码、脚注和尾注等多种格式类型。

Word将新建整篇文档默认为一节,划分为多节主要是通过"布局"选项卡"页面设置"组中的"分隔符"按钮来设置的,设置后在草稿视图方式下可以用删除字符的方法删除分节符。

分节符类型共有4种:下一页(新节从下一页开始)、连续(新节从同一页开始)、偶数页(新节从下一个偶数页开始)、奇数页(新节从下一个奇数页开始)。

操作步骤如下:

将光标置于文字"第2章"后(文字"系统设计相关原理"前),单击"布局"选项卡"页面设置"组中的"分隔符"按钮,在下拉列表"分节符"区中选择"下一页"命令。重复上述操作,直到每章都分节完毕为止。

3. 生成目录和索引

① 在文档最前面插入三节。单击"视图"选项卡"视图"组中的"草稿"按钮▤,进入草稿视图模式。

选中"第1章"文字,单击"布局"选项卡"页面设置"组中的"分隔符"按钮,在下拉列表"分节符"区中选择"下一页"命令。重复上述操作,再插入两个"下一页"分节符。

② 完成操作要求(1)~(3)中的①要求:

a. 单击第一个分节符(下一页),输入文字:目录,按两次【Enter】键(目的是在目录文字下产生一个空行);目录自动使用标题1样式,并居中。单击"开始"选项卡"段落"组中的"编号"按钮,取消目录前的自动编号。

b. 单击第二个分节符(下一页),输入文字:表索引,按两次【Enter】键(目的是在表索引文字下产生一个空行);单击"开始"选项卡"段落"组中的"编号"按钮,取消目录前的自动编号。表索引自动使用标题1样式,并居中。

c. 单击第三个分节符(下一页),输入文字:图索引,按两次【Enter】键(目的是在图索引文字下产生一个空行);单击"开始"选项卡"段落"组中的"编号"按钮,取消目录前的自动编号。图索引自动使用标题1样式,并居中。

③ 创建文档目录,即操作要求(1)中的②要求。将光标置于"目录"下的空行(段落标记前,显示段落标记可单击"开始"选项卡"段落"组中的"显示/隐藏编辑标记"按钮⚓),单击"引用"选项卡"目录"组中的"目录"按钮,在下拉列表中选择"自定义目录"命令,打开"目录"对话框,如图5-85所示,单击"确定"按钮。其中"显示级别"可以根据实际需要设定,这里不需要改动。

④ 创建表目录,即操作要求(2)中的②要求。将光标置于"表索引"下的空行,单击"引用"选项卡"题注"组中的"插入表目录"按钮,打开"图表目录"对话框,在"题注标签"下拉列表框中选择"表",如图5-86所示,单击"确定"按钮。

⑤ 创建图目录,即操作要求(3)中的②要求。将光标置于"图索引"下的空行,单击"引用"选项卡"题注"组中的"插入表目录"按钮,打开"图表目录"对话框,在"题注标签"下拉列表框中选择"图",如图5-87所示,单击"确定"按钮。

从创建的3种目录可以看出,自动生成的目录都带有灰色的域底纹,都是域。当标题和页号发生变化，与题注和交叉引用一样，目录可以用"更新域"的方式更新。即在生成的目录区或选中目录区右击，在弹出的快捷菜单中选择"更新域"命令，在"更新目录"对话框中选择"只更新页码"或"更新整个目录"，单击"确定"按钮就可以完成目录的修改。

图 5-85　创建文档目录

图 5-86　创建表目录

4. 添加页脚

操作要求（1）操作步骤如下：

① 在页面视图下，将光标置于第 1 节中，单击"插入"选项卡"页眉和页脚"组中的"页码"按钮，在下拉菜单中指向"页面底端"，在其级联菜单"简单"区中选择"普通数字 2"选项。接着在"页眉和页脚工具"中"设计"选项卡"页眉和页脚"组中单击"页码"按钮，在下拉菜单中选择"设置页码格式"命令，打开"页码格式"对话框，在"编号格式"下拉列表框中选择"i，ii，iii，…"命令，在"页码编号"中选中"续前节"单选按钮，如图 5-88 所示，单击"确定"按钮。

拓展阅读

插入页眉页脚及格式设置

② 单击选中第 2 节页面底端页码，在"页眉和页脚工具"中"设计"选项卡"页眉和页脚"组中单击"页码"按钮，在下拉菜单中选择"设置页码格式"命令，打开"页码格式"对话框，在"编号格式"下拉列表框中选择"i，ii，iii，…"命令，在"页码编号"中选中"续前节"单选按钮（见图 5-88），单击"确定"按钮。单击选中第 3 节页面底端页码，重复上述步骤，直到正文前各节设置完毕为止。

图 5-87　创建图目录

图 5-88　设置目录页码格式

操作要求（2）操作步骤如下：

单击选中第 4 节页面底端页码（位于第 1 章首页），在"页眉和页脚工具"中"设计"选项卡"页眉和页脚"组中单击"页码"按钮，在下拉菜单中选择"设置页码格

拓展阅读

插入页码

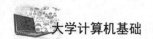
式"命令,打开"页码格式"对话框,在"编号格式"下拉列表框中选择"1,2,3,…"命令,在"页码编号"中选中"起始页码"单选按钮,如图5-89所示,单击"确定"按钮。最后在"页眉和页脚工具"中"设计"选项卡"关闭"组中单击"关闭页眉和页脚"按钮。

操作要求(3)操作步骤如下:

拖动选中"目录""图索引""表索引"各节,右击,在弹出的快捷菜单中选择"更新域"命令,相继弹出"更新目录"(见图5-90)对话框、"更新图表目录"(见图5-91)对话框,直接单击"确定"按钮。

图 5-89 "页码格式"对话框　　图 5-90 "更新目录"对话框　　图 5-91 "更新图表目录"对话框

5. 添加正文的页眉

在前面的应用中多处出现了域,比如自动添加的"章节编号和名称",题注的引用,页脚中的"页码",自动创建的目录等这些在文档中可能发生变化的数据,都是域。

域由3部分组成:域名、域参数和域开关。域名是关键字;域参数是对域的进一步说明;域开关是特殊命令,用来引发特定操作。

常用的域有Page域(插入当前页的页号)、NumPages域(插入文档中的总页数)、Toc域(建立并插入目录)、StyleRef域(插入具有样式的文本)和MergeField域(插入合并域,在邮件合并中使用)等。

在使用域时,通常单击"插入"选项卡"文本"组"文档部件"按钮,在下拉菜单中选择"域"命令,打开"域"对话框进行操作。

域插入后,选中"域"后右击,在弹出的快捷菜单中选择相应命令进行"编辑域""更新域""删除域"等操作。

操作步骤如下:

① 页面设置。将光标置于第1章所在节中,单击"布局"选项卡"页面设置"组中的对话框启动器按钮 ,打开"页面设置"对话框,单击其中的"布局"选项卡进行设置。"节的起始位置"选择"新建页"命令,"页眉和页脚"选中"奇偶页不同"复选框,"应用于"选择"本节"命令,如图5-92所示,单击"确定"按钮。重复上述步骤,直到每章都设置完毕。

图 5-92 "页面设置"对话框

② 创建奇数页页眉：

a．双击"第 1 章"所在的页眉区域，光标将自动置于奇数页页眉处，并且自动出现"页眉和页脚工具"选项卡，如图 5-93 所示。单击"导航"组中的"链接到前一节"按钮，使得页眉处"与上一节相同"取消，使本节设置的奇数页页眉不影响前面各节的奇数页页眉设置。

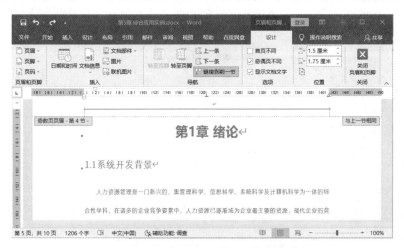

图 5-93　创建奇数页页眉

b．将光标置于奇数页页眉处，单击"插入"选项卡"文本"组"文档部件"按钮，在下拉菜单中选择"域"命令，打开"域"对话框。"类别"选择"链接和引用"命令，"域名"选择"StyleRef"命令，"域属性"选择"标题 1"命令，"域选项"选择"插入段落编号"复选框，如图 5-94 所示，单击"确定"按钮。插入奇数页页眉中的"章序号"。

图 5-94　插入奇数页页眉中的"章序号"

c．继续单击"插入"选项卡"文本"组"文档部件"按钮，在下拉菜单中选择"域"命令，打开"域"对话框。"类别"选择"链接和引用"命令，"域名"选择"StyleRef"命令，"域属性"选择"标题 1"命令，如图 5-95 所示，插入奇数页页眉中的"章名"。

插入奇数页页眉效果，如图 5-96 所示。

③ 创建偶数页页眉，与创建奇数页页眉类似：

a．奇数页页眉创建后，单击"页眉和页脚工具"中"设计"选项卡"导航"组中的"下

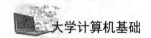

"一条"按钮,光标将自动跳转到偶数页(下一页)页眉处。单击"导航"组中的"链接到前一节"按钮,使得页眉处"与上一节相同"取消,使本节设置的偶数页页眉不影响前面各节的偶数页页眉设置。

图 5-95　插入奇数页页眉中的"章名"

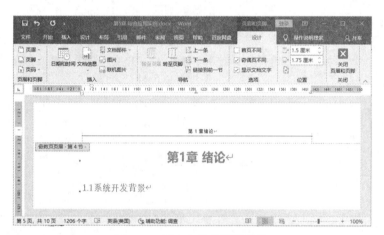

图 5-96　插入奇数页页眉效果

　　b. 将光标置于偶数页页眉处,单击"插入"选项卡"文本"组"文档部件"按钮,在下拉菜单中选择"域"命令,打开"域"对话框。"类别"选择"链接和引用"命令,"域名"选择"StyleRef"命令,"域属性"选择"标题2"命令,"域选项"选择"插入段落编号"命令,单击"确定"按钮,插入偶数页页眉中的"节序号"。

　　c. 继续单击"插入"选项卡"文本"组"文档部件"按钮,在下拉菜单中选择"域"命令,打开"域"对话框。"类别"选择"链接和引用"命令,"域名"选择"StyleRef"命令,"域属性"选择"标题2"命令,单击"确定"按钮,插入偶数页页眉中的"节名"。最后在"页眉和页脚工具"中"设计"选项卡"关闭"组中单击"关闭页眉和页脚"按钮。

　　设置完毕后浏览文档,从开始到结尾检查所有设置是否正确。为了快速浏览,可把视图切换到其他方式,选中"视图"选项卡"显示"组中的"导航窗格"复选框,窗口左边出现"导航"窗格显示标题,右边显示所有内容。这样能快速地在各章节中跳转修改。

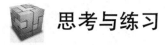 思考与练习

一、思考题

1. 用计算机处理文字的一般过程是什么？

2. 用计算机处理文字需要有什么予以支持？

3. 常用的文字处理软件有哪些？

4. 使用不同的文字处理软件，应着重掌握哪两点？

5. 在文字处理软件中，输入文本的途径有哪些？最常用的是哪种？

6. 特殊的标点符号、数学符号、单位符号、希腊字母等如何输入？特殊的图形符号如¥、📖等如何输入？

7. 文档编辑主要包括哪些操作？其遵守的原则是什么？

8. 文字处理软件的格式编排命令有哪3种基本单位？文档的排版一般在什么视图下进行？为什么？

9. 字符排版、段落排版和页面排版主要包括什么内容？

10. 文字处理软件提供的表格功能和电子表格处理软件的区别在哪里？

11. 文字处理软件可以插入的对象有哪些？如果要对插入的对象进行编辑和格式化，如何操作？

12. 什么是样式？使用样式有什么好处？

13. 自动生成目录的前提是什么？

14. 什么时候使用邮件合并？

15. 计算机中编辑排版好的文档如果想变成书面文档，需要做什么？

二、选择题

1. Word 2016 的运行环境是（　　）。

　　A. DOS　　　　　　B. UCDOS　　　　C. WPS　　　　　　D. Windows

2. Word 文档文件的扩展名是（　　）。

　　A. .txt　　　　　　B. .wps　　　　　　C. .docx　　　　　　D. .doc

3. 打开 Word 2016 文档一般是指（　　）。

　　A. 把文档的内容从磁盘调入内存，并显示出来

　　B. 把文档的内容从内存中读入，并显示出来

　　C. 显示并打印出指定文档的内容

　　D. 为指定文件开设一个新的、空的文档窗口

4. Word 中（　　）方式使得显示效果与打印预览效果基本相同。

　　A. Web版式视图　　B. 大纲视图　　　C. 页面视图　　　　D. 草稿

5. "复制"命令的功能是将选定的文本或图形（　　）。

　　A. 复制到剪贴板　　　　　　　　B. 由剪贴板复制到插入点

　　C. 复制到文件的插入点位置　　　D. 复制到另一个文件的插入点位置

6. 选择纸张大小，可以在（　　）选项卡"页面设置"组中单击"纸张大小"按钮设置。

　　A. 开始　　　　　B. 插入　　　　　C. 布局　　　　　　D. 视图

7. 在 Word 编辑中，可单击（　　）选项卡"页眉和页脚"组中的"页眉"或"页脚"按钮，建立页眉和页脚。

A. 开始　　　　　B. 插入　　　　　C. 视图　　　　　D. 引用

8. Word 2016具有分栏功能，下列关于分栏的说法中正确的是（　　）。

A. 最多可以分4栏　　　　　B. 各栏的宽度必须相同

C. 各栏的宽度可以不同　　　D. 各栏之间的间距是固定的

9. 在 Word 2016 表格计算中，其公式：= SUM(A1,C4)含义是（　　）。

A. 1行1列至3行4列12个单元相加

B. 1行1列到1行4列相加

C. 1行1列与1行4列相加

D. 1行1列与4行3列相加

10. 在 Word 2016文档中插入图形，下列方法（　　）是不正确的。

A. 单击"插入"选项卡"插图"组中的"形状"按钮，选择需要绘制的图形。

B. 选择"文件"→"打开"命令，再选择某个图形文件名

C. 单击"插入"选项卡"插图"组中的"图片"按钮，再选择某个图形文件名

D. 利用剪贴板将其他应用程序中的图形粘贴到所需文档中

三、填空题

1. 在 Word 2016中建立新文档可使用"文件"菜单的"新建"命令或使用（　　）的"新建"按钮。

2. 在 Word 2016窗口的文本编辑区内，有一个闪动的竖线，它表示可在该处输入字符，它称为（　　）。

3. 在 Word 2016文档编辑中，按（　　）键删除插入点前的字符。

4. 在 Word 2016编辑状态下，单击"开始"选项卡"剪贴板"组中的（　　）按钮，可将文档中所选中的文本移到"剪贴板"上。

5. 字号中阿拉伯字号越大，表示字符越（　　），中文字号越小，表示字符越（　　）。

6. 在 Word 2016文档正文中段落对齐方式有左对齐、右对齐、居中对齐、（　　）和分散对齐。

7. Word 2016中利用（　　）可改变段落缩排方式、调整左右边界、改变表格栏宽度。

8. 格式刷的作用是用来快速复制格式，其操作技巧是（　　）可以连续使用。

9. 在 Word 2016中，使用（　　）选项卡"表格"组"表格"下拉菜单中的"插入表格"命令可在文档中建立一张空表。

10. 在 Word 2016中，使用（　　）选项卡"页面设置"组中的命令，可完成纸张大小的设置和页边距的调整工作。

四、操作题

1. 按照以下要求对 Word 文档进行编辑和排版：

（1）文字要求：输入一篇短小的寓言（如草木皆兵、名落孙山），不少于150个汉字，至少3个自然段。

（2）将标题设为艺术字，样式为艺术字库中的第4行第1列，字体为华文新魏，一号，艺术字形状为"波形2"，四周型环绕，居中对齐。将文章正文各段的字体设置为宋体，小四号，两端对齐，各段行间距为1.5倍行距。第一段首字下沉3行，距正文0.2厘米。

（3）在第二段和第三段段前设置项目符号"♥"（Times New Roman 字体中的符号）。

（4）在正文中插入一幅剪贴画或图片，设置剪贴画或图片的文字环绕方式为"紧密型"。

（5）页面设置：上、下、左、右边距均为2厘米，页眉1.5厘米。设置页码：页面底端居中（"普通数字2"样式）。

（6）在文章最后输入以下公式：（单独一段）

$$x = \sqrt[2]{2a\dfrac{5t}{n}} \times \sum\nolimits_{t=1}^{100} \beta^t + \iint y \mathrm{d}y$$

2.　按照以下要求完成表格的制作：

（1）参照图5-97制作表格，表内文字对齐方式为"水平居中"，插入表格标题并居中。字体、字号选择自己喜欢的样式。

（2）表格外框线为单实线、3磅、紫色，内部框线为单线、1磅、黑色，底纹为"白色，背景1，15%"。

（3）在"照片"处插入剪贴画替换"照片"文字，文字环绕方式为"嵌入型"。

个人简历表

姓名		性别		出生日期		照片
民族		文化程度		政治面貌		
婚姻状况		身高		体重		
联系地址				邮政编码		
联系电话				E-mail		

图 5-97　表格制作

第 6 章

电子表格处理

电子表格处理主要用来解决人们在日常工作和生活中遇到的各种计算问题，如销售人员进行销售统计；会计人员对工资、报表进行分析；教师记录、计算学生成绩；科研人员分析实验结果等。电子表格处理需要借助电子表格处理软件来实现。电子表格处理软件不仅具有强大的数据组织、计算、统计和分析功能，还可以通过图表、图形等多种形式形象地显示处理结果。本章主要介绍电子表格处理的基本操作、图表制作、数据管理和分析、工作表的打印等。

 ## 6.1 电子表格处理概述

● 拓展阅读

excel 基本概念术语

计算机出现以后，为了提高工作效率，使人们解脱乏味烦琐的重复计算，专注于对计算结果的分析评价，出现了各种数据统计、分析软件，这些软件中的数据一般都是以表格的方式进行组织的，这种表格称为电子表格，这些软件统称为电子表格处理软件。

电子表格处理软件可以输入、输出、显示数据，帮助用户制作各种复杂的表格文档，进行烦琐的数据计算，将枯燥无味的数据及其计算结果显示为可视性极佳的表格，变为各种各样的统计报告和漂亮的彩色统计图表呈现出来，使数据的各种情况和变化趋势更加直观、一目了然。

目前常用的电子表格处理软件有 Microsoft Office 办公集成软件中的 Excel、WPS Office 金山办公组合软件中的金山电子表格等。

电子表格常用的术语有：

① 工作簿：一个工作簿就是一个电子表格文件，用来存储并处理工作数据。它由若干张工作表组成，一个工作簿最多由 256 张工作表组成。

② 工作表：工作表是一张规整的表格，由若干行和列构成，行号自上而下为 $1 \sim 2^{20}$，列号从左到右为 A、B、C、…、X、Y、Z；AA、AB、AC、…、AZ；BA、BB、BC、…、BZ…（有 2^{14} 列）。每一个工作表都有一个工作表标签，单击它可以实现工作表间的切换。

③ 工作表标签：一般位于工作表的下方，用于显示工作表名称。单击工作表标签，可以在不同的工作表间切换。当前可以编辑的工作表称为活动工作表。

④ 行号：每一行左侧的阿拉伯数字为行号，表示该行的行数，对应称为第 1 行、第 2 行……。

⑤ 列标：每一列上方的大写英文字母为列标，表示该列的列名，对应称为 A 列、B 列、

C列……。

⑥ 单元格、单元格地址与活动单元格：每一行和每一列交叉处的长方形区域称为单元格，单元格为电子表格处理的最小对象。单元格所在行列的列标和行号形成单元格地址，犹如单元格名称，如A1单元格、B2单元格……。当前可以操作的单元格称为活动单元格。

⑦ 名称框：一般位于工作表的左上方，其中显示活动单元格的地址或已命名单元格区域的名称。

⑧ 编辑栏：一般位于名称框的右侧，用于显示、输入、编辑、修改当前单元格中的数据或公式。

以电子表格处理软件Excel 2016为例，其界面如图6-1所示。

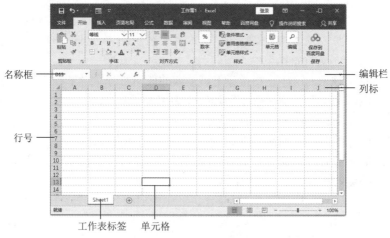

图 6-1　Excel 2016 界面

 ## 6.2　电子表格处理的基本操作

电子表格处理所做的工作都是在工作簿中进行的。工作簿是电子表格处理和存储数据的文件。所有对文件的操作在电子表格中都变成了对工作簿的操作。

6.2.1　创建工作簿

工作簿是电子表格的载体，创建工作簿是用户使用电子表格的第一步。创建工作簿主要有以下两种方法：

1. 自动创建

启动电子表格处理软件时，系统会自动创建一个空白工作簿。

以Excel 2016为例，自动创建一个空白工作簿的操作步骤如下：

① 单击Windows任务栏中的"开始"按钮，弹出"开始"菜单，左侧是按照最近添加、最常用数字、字母排序的程序列表；右侧是应用磁贴。

② 在展开的程序列表中，选择Microsoft Office命令，再选择Microsoft Excel 2016命令，启动Excel 2016应用程序。此时，系统自动创建一个命名为"工作簿.xlsx"的空白工作簿。

2. 手动创建

以Excel 2016为例，手动创建一个空白工作簿的操作步骤如下：

① 在Excel工作界面中，选择"文件"→"新建"命令。

② 在选项区中选择"空白工作簿"选项即可创建出一个空白工作簿。

工作簿由一张张工作表构成，如果把工作簿比作一本书，那么工作表就是书中的书页。

6.2.2 创建工作表

工作表由多个单元格元素构成，数据的存储、显示、计算都在单元格中进行。创建工作表的过程实际上就是在工作表中输入原始数据，并使用公式或函数计算数据的过程。

拓展阅读

数据的输入

1. 在工作表中输入原始数据

输入数据是制作一张电子表格的起点和基础，可以利用多种方法达到快速输入数据的目的。

（1）直接输入数据

在电子表格中，可以输入文本、数值、日期和时间等各种类型的数据。

输入数据的基本方法是：在需要输入数据的单元格中单击，输完数据后按【Enter】键、【Tab】键或方向键结束输入。

① 文本型数据的输入。文本是指键盘上可输入的任何符号。对于数字形式的文本型数据，如编号、学号、电话号码等，应在数字前加英文单引号（'），例如，输入编号0101，应输入"'0101"，此时电子表格处理软件以 0101 显示，把它当作字符沿单元格左对齐。

当输入的文本长度超出单元格宽度时，若右边单元格无内容，则文本内容会超出本单元格范围显示在右边单元格上（扩展显示）；若右边单元格有内容，则只能在本单元格中显示文本内容的一部分，其余文字被隐藏（截断显示）。

② 数值型数据的输入。数值除了由数字（0~9）组成的字符串外，还包括+、-、/、E、e、$、%以及小数点（.）和千分位符号（,）等特殊字符（如$150,000.5）。对于分数的输入，在电子表格处理软件中，为了与日期的输入区别，应先输入"0"和空格。例如，要输入1/2，应输入"0 1/2"，如果直接输入的话，系统会自动处理为日期。

数值输入与数值显示并不总是相同的，计算时以输入数值为准。当输入的数字太长（超过单元格的列宽或超过15位）时，自动以科学计数法表示，如输入0.000 000 000 005，则显示为5E-12；当输入数字的单元格数字格式设置成带2位小数时，如果输入3位小数，末位将进行四舍五入。

在输入数值时，有时会发现单元格中出现符号"###"，这是因为单元格列宽不够，不足以显示全部数值的缘故，此时加大单元格列宽即可。

③ 输入日期时间。电子表格处理软件内置了一些日期、时间格式，当输入数据与这些格式相匹配时，系统将自动识别它们。常见的日期时间格式为"mm/dd/yy""dd-mm-yy""hh:mm (AM/PM)"，其中AM/PM与分钟之间应有空格，如"8:30 AM"，否则将被当作字符处理。图6-2给出了Excel 2016中3种类型数据输入的示例。

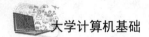

图6-2　Excel 2016中3种类型数据的输入示例

（2）向单元格中自动填充数据

用户有时会遇到需要输入大量有规律数据的情况，如相同数据，呈等差、等比的数据。这时，电子表格处理软件提供了自动填充功能，可帮助用户提高工作效率。

自动填充根据初始值来决定以后的填充项。用鼠标指向初始值所在单元格右下角的小黑方块（称为"填充柄"），此时鼠标指针形状变为黑十字，然后向右（行）或向下（列）拖动至填充的最后一个单元格，即可完成自动填充。图 6-3 给出了 Excel 2016 中使用自动填充柄的示例。

拓展阅读 ●

自动填充

自动填充分 3 种情况：

① 填充相同数据（复制数据）。单击该数据所在的单元格，沿水平或垂直方向拖动填充柄，便会产生相同数据。

② 填充序列数据。如果是日期型序列，只需要输入一个初始值，然后直接拖动填充柄即可。如果是数值型序列，则必须输入前两个单元格的数据，然后选定这两个单元格，拖动填充柄，系统默认为等差关系，在拖动经过的单元格内依次填充等差序列数据。如果需要填充等比序列数据，则可以在拖动生成等差序列数据后，选定这些数据，在 Excel 2016 中，通过"开始"选项卡"编辑"组"填充"按钮 下拉菜单中的"序列"命令，在"序列"对话框中选择"类型"为"等比序列"，并设置合适的步长（即比值，例如"3"）来实现，如图 6-4 所示。

填充柄

图 6-3　使用填充柄的示例

图 6-4　填充等比数据

③ 填充用户自定义序列数据。在实际工作中，经常需要输入单位部门设置、商品名称、课程科目、公司在各大城市的办事处名称等，可以将这些有序数据自定义为序列，节省输入工作量，提高效率。在 Excel 2016 中，选择"文件"→"选项"命令，打开"Excel 选项"对话框，在左边选择"高级"选项卡，在右边"常规"区中单击"编辑自定义列表"按钮，打开"自定义序列"对话框，在其中添加新序列。有两种方法：一种方法是在"输入序列"框中直接输入，每输入一个序列按一次【Enter】键，输入完毕后单击"添加"按钮，如图 6-5 所示；另一种方法是从工作表中直接导入，只需用鼠标选中工作表中的这一系列数据，在"自定义序列"选项卡中单击"导入"按钮即可。

拓展阅读 ●

序列填充

图 6-5　添加用户自定义新序列

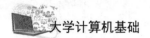

（3）数据有效性设置

在向工作表输入数据的过程中，用户可能会输入一些不合要求的数据，即无效数据。为避免这个问题，可以通过在单元格中设置数据有效性进行相关的控制。设置数据有效性，就是定义可以在单元格中输入或应该在单元格中输入的数据类型、范围、格式等。它具有以下作用：

① 将数据输入限制为指定序列的值，以实现大量数据的快速输入。

② 将数据输入限制为指定的数值范围，如指定最大/最小值、指定整数、指定小数、限制为某时段的日期、限制为某时段的时间等。

③ 将数据输入限制为指定长度的文本，如身份证号只能是18位文本等。

④ 限制重复数据的出现，如学生的学号不能相同等。

电子表格处理软件提供了数据有效性功能。在Excel 2016中，利用"数据"选项卡"数据工具"组中"数据验证"按钮（也可以选择下拉菜单中的"数据验证"命令）可设置数据的有效性规则。

例如，在输入学生成绩时，数据应该为0～100之间的整数，这就有必要设置数据的有效性。在Excel 2016中，先选定需要进行有效性检验的单元格区域，单击"数据"选项卡"数据工具"组中"数据验证"按钮，在"数据验证"对话框"设置"选项卡中进行相应设置，如图6-6所示，其中选中"忽略空值"复选框，表示在设置数据有效性的单元格中允许出现空值。设置输入提示信息和输入错误提示信息分别在该对话框中的"输入信息"和"出错警告"选项卡中进行。数据验证设置好后，Excel就可以监督数据的输入是否正确。

图 6-6　数据有效性设置

2. 使用公式和函数计算数据

● 拓展阅读

输入公式

● 拓展阅读

公式与函数中的运算符

电子表格不仅能输入、显示、存储数据，更重要的是可以通过公式和函数方便地进行统计计算，如求和、求平均值、计数、求最大/最小值以及其他更为复杂的运算。电子表格处理软件提供了大量的、类型丰富的实用函数，可以通过各种运算符及函数构造出各种公式以满足各类计算的需要。通过公式和函数计算出的结果不但正确，而且在原始数据发生改变后，计算结果也会自动更新，这是手工计算无法比拟的。

（1）公式的使用

公式就是一组表达式，由单元格引用、常量、运算符和括号组成，复杂的公式还可以包括函数，用于计算生成新的值。公式总是以等号"="开始，默认情况下，公式的计算结果显示在单元格中，公式本身出现在编辑栏中。

① 单元格引用：又称单元格地址，用于表示单元格在工作表上所处位置的坐标，如第C列和第2行交叉处的单元格，其引用形式为"C2"。在输入公式时，之所以不用数字本身而用单元格的引用地址，是为了使分析计算的结果始终准确地反映单元格的当前数据。只要改变了数据单元格中的内容，公式单元格中的结果也立刻改变。如果在公式中直接书写数字，那么一旦单元格中的数据有变化，公式计算的结果就不会自动更新。

② 常量是一个固定的值，从字面上就能知道该值是什么或它的大小是多少。公式中的常量有数值型常量、文本型常量和逻辑常量。

a. 数值型常量：可以是整数、小数、分数、百分数，不能带千分位和货币符号。例如100、2.8、1/2、15%等。

b．文本型常量：是英文双引号括起来的若干字符，但其中不能包含英文双引号。例如"平均值是""总金额"等。

c．逻辑常量：只有 True（真）和 False（假）。

③ 运算符用于连接单元格引用、常量，从而构成完整的表达式。公式中常用的运算符分为 4 类，如表 6-1 所示。

表 6-1 公式中常用的运算符

类 型	表 示 形 式	优 先 级
算术运算符	+（加）、-（减）、*（乘）、/（除）、%（百分比）、^（乘方）	从高到低分为 3 个级别：百分比和乘方、乘除、加减。优先级相同时，按从左到右的顺序计算
关系运算符	=（等于）、>（大于）、<（小于）、>=（大于或等于）、<=（小于或等于）、<>（不等于）	优先级相同
文本运算符	&（文本的连接）	
引用运算符	:（区域）、（联合）、空格（交叉）	从高到低依次为：区域、联合、交叉

其中：

a．算术运算符：用来对数值进行算术运算，结果还是数值。算术运算符的优先级如表 6-1 所示。例如，运算式"1+2%-3^4/5*6"的计算顺序是：%、^、/、*、+、-，计算结果是 -9618%。

b．关系运算符：又称比较运算符，用来比较两个数值、日期、时间、文本的大小，结果是一个逻辑值。各种数据类型的比较规则如下：

● 数值型：按照数值的大小进行比较。

● 日期型：昨天 < 今天 < 明天。

● 时间型：过去 < 现在 < 未来。

● 文本型：按照字典顺序比较。字典顺序比较规则如下：

◇ 从左到右比较，第一个不同字符的大小就是两个文本数据类型的大小。

◇ 如果前面的字符都相同，则没有剩余字符的文本小。

◇ 英文字符 < 中文字符。

◇ 英文字符按在 ASCII 表中的顺序进行比较，位置靠前的小，空格 < 大写字母 < 小写字母。

◇ 在中文字符中，中文字符（如★）< 汉字。

◇ 汉字的大小按字母排序，即汉字的拼音顺序。如果拼音相同则比较声调。如果声调相同则比较笔画。如果一个汉字有多个读音，或一个读音有多个声调，则系统选取最常用的拼音和声调。

例如："3<12""AB<AC""A<AB""AB<ab""AB<中"的结果都为 True。

c．文本运算符：用来将多个文本连接为一个组合文本，如"Microsoft&Excel"的结果为"MicrosoftExcel"。

d．引用运算符：用来将单元格区域合并运算，如表 6-2 所示。

表 6-2 引用运算符

引用运算符	含 义	示 例
:（区域运算符）	包括两个引用在内的所有单元格的引用	SUM(A1:C3)
,（联合运算符）	对多个引用合并为一个引用	SUM(A1,C3)
空格（交叉运算符）	产生同时隶属于两个引用的单元格区域的引用	SUM(A1:C4 B2:D3)

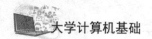

4类运算符的优先级从高到低依次为："引用运算符""算术运算符""文本运算符""关系运算符"。当多个运算符同时出现在公式中时，按运算符的优先级进行运算，优先级相同时，自左向右计算。

【例6-1】输入一份学生成绩表，并计算每位学生的总分，如图6-7所示。

在Excel 2016中，操作步骤如下：

拓展阅读

求和与求均值函数

① 创建一个空白工作簿，在Sheet1中输入图6-7所示的内容。

② 单击第一位学生的"总分"单元格，使其变为当前活动单元格。

③ 在单元格中输入公式"＝D3+E3+F3"（或在编辑栏中输入"＝D3+E3+F3"）按【Enter】键，Excel自动计算并将结果显示在单元格中，同时公式内容显示在编辑栏中。输入单元格引用地址更简单的方法是，直接用鼠标依次单击源数据单元格，则该单元格的引用地址会自动出现。公式输入完后再按【Enter】键就可以得到计算结果（见图6-7）。

④ 其他学生的总分可利用公式的自动填充功能（复制公式）快速完成。方法是：移动鼠标到公式所在单元格右下角的小黑方块（填充柄）处。当光标变成黑十字时，按住鼠标左键拖动经过目标区域，到达最后一个单元格时释放鼠标，公式自动填充完毕。

G3 =D3+E3+F3

	A	B	C	D	E	F	G	H	I
1	第一学期学生成绩表								
2	姓名	系别	性别	数学	英语	计算机	总分	平均分	奖学金
3	金翔	数学	男	68	67	86	221		
4	张磊	经济	男	69	91	80			
5	王力	数学	男	78	87	75			
6	孙英	数学	女	76	53	53			
7	郝心怡	经济	女	71	81	95			
8	张在旭	经济	男	86	90	78			
9	周杰	自动控制	男	85	89	95			
10	林琳	计算机	女	73	65	90			
11	邵飞	信息	男	74	75	78			
12	刘君	信息	男	87	80	50			
13	章舒	自动控制	女	93	62	80			
14	含笑	自动控制	女	79	68	90			
15	温馨	自动控制	女	56	60	68			
16	李醒尘	数学	女	77	75	80			

Sheet1

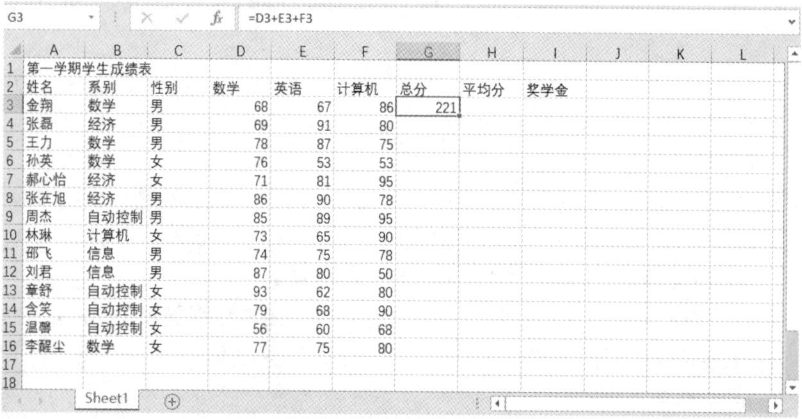

图6-7 输入公式计算总分

注意：当公式输入错误时，可以进行修改。方法是：选择需要修改公式的单元格，然后在编辑栏中修改，最后按【Enter】键即可。如果要删除公式，只需在公式单元格中单击，然后按【Delete】键。如果为方便检查公式的正确性，可以设置在单元格中显示公式，方法是：在"公式"选项卡"公式审核"组中单击"显示公式"按钮。

（2）函数的使用

函数实际上是一类特殊的、事先编辑好的公式，主要用于简单的四则运算不能处理的复杂计算需求。函数格式如下：

函数名称(参数1,参数2，…)

其中的参数可以是常量、单元格、单元格区域、公式或其他函数。

例如，求和函数SUM(A1:A8)中，A1:A8是参数，指明操作对象是单元格区域A1:A8中的数值。

与直接创建公式比较（如公式"＝A1+A2+A3+A4+A5+A6+A7+A8"与函数"＝SUM(A1:A8)"），使用函数可以减少输入的工作量，减小出错概率。而且，对于一些复杂的运算（如开平方根、求标准偏差等），如果由用户自己设计公式来完成会很困难，电子表格处理软件提供了许多功能完备、易于使用的函数，涉及财务、逻辑、文本、日期和时间、查找与引用、数学和三角函数、统计、工程、多维数据集、信息等多方面。此外，用户还可以通过 VBA 自定义函数。

拓展阅读 ●⋯

最大值与最小值函数

电子表格处理软件最基本的 5 个函数是：SUM（求和）、AVERAGE（平均值）、COUNT（计数，注意只有数字类型的数据才被计数）、MAX（最大值）和 MIN（最小值）等。其他常用的数据统计和分析函数后面会有详细阐述。

函数的输入有两种方法：

① 直接输入法：即直接在单元格或编辑栏内输入函数，适用于比较简单的函数。例如，在例 6-1 中计算第一位学生的总分时，可以直接在其"总分"单元格中输入"＝ SUM(D3:F3)"。

② 插入函数法：较第一种方法更常用。在 Excel 2016 中，可以通过"公式"选项卡"函数库"组中的"插入函数"按钮或单击编辑栏中的 f_x 按钮，打开"插入函数"对话框进行操作。也可以通过单击"公式"选项卡"函数库"组中对应的分类函数按钮，在下拉菜单中选择需要的函数来完成。例如，对于 5 个基本函数，可以在"公式"选项卡"函数库"组中的"自动求和"按钮 Σ 的下拉菜单中选择相应命令，它将自动对活动单元格上方或左侧的数据进行这 5 种基本计算。

【例 6-2】用插入函数法计算例 6-1 学生成绩表中每位学生的平均分。

在 Excel 2016 中，操作步骤如下：

① 在"学生成绩表"中单击第一位学生"平均分"单元格。

② 单击编辑栏中的 f_x 按钮，打开"插入函数"对话框，在"或选择类别"框中选择"常用函数"命令，再在"选择函数"列表框中选择 AVERAGE 命令，如图 6-8 所示。单击"确定"按钮，弹出所选函数参数对话框，如图 6-9 所示。此时，系统自动提供数据单元格区域"D3:G3"，这是不正确的，需要重新选择。可以单击 Number1 参数框右侧的"暂时隐藏对话框"按钮，在工作表上方只显示参数编辑框，接着从工作表中选择相应的单元格区域"D3:F3"，再次单击该按钮，返回原对话框，单击"确定"按钮，完成函数的使用。

图 6-8　"插入函数"对话框　　　　图 6-9　AVERAGE 函数参数对话框

③ 其他学生的平均分可利用公式的自动填充功能快速完成。

实际上，由于求平均值是 5 个基本函数之一，所以可以使用快捷的方法完成计算，方法是：将光标放在存放平均值的单元格，单击"公式"选项卡"函数库"组中的"自动求和"按钮，在下拉菜单中选择"平均值"命令，如图 6-10 所示。Excel 将自动出现求平均值函数 AVERAGE以及相应的数据区域，如图 6-11 所示，检查系统自动给出的数据区域是否正确。这里是D3:G3，是不正确的，需重新选择（此时鼠标指针应为白色粗十字），也可以直接输入正确的数据区域，然后按【Enter】键。如果系统自动给出的数据区域正确，直接按【Enter】键即可。

图 6-10 "自动求和"按钮下拉菜单

图 6-11 自动求平均值操作

（3）公式和函数中的单元格引用

使用公式和函数计算数据其实非常简单，只要计算出第一个数据，其他的都可以利用公式的自动填充功能完成。公式的自动填充操作实际上就是复制公式。为什么同一个公式复制到不同单元格会有不同的结果呢？究其原因是单元格引用的相对引用在起作用。

在公式和函数中很少输入常量，最常用到的就是单元格引用。可以引用一个单元格、一个单元格区域，引用另一个工作表或工作簿中的单元格或区域。单元格引用方式有如下 3 种。

拓展阅读

引用

① 相对引用：与包含公式的单元格位置相关，引用的单元格地址不是固定地址，而是相对于公式所在单元格的相对位置。相对引用地址表示为"列标行号"，如 B1、C2 等，是 Excel 默认的引用方式。它的特点是公式复制时，该地址会根据移动的位置自动调节。例如，在学生成绩表中 G3 单元格输入公式"= D3+E3+F3"，表示的是在 G3 中引用紧邻它左侧的连续 3 个单元格中的值。当沿 G 列向下拖动复制该公式到单元格 G4 时，那么紧邻它左侧的连续 3 个单元格变成了 D4、E4、F4，于是 G4 中的公式也就变成了"= D4+E4+F4"。假如公式从 G3 复制到 I4，那么紧邻它左侧的连续 3 个单元格变成了 F4、G4、H4，公式将变为"= F4+G4+H4"，相对引用常用来快速实现大量数据的同类运算。

② 绝对引用：与包含公式的单元格位置无关。在复制公式时，如果不希望所引用的位置发生变化，那么就要用到绝对引用。绝对引用是在引用的地址前加上符号，表示为"\$列标\$行号"，如 \$B\$1。它的特点是公式复制时，该地址始终保持不变。例如，学生成绩表中将 G3 单元格公式改为"= \$D\$3+\$E\$3+\$F\$3"，再将公式复制到 G4 单元格，会发现 G4 的结果值仍为 221，公式也仍为"= \$D\$3+\$E\$3+\$F\$3"。符号"\$"就好像一个"钉子"，钉住了参加运算的单元格，使它们不会随着公式位置的变化而变化。

③ 混合引用：当需要固定引用行而允许列变化时，在行号前加符号"\$"，如 B\$1；当需要固定引用列而允许行变化时，在列标前加符号"\$"，如 \$B1。

【例6-3】假设评定有奖学金的标准是平均分为80分以上。根据评定标准，判断例6-2学生成绩表中哪些学生可以获取奖学金。其结果如图6-12所示。

在 Excel 2016 中，操作步骤如下：

① 单击 A18 单元格，输入文字"评定标准"，再单击 H18 单元格，输入数值"80"。

② 单击 I3 单元格，输入"= IF(H3>=\$H\$18,"有","")"，这是一个条件函数，它表示的含义是如果 H3 单元格的内容大于或等于 H18 单元格的内容（评定标准），就在当前单元格中填写"有"，否则不显示任何信息。然后按【Enter】键确认。

③ 利用公式的自动填充功能完成其他学生的奖学金评定。

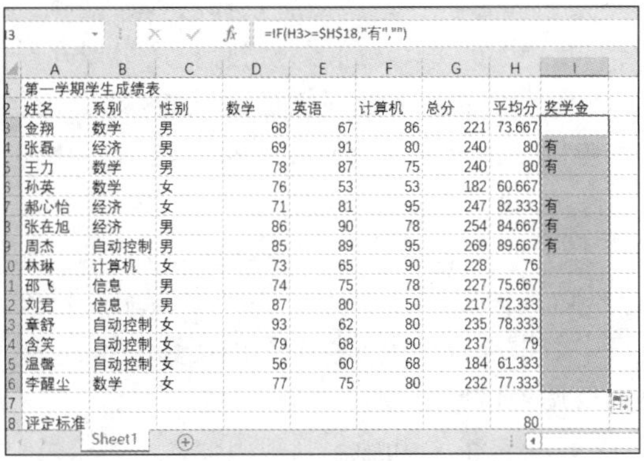
=IF(H3>=$H$18,"有","")

第一学期学生成绩表								
姓名	系别	性别	数学	英语	计算机	总分	平均分	奖学金
金翔	数学	男	68	67	86	221	73.667	
张磊	经济	男	69	91	80	240	80	有
王力	数学	男	78	87	75	240	80	有
孙英	数学	女	76	53	53	182	60.667	
郝心怡	经济	女	71	81	95	247	82.333	有
张在旭	经济	男	86	90	78	254	84.667	有
周杰	自动控制	男	85	89	95	269	89.667	有
林琳	计算机	女	73	65	90	228	76	
邵飞	信息	男	74	75	78	227	75.667	
刘君	信息	男	87	80	50	217	72.333	
章舒	自动控制	女	93	62	80	235	78.333	
含笑	自动控制	女	79	68	90	237	79	
温馨	自动控制	女	56	60	68	184	61.333	
李醒尘	数学	女	77	75	80	232	77.333	
评定标准							80	

Sheet1

图 6-12 “绝对引用”示例（奖学金评定）

6.2.3 编辑工作表

工作表创建好后，为了便于维护工作表，电子表格处理软件提供了多种编辑命令，支持对单元格或区域进行修改、插入、删除、移动、复制、查找和替换等操作，以及工作表自身的编辑等。工作表的编辑遵守“先选定，后执行”的原则。

工作表中常用的选定操作如表 6-3 所示。

表 6-3 工作表中常用的选定操作

选取范围	操　作
单元格	单击或按方向键（【←】【→】【↑】【↓】）
多个连续单元格	从选择区域左上角拖动至右下角；或单击选择区域左上角单元格，按住【Shift】键，单击选择区域右下角单元格
多个不连续单元格	按住【Ctrl】键的同时，用鼠标进行单元格选择或区域选择
整行或整列	单击工作表相应的行号或列号
相邻行或列	鼠标拖动行号或列号
整个表格	单击工作表左上角行列交叉的按钮；或按【Ctrl+A】组合键
单个工作表	单击工作表标签
连续多个工作表	单击第一个工作表标签，然后按住【Shift】键，单击所要选择的最后一个工作表标签
不连续多个工作表	按住【Ctrl】键，分别单击所需选择的工作表标签

1. 工作表中数据的编辑

在向工作表中输入数据的过程中，经常需要对数据进行清除、移动和复制等编辑操作。

电子表格处理中有清除和删除两个概念，它们是有区别的。

① 清除：针对的是单元格中的数据，单元格本身仍保留在原位置。选取单元格或区域后，在 Excel 2016 中，选择“开始”选项卡“编辑”组“清除”按钮下拉菜单中的相应命令，可以清除单元格格式、内容、批注和超链接中的任意一种，或者全部；按【Delete】键清除的只是内容。

② 删除：针对的是单元格，是把单元格连同其中的内容从工作表中删除。

在移动或复制数据时，可以替换目标单元格的数据，也可以保留目标单元格的数据。如要替换目标单元格的数据，操作方法是：选定源单元格数据后右击，在弹出的快捷菜单中根据需要选择“剪切”或“复制”命令，再定位到目标单元格后右击，在弹出的快捷菜单中选择“粘贴”命令来实现。如果要保留目标单元格的数据，注意在执行“剪切”或“复制”命令后，应选择右键快捷菜单中的"插入剪切的单元格"或"插入复制的单元格"命令来替代"粘贴"命令。

在电子表格中，一个单元格通常包含很多信息，如内容、格式、公式及批注等。复制数据时可以复制单元格的全部信息，也可以只复制部分信息，还可以在复制数据的同时进行算术运算、行列转置等，这些都是通过电子表格处理软件提供的"选择性粘贴"命令来实现的。在Excel 2016中，具体操作方法是：先选定数据，右击，在弹出的快捷菜单中选择"复制"命令，再单击目标单元格，右击，在弹出的快捷菜单中选择"选择性粘贴"命令，在"选择性粘贴"对话框中进行相应设置，如图6-13所示。在该对话框中"粘贴"栏列出了粘贴单元格中的部分信息，其中最常用的是公式、数值、格式；"运算"栏表示了源单元格中数据与目标单元格数据的运算关系；"转置"复选框表示将源区域的数据行列交换后粘贴到目标区域。

• 拓展阅读

选择性粘贴

• 拓展阅读

行与列的插入、删除、移动

• 拓展阅读

插入、复制、移动、删除、重命名

2. 单元格、行、列的插入和删除

数据在输入时难免会出现遗漏，有时是漏掉一个数据，有时可能漏掉一行或一列。在Excel 2016中，单元格、行、列的插入操作可以通过"开始"选项卡"单元格"组中的"插入"按钮完成，也可以利用右键快捷菜单中的"插入"命令来实现。删除操作则可以通过"开始"选项卡"单元格"组中的"删除"按钮完成，也可以利用右键快捷菜单中的"删除"命令来实现。

3. 工作表的插入、移动、复制、删除、重命名、隐藏与显示

如果一个工作簿中包含多个工作表，可以使用电子表格处理软件提供的工作表管理功能。常用的方法是在工作表标签上右击，在弹出的快捷菜单中选择相应的命令。电子表格处理软件允许将某个工作表在同一个或多个工作簿中移动或复制，如果是在同一个工作簿中操作，只需单击该工作表标签，将它直接拖动到目的位置实现移动，在拖动的同时按住【Ctrl】键实现复制；如果是在多个工作簿中操作，首先应打开这些工作簿，然后右击该工作表标签，在弹出的快捷菜单中选择"移动或复制"命令，打开图6-14所示的"移动或复制工作表"对话框。在"工作簿"下拉列表框中选择工作簿（如没有出现所需工作簿，说明此工作簿未打开），从"下列选定工作表之前"列表框中选择插入位置来实现移动。若进行复制操作，还需要选中此对话框底部的"建立副本"复选框（见图6-14）。

图6-13 "选择性粘贴"对话框

图6-14 "移动或复制工作表"对话框

注意：在删除工作表的时候一定要慎重，一旦工作表被删除后将无法恢复。如果工作簿中工作表太多，为了更加清楚地区分工作表，可以利用右键快捷菜单中的相应命令设置工作表标

签的颜色，使之醒目显示。

6.2.4　格式化工作表

一个好的工作表除了保证数据的正确性外，为了更好地体现工作表中的内容，还应对外观进行修饰（即格式化），达到整齐、鲜明和美观的目的。

工作表的格式化主要包括格式化数据、调整工作表的列宽和行高、设置对齐方式、添加边框和底纹、使用条件格式以及自动套用格式等。

1. 格式化数据

（1）设置数据格式

在电子表格中，不同类型的数据需要使用不同的格式。电子表格处理软件提供了格式化数据功能，它可以设置不同的小数位数、百分号、货币符号、是否使用千位分隔符等来表示同一个数，例如1234.56、123456%、￥1234.56、1,234.56。这时屏幕上的单元格表现的是格式化后的数字，编辑栏显示的是系统实际存储的数据。

电子表格处理软件还提供了大量的数据格式，有常规、数值、货币、会计专用、日期、时间、百分比、分数、科学记数、文本、特殊、自定义等各种分类。其中，"常规"是系统的默认格式。

要设置数据格式，在Excel 2016中，简单的可以通过"开始"选项卡"数字"组中的相应按钮完成；复杂的则单击其右下角的对话框启动器按钮，打开"设置单元格格式"对话框，在"数字"选项卡中完成，如图6-15所示。该对话框也可以通过右键快捷菜单中的"设置单元格格式"命令打开。

图 6-15　"设置单元格格式"对话框"数字"选项卡

（2）对数据进行字符格式化

为了美化数据，会经常对数据进行字符格式化，如设置数据字体、字形和字号，为数据加下画线、删除线、上下标，改变数据颜色等。在Excel 2016中，这主要是通过"开始"选项卡"字体"组中的相应按钮，或单击该组右下角的对话框启动器按钮，打开"设置单元格格式"对话框，在"字体"选项卡中完成。

注意：要取消数据格式的设置，可以选择"开始"选项卡"编辑"组中"清除"按钮下拉菜单中的"清除格式"命令。其他工作表格式的取消亦是如此。

2. 调整工作表的列宽和行高

拓展阅读

行高与列宽

在向单元格输入文字或数据时，经常会出现这样的现象：有的单元格中的文字只显示了一半，有的单元格中显示的是一串"#"号，有的单元格输入太长的文字内容而延伸到了相邻的单元格中，有的单元格中的文字内容被截断。出现这些现象的原因在于单元格的高度和宽度不够，不能将其中的文字正确显示。因此，需要适当调整工作表的列宽和行高，它也是改善工作表外观经常用到的手段之一。

调整列宽和行高最快捷的方法是利用鼠标操作。将鼠标指向要调整的列宽（或行高）的列（或行）号之间的分隔线上，当鼠标指针变成带一个双向箭头的十字形（见图6-16）时，拖动分隔线到需要的位置即可。

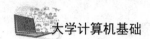

如果要精确调整列宽和行高，在Excel 2016中，可以通过"开始"选项卡"单元格"组"格式"按钮下拉菜单中的"行高"和"列宽"命令执行。它们将分别显示"行高"和"列宽"对话框，用户可以在其中输入需要的高度或宽度值。"行高"对话框如图6-17所示。

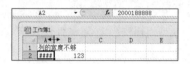

图6-16　利用鼠标调整列宽　　　　　　　　　　　　图6-17　"行高"对话框

3. 设置对齐方式

● 拓展阅读对齐方式

输入单元格中的数据通常具有不同的数据类型，在电子表格处理软件中不同类型的数据在单元格中以某种默认方式对齐。例如，文本左对齐，数值、日期和时间右对齐，逻辑值和错误值居中对齐等。如果对默认的对齐方式不满意，可以改变数据的对齐方式。电子表格处理软件提供了设置数据对齐方式的功能。

● 拓展阅读单元格的合并居中

在Excel 2016中，这通过"开始"选项卡"对齐方式"组中的相应按钮来完成。如果要求比较复杂，就需要通过单击该组右下角的对话框启动器按钮，打开"设置单元格格式"对话框，在"对齐"选项卡中进行设置，如图6-18所示。

除了设置对齐方式，在该选项卡中还可以对文本进行显示控制，有效解决文本的显示问题，如自动换行、缩小字体填充、合并单元格、改变文字方向和旋转文字角度等，如图6-19所示。

● 拓展阅读字体、字号、字形

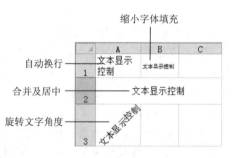

图6-18　"设置单元格格式"对话框"对齐"选项卡　　图6-19　文本的显示控制

4. 添加边框和底纹

为工作表添加各种类型的边框和底纹，不仅可以起到美化工作表的目的，还可以使工作表更加清晰明了。

电子表格处理软件在默认情况下，并不为单元格设置边框，工作表中的框线在打印时并不显示出来。一般情况下，用户在打印工作表或突出显示某些单元格时，都需要添加一些边框以使工作表更加美观和容易阅读。

如果要给某一单元格或某一区域增加边框，在Excel 2016中，首先选定相应区域，然后在右键快捷菜单中选择"设置单元格格式"命令，在"设置单元格格式"对话框"边框"选项卡

中进行设置，如图 6-20 所示。

除了为工作表加上边框外，还可以为它加上背景颜色或图案，即底纹。不仅可以突出显示重点内容，还可以美化工作表的外观。在 Excel 2016 中，可通过"设置单元格格式"对话框中的"填充"选项卡来完成。

【例 6-4】对例 6-3 中的"学生成绩表"进行单元格格式化。设置平均分列小数位为 1 位；将第 1 行行高设为 25，姓名列列宽设为 10；将 A1 到 I1 单元格合并为一个，标题内容水平居中对齐；标题字体设为黑体、16 号、加粗；工作表边框外框为黑色粗线，内框为黑色细线；姓名所在行底纹为黄色。其效果如图 6-21 所示。

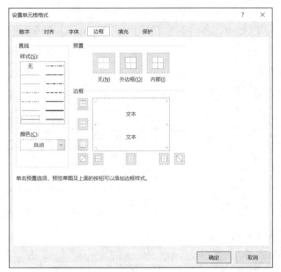

图 6-20 "设置单元格格式"对话框"边框"选项卡　　图 6-21 "学生成绩表"格式化效果

在 Excel 2016 中，操作步骤如下：

① 右击列标"H"选定此列，在弹出的快捷菜单中选择"设置单元格格式"命令，打开"设置单元格格式"对话框，在"数字"选项卡"分类"列表框中选择"数值"，小数位数选择"1"，（见图 6-15），也可以选择"开始"选项卡"数字"组中的"减少小数位数"按钮 快捷完成。

② 单击行号"1"选定标题行（第 1 行），选择"开始"选项卡"单元格"组中"格式"下拉菜单中的"行高"命令，在"行高"对话框中输入"25"（见图 6-17）；单击列标"A"选定姓名所在列，选择"开始"选项卡"单元格"组中"格式"下拉菜单中的"列宽"命令，在"列宽"对话框中输入"10"。

③ 选中 A1 到 I1 单元格，在"设置单元格格式"对话框"对齐"选项卡中设置"水平对齐"为"居中"，选中"合并单元格"复选框（见图 6-18）。也可以单击"开始"选项卡"对齐方式"组中的"合并后居中"按钮 快捷完成。

④ 选中标题"第一学期学生成绩表"，在"设置单元格格式"对话框"字体"选项卡中设置字体为"黑体"，字形为"加粗"，字号为"16"。也可以利用"开始"选项卡"字体"组中的相应按钮来快捷完成。

⑤ 选中整个表格（A1:I18），在"设置单元格格式"对话框"边框"选项卡中先选择线条颜色为"黑色"，样式为"粗线"，单击预置栏"外边框"按钮，完成工作表外框的设置，再选择线条样式为"细线"，单击"内部"按钮，完成工作表内框的设置

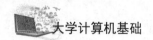

（见图6-20）。选中姓名所在行（A2:I2），在"设置单元格格式"对话框"填充"选项卡中选择"颜色"为黄色。

5. 使用条件格式

条件格式可以使数据在满足不同的条件时，显示不同的格式，非常实用。如处理学生成绩时，可以对不及格、优等不同分数段的成绩以不同的格式显示。

【例6-5】对例6-4中的"学生成绩表"设置条件格式：将不及格的成绩设置成"浅红填充色深红色文本"效果，90分以上的成绩设置成蓝色，加双下画线。其效果如图6-22所示。

在Excel 2016中，操作步骤如下：

① 选定要设置格式的数据区域（D3:F16）。

② 单击"开始"选项卡"样式"组中的"条件格式"按钮，在下拉菜单中指向"突出显示单元格规则"，选择其级联菜单中的"小于"命令，打开"小于"对话框，进行设置，如图6-23所示。

③ 然后，用同样的方法选择"大于"命令，打开"大于"对话框，在左边的文本框中输入89，在右边的下拉列表框中选择"自定义格式"命令，打开"设置单元格格式"对话框，在"字体"选项卡中设置颜色为"蓝色"，下画线为"双下画线"，然后单击"确定"按钮。

图 6-22　设置条件格式效果

图 6-23　"小于"对话框设置

6. 自动套用格式

在电子表格处理的过程中，有时需要快速实现报表格式化，既节省时间又能做出美观统一的报表。电子表格处理软件提供了许多种漂亮、专业的表格自动套用格式。自动套用格式是一组已定义好的格式的组合，包括数字、字体、对齐、边框、颜色、行高和列宽等。在Excel 2016中，自动套用格式是通过"开始"选项卡"样式"组中的"套用表格格式"按钮来实现的。

6.2.5 保存和保护工作簿

1. 保存工作簿

在对工作表进行操作时，应记住经常保存工作簿，以免由于一些突发状况而丢失数据。与文字处理软件一样，电子表格处理软件提供了手动和自动保存文件的功能。

（1）手动保存

在Excel 2016中，常用方法有两种：

① 单击快速访问工具栏的"保存"按钮。

② 选择"文件"→"保存"或"另存为"命令。

其操作与Word 2016类似。

（2）自动保存

与 Word 2016 一样，在 Excel 2016 中，默认情况下系统每 10 min 会自动保存文档一次。如果需要重新设置文档保存时间，操作方法如下：选择"文件"→"选项"命令，打开"Excel 选项"对话框，单击"保存"选项卡，在"保存工作簿"区单击"保存自动恢复信息时间间隔"数值框右侧的下调按钮，设置好需要的数值即可。

2.　保护工作簿

（1）保护工作簿数据

为了保证数据安全，有时需要为工作簿设置打开或修改密码。电子表格处理软件提供了设置文档权限密码的功能。

在 Excel 2016 中，可以在第一次保存时出现的"另存为"对话框中设置密码。操作方法是：选择"工具"下拉菜单中的"常规选项"命令，打开"常规选项"对话框，在"打开权限密码"和"修改权限密码"文本框中输入相应密码，如图 6-24 所示，单击"确定"按钮后在弹出的"确认密码"对话框中分别再次输入密码即可。

（2）保护工作簿结构和窗口

有时允许他人更改工作簿中的数据，但不希望对工作簿的结构或窗口进行改变时，电子表格处理软件提供了保护结构和窗口的命令。在 Excel 2016 中，这是通过"审阅"选项卡"保护"组中的"保护工作簿"按钮来实现的。单击该按钮，弹出"保护结构和窗口"对话框，如图 6-25 所示，在其中选择好内容，输入密码即可。如果要取消对工作簿的保护，只需再次单击"审阅"选项卡"保护"组中的"保护工作簿"按钮即可。需要注意的是，如果使用密码，一定要牢记自己的密码，否则自己也无法再对工作簿的结构和窗口进行设置。

（3）保护工作表

如果仅仅是为了防止他人对某张工作表单元格格式或内容进行修改，可以只设定工作表保护。电子表格处理软件提供了保护工作表的命令。在 Excel 2016 中，这是通过"审阅"选项卡"保护"组中的"保护工作表"按钮来实现的。单击该按钮，弹出"保护工作表"对话框，如图 6-26 所示，在其中选择好内容，输入密码即可。如果要取消对工作表的保护，只需再次单击"审阅"选项卡"保护"组中的"保护工作表"按钮即可。

图 6-24　保护工作簿数据

图 6-25　保护工作簿结构和窗口

图 6-26　保护工作表

6.2.6　打开工作簿

在进行电子表格处理时，有时需要同时打开多个工作簿，电子表格处理软件提供了打开工作簿和多工作簿操作的功能。

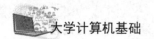

在Excel 2016中，打开工作簿常用的方法有两种：

① 在快速访问工具栏添加 "打开" 按钮，并单击。

② 选择 "文件" → "打开" 命令。

不论哪一种方式，操作后都将弹出 "打开" 界面，右侧窗格中显示了最近保存过的工作簿，可直接单击打开文件；若文件不在列表中，则在中间窗格中选择 "这台电脑" 或 "浏览" 选择文档所在的文件夹，再双击需要打开的文件名即可。

如果是最近使用过的文档，可以单击 "文件" 按钮，在 "开始" 界面中 "最近" 列表中查看并打开相应文件。

电子表格处理软件打开多个工作簿后，只有一个工作簿是活动的，如果要激活其他工作簿，可以利用电子表格处理软件提供的切换窗口功能。在Excel 2016中，可通过 "视图" 选项卡 "窗口" 组 "切换窗口" 下拉按钮，在下拉列表中选择其他工作簿名称来实现。

6.3　图表制作

拓展阅读

图表的基本概念

　　图表以图形形式来显示数值数据系列，反映数据的变化规律和发展趋势，使人更容易理解大量数据以及不同数据系列之间的关系，一目了然地进行数据分析。电子表格处理软件能充分满足图表制作的需求，提供丰富的图表类型，如柱形图、折线图、饼图、条形图、面积图、散点图和其他图表等，既有平面图形，又有复杂的三维立体图形。同时，它还提供许多图表处理工具，如设置图表标题、设置字体、修改图表背景色等，帮助用户设计、编辑和美化图表。

电子表格处理常用的图表类型有：

① 柱形图：用于显示一段时间内数据变化或各项之间的比较情况。它简单易用，是最受欢迎的图表形式。

② 条形图：可以看作是横着的柱形图，是用来描绘各个项目之间数据差别情况的一种图表，它强调的是在特定的时间点上进行分类和数值的比较。

③ 折线图：是将同一数据系列的数据点在图中用直线连接起来，以等间隔显示数据的变化趋势。

④ 面积图：用于显示某个时间阶段总数与数据系列的关系。又称面积形式的折线图。

⑤ 饼图：能够反映出统计数据中各项所占的百分比或是某个单项占总体的比例。使用该类图表便于查看整体与个体之间的关系。

⑥ XY散点图：通常用于显示两个变量之间的关系，利用散点图可以绘制函数曲线。

⑦ 圆环图：类似于饼图，但在中央空出了一个圆形的空间。它也用来表示各个部分与整体之间的关系，但是可以包含多个数据系列。

⑧ 气泡图：类似于XY散点图，但它是对成组的3个（或以上）数值而非2个数值进行比较。

⑨ 雷达图：用于显示数据中心点以及数据类别之间的变化趋势。可对数值无法表现的倾向分析提供良好的支持，为了能在短时间内把握数据相互间的平衡关系，也可以使用雷达图。

⑩ 迷你图：是以单元格为绘图区域，绘制出简约的数据小图标。由于迷你图太小，无法在图中显示数据内容，所以迷你图与表格是不能分离的。迷你图包括折线图、柱形图、盈亏图3种类型，其中折线图用于返回数据的变化情况，柱形图用于表示数据间的对比情况，盈亏图则可以将业绩的盈亏情况形象地表现出来。

6.3.1　创建图表

电子表格处理软件提供了创建图表的功能。

在 Excel 2016 中，创建图表快速简便，只需要选择源数据，然后单击"插入"选项卡"图表"组中对应图表类型的按钮，在下拉列表中选择具体的类型即可。

【例6-6】根据例6-5"学生成绩表"中的姓名、各科成绩产生一个簇状柱形图，如图6-27所示。

在 Excel 2016 中，操作步骤如下：

① 选定建立图表的数据源。这一步非常重要，方法如下：先选定姓名列（A2:A16），按住【Ctrl】键，再选定各科成绩数据区域（D2:F16），如图6-28所示。

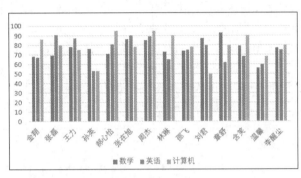

图 6-27　簇状柱形图

图 6-28　正确选定建立图表的数据源

② 单击"插入"选项卡"图表"组中的"插入柱形图或条形图"下拉按钮，然后选择"簇状柱形图"（单击图标即可），图表就会在表格中显示，然后将图表调整至合适大小。

6.3.2　编辑图表

在创建图表之后，如果图表的类型不能直观表达工作表中的数据，或者想设计图表布局和图表样式时，需要编辑图表。电子表格处理软件提供了编辑图表的功能。

在 Excel 2016 中，编辑图表通过"图表工具"中"设计"选项卡中的相应功能来实现。可以进行如下操作：

① 更改图表类型：重新选择合适的图表。

② 添加图表元素：直接加上图表的标题、坐标轴、数据等信息。

③ 切换行/列：将图表的 X 轴数据和 Y 轴数据对调。

④ 选择数据：在"选择数据源"对话框中可以编辑、修改系列与分类轴标签。

⑤ 快速布局：快速套用集中内置的布局样式。

⑥ 更改图表样式：为图表应用内置样式。

⑦ 移动图表：在本工作簿中移动图表或将图表移动至其他工作簿。

⑧ 更改颜色：为图表应用不同颜色。

在"格式"选项卡中可以进行如下操作：

① 设置所选内容格式：在"当前所选内容"组中快速定位图表元素，并设置所选内容格式。

② 形状样式：快速套用内置样式，设置形状填充、形状轮廓以及形状效果。

③ 插入艺术字：快速套用艺术字样式，设置文本填充、文本轮廓或文本效果。

④ 排列图表：排列图表元素对齐方式等。

⑤ 设置图表大小：设置图表的宽度与高度、裁剪图表。

⑥ 插入形状：可以插入各种形状的图形。

【例6-7】为例6-6中的图表添加图表标题为"学生成绩表"，X轴标题为"学生姓名"，Y轴标题为"分"。效果如图6-29所示。

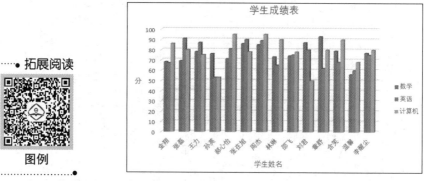

图 6-29　编辑图表

在Excel 2016中，操作步骤如下：

① 选定图表，在"设计"选项卡"图表布局"组中单击"添加图表元素"下拉按钮，在下拉列表中选择"图表标题"→"图表上方"命令，此时图表上方添加了图表标题文本框，在其中输入"学生成绩表"。

② 然后继续选择"坐标轴标题"→"主要横坐标轴"命令，在出现的"坐标轴标题"文本框中输入"学生姓名"。

③ 继续选择"坐标轴标题"→"主要纵坐标轴"命令，在出现的"坐标轴标题"文本框中输入"分"。

④ 最后双击"数学""英语""计算机"标签，在右边的"设置图例项格式"窗格中，单击"图例选项"按钮 ，在"图例位置"栏中，选中"靠右"单选按钮即可。

6.4　数据管理和分析

在电子表格处理过程中，不仅需要输入、编辑、计算数据，将数据制作成图表，还需要对这些数据进行组织、管理、排列、分析，从中获取更加丰富的信息。为了实现这一目的，电子表格处理软件提供了丰富的数据管理功能，可以对大量、无序的原始表格数据进行深入处理和分析，方便、快捷地对数据进行排序、筛选、分类汇总、创建数据透视表等统计分析工作。

6.4.1　建立数据清单

如果要使用电子表格处理软件的数据管理功能，首先必须将电子表格创建为数据清单。数据清单，又称数据列表，是由工作表中的单元格构成的矩形区域，即一张二维表。数据清单是一种特殊的表格，必须包括两部分，即表结构和表记录。表结构是数据清单中的第一行，即列标题（又称字段名）。电子表格处理软件将利用这些字段名对数据进行查找、排序以及筛选等操作。表记录则是电子表格处理软件实施管理功能的对象，该部分不允许有非法数据内容出现。要正确创建数据清单，应遵循以下准则：

① 避免在一张工作表中建立多个数据清单，如果在工作表中还有其他数据，要在它们与数据清单之间留出空行、空列。

② 通常在数据清单的第一行创建字段名。字段名必须唯一，且每一字段的数据类型必须相同，如字段名是"性别"，则该列存放的必须全部是性别名称。

③ 数据清单中不能有完全相同的两行记录。

6.4.2　数据排序

在实际应用中，为了方便查找和使用数据，用户通常按一定顺序对数据清单进行重新排列。其中，数值按大小排序，时间按先后排序，英文字母按字母顺序（默认不区分大小写）排序，汉字按拼音首字母排序或笔画排序。

用来排序的字段称为关键字。排序方式分升序（递增）和降序（递减），排序方向有按行排序和按列排序，此外，还可以采用自定义排序。

数据排序有两种：简单排序和复杂排序。

1. 简单排序

指对1个关键字（单一字段）进行升序或降序排列。在 Excel 2016 中，简单排序可以通过单击"数据"选项卡"排序和筛选"组中的"升序"按钮、"降序"按钮快速实现，也可以通过"排序"按钮打开"排序"对话框进行操作。

2. 复杂排序

指对1个以上关键字（多个字段）进行升序或降序排列。当排序的字段值相同，可按另一个关键字继续排序，最多可以设置3个排序关键字。在 Excel 2016 中，复杂排序必须通过单击"数据"选项卡"排序和筛选"组中的"排序"按钮来实现。

【例6-8】对"学生成绩表"排序，首先按男女生升序排列，然后按"总分"降序排列，总分相同时再按"计算机"成绩降序排列。结果如图6-30所示。

图 6-30　复杂排序结果

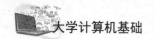

在 Excel 2016 中，操作步骤如下：

① 建立学生成绩表数据清单。在例 6-7 中的工作表中选定数据区域 A2:H16，右击，在弹出的快捷菜单中选择"复制"命令，然后新建一个工作簿，在 Sheet1 中选中 A1 单元格，右击，在弹出的快捷菜单中选择"选择性粘贴"命令，在弹出的对话框的"粘贴"区中选择"数值"，单击"确定"按钮，创建好数据清单。

② 选择数据清单中任意单元格，单击"数据"选项卡"排序和筛选"组中的"排序"按钮，打开"排序"对话框，选择"主要关键字"为"性别"、排序依据为"单元格值"，次序为"升序"，单击"添加条件"按钮，选择"次要关键字"为"总分""排序依据"为"单元格值"，"次序"为"降序"，再单击"添加条件"按钮，选择"次要关键字"为"计算机"，"排序依据"为"单元格值"，"次序"为"降序"，如图 6-31 所示。在该对话框中，"数据包含标题"复选框是为了避免字段名也成为排序对象；"选项"按钮用来打开"排序选项"对话框，进行一些与排序相关的设置，比如按自定义次序排序、排列字母时区分大小写、改变排序方向（按行）或汉字按笔画排序等。

图 6-31　"排序"对话框

6.4.3　数据筛选

当数据列表中记录非常多，用户只对其中一部分数据感兴趣时，可以使用电子表格处理软件提供的数据筛选功能将不感兴趣的记录暂时隐藏起来，只显示感兴趣的数据。当筛选条件被清除时，隐藏的数据又恢复显示。

数据筛选有两种：自动筛选和高级筛选。自动筛选可以实现单个字段筛选，以及多字段筛选的"逻辑与"关系（即同时满足多个条件），操作简便，能满足大部分应用需求；高级筛选能实现多字段筛选的"逻辑或"关系，较复杂，需要在数据清单以外建立一个条件区域。

1. 自动筛选

在 Excel 2016 中，自动筛选是通过"数据"选项卡"排序和筛选"组中的"筛选"按钮来实现的。在所需筛选的字段名下拉列表中选择符合的条件，若没有，则指向"文本筛选"或"数字筛选"其中的"自定义筛选"输入条件。如果要使数据恢复显示，单击"排序和筛选"组中的"清除"按钮。如果要取消自动筛选功能，再次单击"筛选"按钮即可。

【例 6-9】筛选"学生成绩表"中数学系计算机成绩在 80～90 分（包括 80 分和 90 分）之间的所有记录。筛选结果如图 6-32 所示。

	A	B	C	D	E	F	G	H
1	姓名	系别	性别	数学	英语	计算机	总分	平均分
2	金翔	数学	男	68	67	86	221	73.66667
15	李醒尘	数学	女	77	75	80	232	77.33333

图 6-32　自动筛选结果

在 Excel 2016 中，操作步骤如下：

① 选择数据清单中任意单元格。

② 单击"数据"选项卡"排序和筛选"组中的"筛选"按钮 ，在各个字段名的右边会出现筛选箭头，单击"系别"列的筛选箭头，在下拉列表中仅选择"数学"选项，筛选结果只显示数学系的学生记录。

③ 再单击"计算机"列的筛选箭头，在下拉列表中指向"数字筛选"，然后选择其中的"大于或等于"命令，打开"自定义自动筛选方式"对话框，在其中进行相应设置，如图 6-33 所示，单击"确定"按钮。

图 6-33　"自定义自动筛选方式"对话框设置

2. 高级筛选

当筛选的条件较为复杂，或出现多字段间的"逻辑或"关系时，使用"数据"选项卡"排序和筛选"组中的"高级"按钮 。

在进行高级筛选时，不会出现自动筛选下拉箭头，而是需要在条件区域输入条件。条件区域应建立在数据清单以外，用空行或空列与数据清单分隔。输入筛选条件时，首行输入条件字段名，从第 2 行起输入筛选条件，输入在同一行上的条件关系为"逻辑与"，输入在不同行上的条件关系为"逻辑或"。在 Excel 2016 中，建立条件区域后，单击"数据"选项卡"排序和筛选"组中的"高级"按钮，在其对话框内进行数据区域和条件区域的选择。筛选的结果可在原数据清单位置显示，也可在数据清单以外的位置显示。

【例 6-10】要筛选出"学生成绩表"中数学系总分>=200 且计算机成绩>=80 或自动控制系总分<200 的所有记录，并将筛选结果在原有区域显示。筛选结果如图 6-34 所示。

	A	B	C	D	E	F	G	H
1	姓名	系别	性别	数学	英语	计算机	总分	平均分
2	金翔	数学	男	68	67	86	221	73.66667
14	温馨	自动控制	女	56	60	68	184	61.33333
15	李醒尘	数学	女	77	75	80	232	77.33333

图 6-34　高级筛选结果

在 Excel 2016 中，操作步骤如下：

① 建立条件区域：在数据清单以外选择一个空白区域，在首行输入字段名：系别、总分、计算机，在第 2 行对应字段下面输入条件：数学、>=200、>=80，在第 3 行对应字段下面输入条件：自动控制、<200，如图 6-35 所示。

② 选择数据清单中任意单元格，单击"数据"选项卡"排序和筛选"组中的"高级"按钮，打开"高级筛选"对话框。先确认"在原有区域显示筛选结果"单选按钮为选中状态，以及给出的列表区域是否正确。如果不正确，可以单击"列表区域"框右侧的"折叠对话框"按钮 ，用鼠标在工作表中重新选择后单击"折叠对话框"按钮 返回。然后单击"条件区域"文本框右侧的"折叠对话框"按钮。用鼠标在工作表中选择条件区域后单击"折叠对话框"按钮返回。"高级筛选"对话框设置如图 6-36 所示。

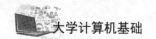

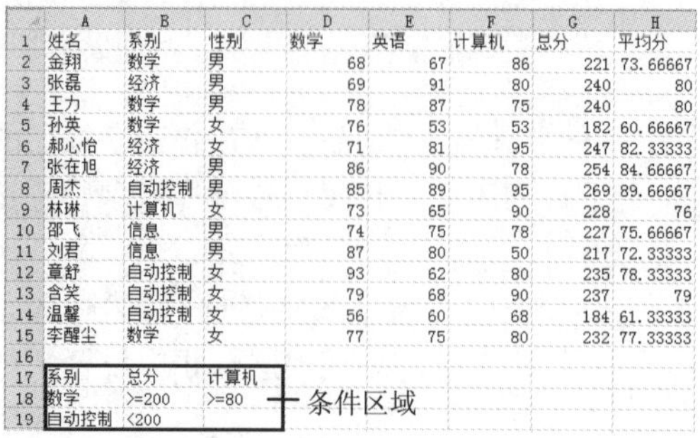

图 6-35　建立条件区域　　　　　图 6-36　"高级筛选"对话框设置

6.4.4　分类汇总

实际应用中经常用到分类汇总，像仓库的库存管理经常要统计各类产品的库存总量，商店的销售管理经常要统计各类商品的售出总量等。它们的共同特点是首先要进行分类（排序），将同类别数据放在一起，然后再进行数量求和之类的汇总运算。电子表格处理软件提供了分类汇总功能。

分类汇总就是对数据清单按某个字段进行分类（排序），将字段值相同的连续记录作为一类，进行求和、求平均、计数等汇总运算。针对同一个分类字段，可进行多种方式的汇总。

需要注意的是，在分类汇总前，必须先对分类字段排序，否则将得不到正确的分类汇总结果；其次，在分类汇总时要清楚对哪个字段分类，对哪些字段汇总以及汇总的方式，这些都需要在"分类汇总"对话框中逐一设置。

分类汇总有两种：简单汇总和嵌套汇总。

1. 简单汇总

简单汇总是指对数据清单的一个或多个字段仅做一种方式的汇总。

【例6-11】求"学生成绩表"中各系学生各门课程的平均成绩。汇总结果如图6-37所示。

根据分类汇总要求，实际上是对"系别"字段分类，对"数学""英语""计算机"字段进行汇总。汇总方式是求平均值。

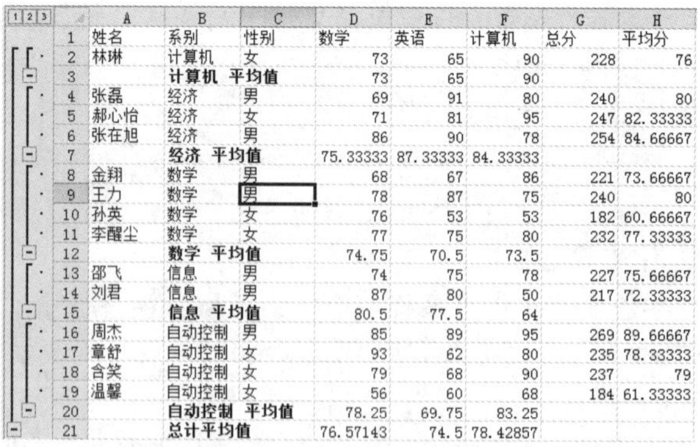

图 6-37　简单汇总结果

在Excel 2016中，操作步骤如下：

① 选择第B列（"系别"数据），单击"数据"选项卡"排序和筛选"组中"升序"按钮，对"系别"按升序排序。

② 选择数据清单中的任意单元格，单击"数据"选项卡"分级显示"组中的"分类汇总"

按钮▦，打开“分类汇总”对话框。选择“分类字段”为“系别”，“汇总方式”为“平均值”，“选定汇总项”(即汇总字段)为“数学”“英语”“计算机”，并清除其余默认汇总项，其设置如图6-38所示。在该对话框中，“替换当前分类汇总”的含义是：用此次分类汇总的结果替换已存在的分类汇总结果。

图 6-38　简单汇总“分类汇总”对话框的设置

分类汇总后，默认情况下，数据会分3级显示，可以单击分级显示区上方的“1”“2”“3”这3个按钮控制，单击“1”按钮，只显示清单中的列标题和总计结果；单击“2”按钮，显示各个分类汇总结果和总计结果；单击“3”按钮，显示全部详细数据。

2. 嵌套汇总

嵌套汇总是指对同一字段进行多种不同方式的汇总。

【例6-12】在例6-11中求各系学生各门课程的平均成绩的基础上再统计各系人数。汇总结果如图6-39所示。这需要分两次进行分类汇总。

	A	B	C	D	E	F	G	H
1	姓名	系别	性别	数学	英语	计算机	总分	平均分
2	林琳	计算机	女	73	65	90	228	76
3		**计算机 计数**		1	1	1		
4		**计算机 平均值**		73	65	90		
5	张磊	经济	男	69	91	80	240	80
6	郝心怡	经济	女	71	81	95	247	82.33333
7	张在旭	经济	男	86	90	78	254	84.66667
8		**经济 计数**		3	3	3		
9		**经济 平均值**		75.33333	87.33333	84.33333		
10	金翔	数学	男	68	67	86	221	73.66667
11	王力	数学	男	78	87	75	240	80
12	孙英	数学	女	76	53	53	182	60.66667
13	李醒尘	数学	女	77	75	80	232	77.33333
14		**数学 计数**		4	4	4		
15		**数学 平均值**		74.75	70.5	73.5		
16	邵飞	信息	男	74	75	78	227	75.66667
17	刘君	信息	男	87	80	50	217	72.33333
18		**信息 计数**		2	2	2		
19		**信息 平均值**		80.5	77.5	64		
20	周杰	自动控制	男	85	89	95	269	89.66667
21	章舒	自动控制	女	93	62	80	235	78.33333
22	含笑	自动控制	女	79	68	90	237	79
23	温馨	自动控制	女	56	60	68	184	61.33333
24		**自动控制 计数**		4	4	4		
25		**自动控制 平均值**		78.25	69.75	83.25		
26		**总计数**		14	14	14		
27		**总计平均值**		76.57143	74.5	78.42857		

图 6-39　嵌套汇总结果

在Excel 2016中，操作步骤如下：

① 先按例6-11的方法进行平均值汇总。

② 再在平均值汇总的基础上统计各部门人数。统计人数“分类汇总”对话框的设置如图6-40所示，需要注意的是“替换当前分类汇总”复选框不能选中。

若要取消分类汇总，在“分类汇总”对话框中单击“全部删除”按钮即可。

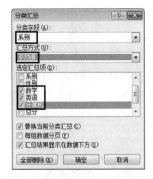

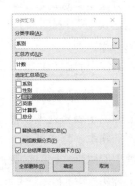

图 6-40　统计人数“分类汇总”对话框的设置

6.4.5 数据透视表

分类汇总适合按一个字段进行分类，对一个或多个字段进行汇总。如果要对多个字段进行分类并汇总，需要利用数据透视表这个有力的工具来解决问题。

【例6-13】统计“学生成绩表”中各系男女生的人数，其结果如图6-41所示。

本例既要按“系别”分类，又要按“性别”分类，这时候需要使用数据透视表。

在Excel 2016中，操作步骤如下：

① 选择数据清单中任意单元格。

② 单击"插入"选项卡"表格"组中的"数据透视表"按钮，打开"创建数据透视表"对话框，选择要分析的数据的范围（如果系统给出的区域选择不正确，用户可用鼠标选择区域）以及数据透视表的放置位置（可以放在新建表中，也可以放在现有工作表中）。然后单击"确定"按钮。此时出现"数据透视表字段列表"窗格，把要分类的字段拖入行标签、列标签位置，使之成为透视表的行、列标题，要汇总的字段拖入Σ数值区，本例"系别"作为行标签，"性别"作为列标签，统计的数据项也是"性别"，如图6-42所示。默认情况下，数据项如果是非数字型字段则对其计数，否则求和。

创建好数据透视表后，"数据透视表工具"选项卡会自动出现，用它可以修改数据透视表。

数据透视表的修改主要有：

① 更改数据透视表布局。透视表结构中行、列、数据字段都可以被更替或增加。将行、列、数据字段移出表示删除字段，移入表示增加字段。

② 改变汇总方式。可以通过单击"数据透视表工具"中"分析"选项卡"计算"组中的"按值汇总"按钮来实现。

图 6-41　数据透视表统计结果

图 6-42　"数据透视表字段列表"窗格

③ 数据更新。有时数据清单中的数据发生了变化，但数据透视表并没有随之变化。此时，不必重新生成数据透视表，单击"数据透视表工具"中"分析"选项卡"数据"组中的"刷新"按钮即可。

还可以将数据透视表中的汇总数据生成数据透视图，更为形象化地对数据进行比较。其操作方法是：选定数据透视表，单击"数据透视表工具"中"分析"选项卡"工具"组中的"数据透视图"按钮，打开"插入图表"对话框，选择相应的图表类型和图表子类型，单击"确定"按钮即可。

6.4.6　数据链接与合并计算

1. 数据链接

电子表格处理软件允许同时操作多个工作表或工作簿，通过工作簿的链接，使它们具有一定的联系。修改其中一个工作簿的数据，通过它们的链接关系，会自动修改其他工作表或工作簿中的数据。同时，链接使工作簿的合并计算成为可能，可以把多个工作簿中的数据链接到一个工作表中。

链接让一个工作簿可以共享其他工作簿中的数据，可以链接单元格、单元格区域、公式、常量或工作表。包含原始数据的工作簿是源工作簿，接收信息的工作簿是目标工作簿，在打开目标工作簿的时候，源工作簿可以是打开的，也可以是关闭的。如果先打开源工作簿，后打开目标工作簿，系统会自动使用源工作簿中的数据更新目标工作簿中的数据。

链接有很多好处。例如，一个大公司的产品销售遍布全国各地，在一个大工作簿中处理所有的数据是不现实的：一方面，收集这些数据可能要花费很大的代价；另一方面，一个工作簿中的工作表太多可能会出现许多问题。如果把各个地区的销售数据分别保存在不同的工作簿中，而各地区的工作簿数据可由各地区的销售代理完成，最后通过工作表或工作簿的链接，把不同工作簿中的数据汇总在一起进行分析。这样数据收集就变得简单了，工作表的更新随之也变快了。

总之，链接具有以下优点：

① 在不同的工作簿和工作表之间可以进行数据共享。

② 小工作簿比大工作簿的运行效率更高。

③ 分布在不同地域中的数据管理可以在不同的工作簿中完成，通过链接可以进行远程数据采集、更新和汇总。

④ 可以在不同的工作簿中修改、更新数据，可以同时工作。如果所有的数据都存于一个工作簿中，就增加了多人合作办公的难度。

【例6-14】某电视机厂生产的电视机产品有21英寸、25英寸、29英寸及34英寸几种规格，主要销售于西南地区的四川、重庆等地。该厂每个季度进行一次销售统计，每个地区每个季度的统计数据保存在一个独立的工作簿中，各个地区电视机销售统计工作簿如图6-43所示。

现在要进行第一季度销售统计，从每个地区的工作簿中直接取出汇总数据，然后在季度汇总工作簿中进行统计。第一季度销售统计工作簿如图6-44所示。

虽然图6-44中各地区的季度汇总数据可以从图6-43中复制得到，但是，如果各地区工作簿中的数据发生变化时，季度汇总的数据就不能同步更新，需要重新输入或复制。若用链接的方法将各地区工作簿中的数据链接到季度汇总工作簿就可以解决问题。

	A	B	C	D	E
1	第一季度电视机销售统计				
2	规格	一月	二月	三月	汇总
3	21英寸	417	185	104	706
4	25英寸	209	53	43	305
5	29英寸	93	66	46	205
6	34英寸	31	21	12	64

重庆 Sheet2 Sheet3

	A	B	C	D	E
1	第一季度电视机销售统计				
2	规格	一月	二月	三月	汇总
3	21英寸	289	101	84	474
4	25英寸	131	47	36	214
5	29英寸	352	138	96	586
6	34英寸	101	45	41	187

四川 Sheet2 Sheet3

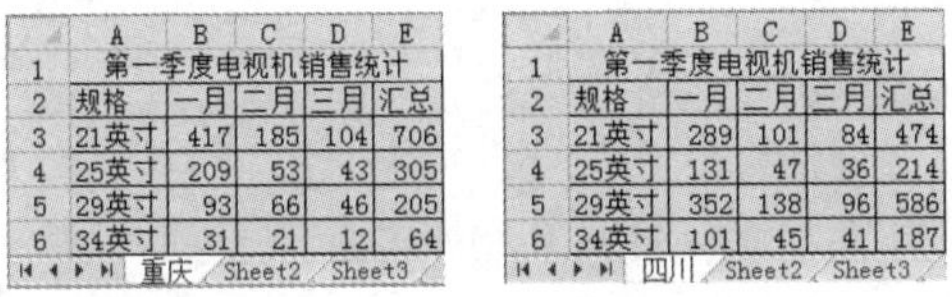

图 6-43　各个地区电视机销售统计工作簿

	A	B	C
1	第一季度电视机销售统计		
2	规格	四川	重庆
3	21英寸	474	706
4	25英寸	214	305
5	29英寸	586	205
6	34英寸	187	64

第一季度 Sheet2

图 6-44　第一季度销售统计工作簿

通过“复制”和“选择性粘贴”建立链接的方法如下：

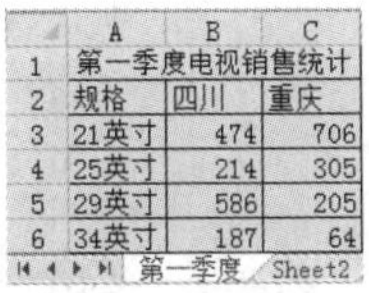

① 同时打开链接的源工作簿和目标工作簿，激活源工作簿中的源工作表。打开四川地区电视机销售数据工作簿和各地区电视机销售季度汇总工作簿后，单击“四川”工作表。

② 选中源工作表中要链接的单元格区域并复制。选择“四川”工作表中的数据区域E3:E6，然后右击，在弹出的快捷菜单中选择“复制”命令。

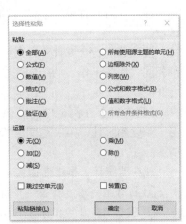

③ 激活目标工作簿，并选择目标工作表。在要链接的单元格区域进行“选择性粘贴”。选中各地区电视机销售季度汇总工作簿，单击“第一季度”工作表，然后选择存放数据的单元格区域中的左上角第一个单元格B3，右击，在弹出的快捷菜单中选择“选择性粘贴”命令，打开如图6-45所示的对话框，单击“粘贴链接”按钮，建立两个工作簿中的单元格链接。

④ 用同样的方法实现“第一季度”工作表中对重庆地区销售汇总数据的链接。

图 6-45　“选择性粘贴”对话框

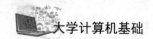
数据链接后，每次打开包含链接的工作簿，且源工作簿处于关闭状态时，系统会弹出一个对话框提醒用户是否更新，单击"更新"按钮会更新数据。如果作为数据源的工作簿改名或移到了另外的磁盘目录中，系统会报告一个链接错误信息，此时单击信息框中的"编辑链接"按钮，打开"编辑链接"对话框，单击其中的"更改源"按钮，在随后的"更改源：*"对话框中选择链接的数据源所在的位置和文件名即可。

注意：也可以将电子表格处理软件建立的工作表、图表、单元格或单元格区域作为数据源链接到其他 Windows 应用程序建立的文档中，以达到最佳效果。例如用 Word、PowerPoint 做会议报告时，以 Excel 工作表链接到 Word 为例，操作方法是：在工作表中选定需要链接的内容（通常是数据表及图表所在的单元格区域），然后复制，在 Word 文档中选择"开始"选项卡"剪贴板"组"粘贴"按钮下拉菜单中的"选择性粘贴"命令，在出现的"选择性粘贴"对话框中选中"粘贴链接"单选按钮，并在"形式"列表框中选择"Microsoft Excel 工作表对象"命令，如图 6-46 所示。

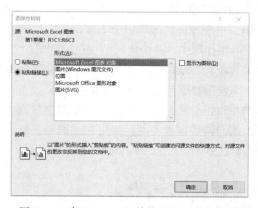

图 6-46　建立 Excel 和其他应用程序的链接

2. 数据合并计算

电子表格处理软件提供了"合并计算"的功能，可以对多张工作表中的数据同时进行计算汇总，包括求和（SUM），求平均数（AVERAGE），求最大值（MAX）、最小值（MIN），计数（COUNT），求标准差（STDEV）等运算。以 Excel 2016 为例，它支持将不少于 255 个工作表中的信息合并计算到一个主工作表中，这些工作表可以在同一个工作簿中，也可以来源于不同的工作簿。在合并计算中，计算结果所在的工作表称为目标工作表，接受合并数据的区域称为源区域。

按位置进行合并计算是最常用的方法，它要求参与合并计算的所有工作表数据的对应位置都相同，即各工作表的结构完全一样，这时，就可以把各工作表中对应位置的单元格数据进行合并。

【例6-15】在例6-14中，假设某电视机厂已对各地区电视机的销售情况进行了第一季度和第二季度的统计，第一季度销售统计工作簿如图6-44所示，第二季度销售统计工作簿如图6-47所示。

现在要统计上半年度销售总量，可以采用合并计算完成。操作步骤如下：

① 打开第一季度和第二季度的电视机销售汇总工作簿。

② 建立上半年度汇总工作簿，如图6-48所示。单击上半年度汇总工作表中存放合并数据的第一个单元格（或选中要存放合并数据的单元格区域），本例为B3（或单元格区域B3:C6）。

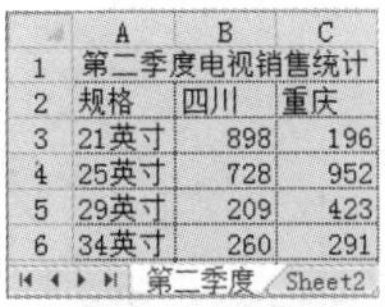

图 6-47　第二季度销售统计工作簿

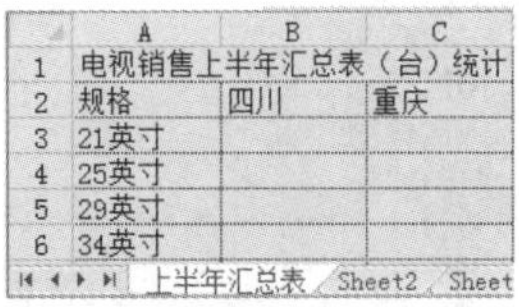

图 6-48　上半年度汇总工作簿

③ 单击"数据"选项卡"数据工具"组中的"合并计算"按钮 ，打开"合并计算"对话框，在"函数"下拉列表中选择"求和"命令，然后单击"引用位置"编辑框右侧的"折叠对话框"按钮 ，出现"合并计算-引用位置："编辑框，用鼠标选取第一季度工作表中的数据区域（B3:C6），单击该编辑框"折叠对话框"按钮 返回，再单击"添加"按钮，则选择的工作表单元格区域就会加入"所有引用位置"列表框中，如图 6-49 所示。

同样的方法把第二季度的统计数据区域添加到"所有引用位置"列表框中，选中"创建指向源数据的链接"复选框（见图 6-49），然后单击"确定"按钮。结果如图 6-50 所示。如果想查看合并计算的明细数据，单击图中的"+"按钮；如果不想显示明细数据，单击相关行前的"–"按钮即可。

图 6-49　"合并计算"对话框

图 6-50　创建了链接源数据的合并结果

6.4.7　模拟分析和运算

在电子表格处理数据的过程中，有时希望知道运算中当一个或几个变量变动时，目标值会发生什么样的变动。对于这一类问题，电子表格处理软件提供了模拟分析工具，可以在一个或多个公式中试用不同的几组值来分析所有不同的结果。

在 Excel 2016 中，附带了 3 种模拟分析工具：单变量求解、模拟运算表和方案管理器。其中，单变量求解只针对一个变量；而模拟运算表和方案管理器则可以针对两个或多个变量求解。

1. 单变量求解

单变量求解主要用来解决以下问题：先假定一个公式的计算结果是某个固定值，当其中引用的单元格变量应取值多少时该结果成立。

【例 6-16】某商场今年的销售收入为 2 657 万元，销售费用占销售收入的 8%，商品成本占销售收入的 70%，根据公式：利润=销售收入-销售费用-商品成本=销售收入 * （1-8%-70%）求得利润为 584.54 万元。若明年该商场的利润目标为 1 000 万元，则该商场需要达到多少销售收入？

在 Excel 2016 中，单变量求解的操作步骤如下：

① 建立单变量求解工作表，按图 6-51 所示在工作表中输入文字、数据和公式，其中的公式由例题给出的已知条件确定，输入结果如图 6-52 所示。

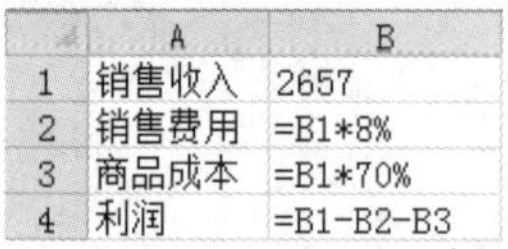

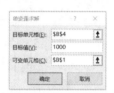

	A	B
1	销售收入	2657
2	销售费用	=B1*8%
3	商品成本	=B1*70%
4	利润	=B1-B2-B3

图 6-51　输入文字、数据和公式

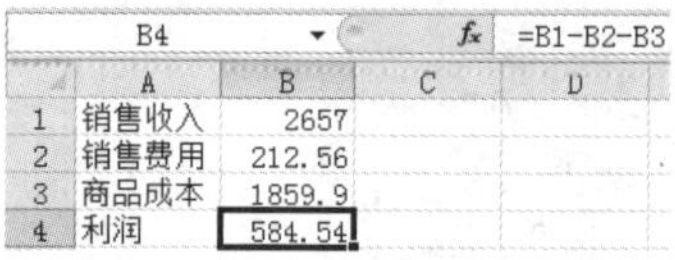

B4　　fx　=B1-B2-B3

	A	B	C	D
1	销售收入	2657		
2	销售费用	212.56		
3	商品成本	1859.9		
4	利润	584.54		

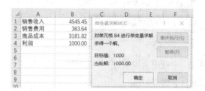

图 6-52　输入文字、数据和公式后的结果

② 单击“数据”选项卡“预测”组中“模拟分析”按钮，在下拉菜单中选择“单变量求解”命令，打开“单变量求解”对话框，在“目标单元格”编辑框中选取单元格B4，在“目标值”文本框中输入“1000”，在“可变单元格”编辑框中选取单元格B1，其设置如图6-53所示。单击“确定”按钮，打开“单变量求解状态”对话框，同时B1单元格中得到计算结果，且当前解与目标值相同，计算结果如图6-54所示，继续单击“确定”按钮结束求解。

图 6-53　“单变量求解”对话框

图 6-54　计算结果

2. 模拟运算表

模拟运算表可以显示公式中一个或两个变量变动对计算结果的影响，求得某一运算中可能发生的数值变化，并将这些变化列在一张表上以便于比较。根据观察的变量多少不同，模拟运算表可以分为单变量模拟运算表和双变量模拟运算表两种类型。

（1）单变量模拟运算表

若要测试公式中一个变量的不同取值如何改变公式的结果，可使用单变量模拟运算表。在单行或单列中输入变量值后，不同的计算结果便会在公式所在的行或列中显示。

【例6-17】某人考虑购买一套住房，要承担一笔25万的贷款，按月还款，分15年还清。其中，个人住房贷款有3类：第一类为银行商业贷款，利率为0.0612；第二类为住房公积金贷款，利率为0.045；第三类为组合贷款，利率为0.0594。计算3种不同贷款利率下的月还款额。

在Excel 2016中，单变量模拟运算表的操作步骤如下：

① 在一个工作表中建立模拟运算表的基本结构，输入给定的文字、数据和公式，如图6-55所示。其中，B6单元格中输入的是计算贷款的月支付金额公式。第1个参数“B3/12”表示每期支付的贷款利息，因为是按月支付，所以用年利息除以12。B3单元格称为输入单元格，将会被含有输入数据的行或列单元格替代，其中输入的数据是样板数据，可以是3个利率中的任何一个。第2个参数是支付贷款的总期数，因为用月份数表示，所以是B2*12，B2单元格中输入的数据是贷款年限，该参数也可以直接使用12*15。第3个参数是贷款金额，也可以直接使用250000。但数值使用不如单元格引用更灵活方便。

② 选择包括公式和需要保存计算结果的单元格区域A6:B9，即模拟运算表。

③ 单击“数据”选项卡“预测”组中“模拟分析”按钮，在下拉菜单中选择“模拟运算表”命令，打开“模拟运算表”对话框。

④ 由于工作表中的“贷款利率”排成一列，因此在“模拟运算表”对话框的“输入引用列的单元格”编辑框中选取单元格B3，或者直接输入“$B$3”，然后单击“确定”按钮，最终的模拟运算表计算结果如图6-56所示。

	A	B
1	贷款金额	250000
2	贷款年限	15
3	贷款利率	0.045
4		
5	贷款利率	月还款额
6		=PMT(B3/12,B2*12,B1)
7	0.045	
8	0.0594	
9	0.0612	

图 6-55　单变量模拟运算表基本结构

	A	B
1	贷款金额	250000
2	贷款年限	15
3	贷款利率	0.045
4		
5	贷款利率	月还款额
6		¥-1,912.48
7	0.045	-1912.483222
8	0.0594	-2101.546748
9	0.0612	-2125.884223

图 6-56　单变量模拟运算表计算结果

（2）双变量模拟运算表

单变量模拟运算表只能解决一个输入变量对一个或多个计算公式的影响，如果想查看两个变量对公式计算的影响就需要使用双变量模拟运算表。

【例6-18】某人考虑购买一套住房，要承担一笔25万的贷款，按月还款。其中，个人住房贷款有3类：第一类为银行商业贷款，利率为0.061 2；第二类为住房公积金贷款，利率为0.045；第三类为组合贷款，利率为0.059 4。计算3种不同贷款利率下5年、10年、15年、20年4个不同贷款期限的月还款额。

这里有两个变量，一个是贷款利率，一个是贷款期限。使用双变量模拟运算表进行计算。

在 Excel 2016 中，双变量模拟运算表的操作步骤如下：

① 在一个工作表中建立模拟运算表的基本结构，输入给定的文字、数据和公式，如图 6-57 所示。其中，B2 可以输入题目中给出的任意一个贷款年限，B3 可以输入任意一个贷款利率，因为这两个只是样本数据。B2 是代表贷款年限的变量，它的取值是工作表区域 C6:F6；B3 是代表贷款利率的变量，它的取值是工作表区域 B7:B9。

	A	B	C	D	E	F
1	贷款金额	250000				
2	贷款年限	15				
3	贷款利率	0.045				
4						
5	月还款额		贷款年限			
6		=PMT(B3/12,B2*12,B1)	5	10	15	20
7	贷款利率	0.045				
8		0.0594				
9		0.0612				

图 6-57　双变量模拟运算表基本结构

② 选择包括公式和需要保存计算结果的单元格区域B6:F9，即模拟运算表。

③ 单击"数据"选项卡"预测"组中"模拟分析"按钮，在下拉菜单中选择"模拟运算表"命令，打开"模拟运算表"对话框。

④ 由于工作表中的"贷款年限"排成一行，"贷款利率"排成一列，因此在"模拟运算表"对话框的"输入引用行的单元格"编辑框中选取单元格B2，或者直接输入"$B$2"，在"输入引用列的单元格"编辑框中选取单元格B3，或者直接输入"$B$3"，然后单击"确定"按钮，最终的模拟运算表计算结果如图6-58所示。

	A	B	C	D	E	F
1	贷款金额	250000				
2	贷款年限	15				
3	贷款利率	0.045				
4						
5	月还款额		贷款年限			
6		¥-1,912.48	5	10	15	20
7		0.045	-4660.75	-2590.96	-1912.48	-1581.62
8	贷款利率	0.0594	-4826.23	-2767.99	-2101.55	-1782.43
9		0.0612	-4847.16	-2790.6	-2125.88	-1808.43

图 6-58　双变量模拟运算表计算结果

3. 方案管理器

单变量求解只能解决具有一个未知变量的问题，模拟运算表最多只能解决两个变量引起的问题。如果要解决包括较多可变因素的问题，或者要在几种假设分析中找出最佳执行方案，可以使用方案管理器。

用户可以根据工作需要，在多个方案间快速切换浏览。在创建或收集到所需的全部方案后，还可以创建综合性的方案摘要报告。

【例6-19】对于例6-16中的数据，若要使利润达到700万元，设定两种不同的方案：一种是增加销售收入为3 181.818万元；另一种是在销售收入和商品成本不变的条件下，降低销售费用为100万元。比较两种方案的可行性。

在Excel 2016中，使用方案管理器解决问题的操作步骤如下：

① 单元格命名。在创建方案之前，为了使创建的方案能明确地显示有关变量以及为了将来进行方案总结时便于阅读，需要先给有关变量所在的单元格命名。首先建立原始数据表（见图6-51），然后给数据区域B1:B4单元格命名。方法是：选中单元格区域A1:B4，单击"公式"选项卡"定义的名称"组中的"根据所选内容创建"按钮，打开"以选定区域创建名称"对话框，在该对话框中选中"最左列"复选框，单击"确定"按钮。完成后，B1:B4单元格就分别用A1:A4单元格中的文字命名了，如B1单元格的名称就是"销售收入"。

② 创建方案。完成单元格命名后，便可逐个创建所需方案。方法是：单击"数据"选项卡"预测"组中"模拟分析"按钮，在下拉菜单中选择"方案管理器"命令，打开"方案管理器"对话框，如图6-59所示，继续单击"添加"按钮，打开"编辑方案"对话框，在"方案名"文本框中输入"增加销售收入"，在"可变单元格"文本框中输入B1，如图6-60所示，单击"确定"按钮，然后在打开的"方案变量值"对话框中输入需要达到的销售输入"3181.818"，如图6-61所示，单击"确定"按钮完成"增加销售收入"方案的创建。用同样的方法完成"降低销售费用"方案的创建，其中"可变单元格"为B2，且假定这个单元格没有公式只有数值且数值为100。

图 6-59 "方案管理器"对话框

图 6-60 "编辑方案"对话框

图 6-61 "方案变量值"对话框

③ 创建方案摘要。在创建完方案后，需要通过方案摘要报告来对方案进行直观地显示和分析。创建方案摘要的具体方法是：在"方案管理器"对话框（见图6-59）中单击"摘要"按钮，打开"方案摘要"对话框，在"报表类型"中选中"方案摘要"单选按钮，如图6-62所示，单击"确定"按钮即可获得方案摘要结果，如图6-63所示。

图 6-62　"方案摘要"对话框

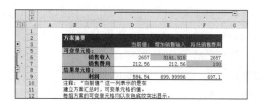

图 6-63　"方案摘要"结果

比较两个方案的结果单元格"利润"值可知,"增加销售收入"方案对目标的影响相对较大,可行性更好。

6.4.8　常用数据统计分析函数及其应用

1. 日期时间函数

（1）YEAR 函数

功能：返回某日期对应的年份,返回值为1900到9999之间的整数。

格式：YEAR(serial_number)。

说明：serial_number是一个日期值,也可以是格式为日期格式的单元格名称。

（2）TODAY 函数

功能：返回当前日期。

格式：TODAY()。

【例6-20】使用日期函数计算"个人信息情况表"（见图6-64）中的"年龄"字段结果。

在 Excel 2016 中,操作步骤如下：

① 单击工作表中的D2单元格。

② 输入公式"=YEAR(TODAY())-YEAR(C2)",完毕后按【Enter】键。

③ 拖动D2单元格右下角的填充柄至单元格D6,利用公式的自动填充功能得到其他人的年龄。

姓 名	性 别	出生年月	年龄	所在区域	原电话号码	升级后号码	是否>=40男性	是否闰年出生
王一	男	1967/6/15		天心区	073123198××			
张二	女	1974/9/27		芙蓉区	073157428××			
林三	男	1953/2/21		雨花区	073152428××			
胡四	女	1984/3/30		开福区	073147428××			
吴五	男	1996/8/13		岳麓区	073186428××			

图 6-64　个人信息情况表

（3）MINUTE 函数

功能：返回时间值中的分钟,即一个介于0～59之间的整数。

格式：MINUTE(serial_number)

说明：serial_number是一个时间值,也可以是格式为时间格式的单元格名称。

举例：=MINUTE("15:30:00"),确认后返回30。

（4）HOUR 函数

功能：返回时间值中的小时数,即一个介于0～23之间的整数。

格式：HOUR(serial_number)

说明：serial_number是一个时间值,也可以是格式为时间格式的单元格名称。

（5）NOW 函数。

功能：返回当前日期和时间所对应的系列数。

格式：NOW()。

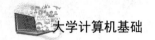

说明：如果系统日期和时间发生了改变，只要按【F9】功能键，即可让其随之改变。

举例：=NOW()，确认后即刻显示出系统日期和时间。

（6）DATE 函数

功能：返回代表特定日期的系列数。

格式：DATE(year,month,day)。

举例：=DATE(2003,13,35)，确认后显示出 2004-2-4。由于上述公式中，月份为 13，多了一个月，顺延至 2004 年 1 月；天数为 35，比 2004 年 1 月的实际天数又多了 4 天，故又顺延至 2004 年 2 月 4 日。

（7）WEEKDAY 函数

功能：返回某日期为星期几。默认情况下，其值为 1（星期日）~ 7（星期六）之间的整数。

格式：WEEKDAY(serial_num,return_type)。

举例：=WEEKDAY("2001/8/28",2)，确认后返回 2(星期二)；

=WEEKDAY("2003/02/23",3)，确认后返问 6(星期日)。

2. 逻辑函数

（1）AND（与）函数

功能：在其参数组中，所有参数逻辑值为 TRUE，即返回 TRUE。

格式：AND(logical1,logical2,…)。

说明：logical1,logical2,…为需要进行检验的 1 ~ 255 个条件，结果分别为 TRUE 或 FALSE。

（2）OR（或）函数

功能：在其参数组中，任何一个参数逻辑值为 TRUE，即返回 TRUE。

格式：OR(logical1,logical2,…)。

说明：logical1,logical2,…为需要进行检验的 1 ~ 255 个条件，结果分别为 TRUE 或 FALSE。

【例 6-21】使用逻辑函数计算"个人信息情况表"（见图 6-64）中的"是否＞=40 男性"和"是否闰年出生"字段结果。

操作步骤如下：

① 单击工作表中的 H2 单元格。

② 输入公式"=AND(B2="男",D2>=40)"，完毕后按【Enter】键；利用公式的自动填充功能得到其他人的结果。

③ 单击工作表中的 I2 单元格。

④ 输入公式"=OR(AND(MOD(YEAR(C2),4)=0,MOD(YEAR(C2),100)<>0),MOD(YEAR(C2))), 400)=0)"，其中 MOD 函数的作用是返回两数相除的余数，完毕后按【Enter】键，利用公式的自动填充功能得到其他人的结果，如图 6-65 所示。

姓名	性别	出生年月	年龄	所在区域	原电话号码	升级后号码	是否>=40男性	是否闰年出生
王一	男	1967/6/15	46	天心区	073123198××		TRUE	FALSE
张二	女	1974/9/27	39	芙蓉区	073157428××		FALSE	FALSE
林三	男	1953/2/21	60	雨花区	073152428××		TRUE	FALSE
胡四	女	1984/3/30	29	开福区	073147428××		FALSE	TRUE
吴五	男	1996/8/13	17	岳麓区	073186428××		FALSE	TRUE

图 6-65　个人信息情况表计算结果

3. 算术与统计函数

（1）INT 函数

格式：INT(num1)。

功能：将数值向下取整为最接近的整数。

举例：=INT(18.89)，确认后显示出 18。

说明：在取整时，不进行四舍五入；如果输入的公式为=INT(-18.89)，则返回结果为-19。

（2）MOD 函数

功能：返回两数相除的余数。

格式：MOD(number,divisor)。

说明：number 为被除数，divisor 为除数。

（3）MAX 函数

功能：返回一组值中的最大值。

格式：MAX(number1,number2,⋯)。

说明：number1, number2,⋯是要从中找出最大值的 1 ~ 255 个数字参数。

（4）RANK 函数

功能：为指定单元的数据在其所在行或列数据区所处的位置排序。

格式：RANK(number,reference,order)。

说明：number 是被排序的值，reference 是排序的数据区域，order 是升序、降序选择。其中，order 取 0 值按降序排列，order 取 1 值按升序排列。

【例 6-22】有大学计算机基础学生机试成绩表需要进行统计分析，如图 6-66 所示。现在需要在右边增加一列，显示排名情况。

在 Excel 2016 中，操作步骤如下：

① 单击工作表中的 E2 单元格，输入“排名”。

② 单击 E3 单元格，输入公式“=RANK.EQ(D3,D3$:$D$10)”, D3 为第一个学生机试成绩，$D3:$D$10 为所有学生机试成绩所占的单元格区域，没有第三个参数则排名按降序排列，即分数高者名次靠前。绝对引用是为了保证公式复制的结果正确，按【Enter】键，得到第一个学生的名次是“2”。

③ 利用公式的自动填充功能得到其他学生的名次。结果如图 6-67 所示。

	A	B	C	D
1	大学计算机基础机试成绩表			
2	序号	姓名	性别	机试成绩
3	01	李 娟	女	90
4	02	廖 念	男	85
5	03	李 婷	女	72
6	04	王 珂	男	78
7	05	尹 娟	女	67
8	06	李 想	男	64
9	07	陈茜倩	女	45
10	08	王莲艺	女	93
11	09	胡 歌	男	87
12	10	高 姝	女	85

图 6-66　学生机试成绩表

	A	B	C	D	E
1	大学计算机基础机试成绩表				
2	序号	姓名	性别	机试成绩	排名
3	01	李 娟	女	90	2
4	02	廖 念	男	85	4
5	03	李 婷	女	72	7
6	04	王 珂	男	78	6
7	05	尹 娟	女	67	8
8	06	李 想	男	64	9
9	07	陈茜倩	女	45	10
10	08	王莲艺	女	93	1
11	09	胡 歌	男	87	3
12	10	高 姝	女	85	4

图 6-67　RANK 函数的应用

（5）IF 函数

功能：执行真假值判断，根据逻辑计算的真假值，返回不同结果。

格式：IF(logical_test,value_if_true,value_if_false)。

说明：logical_test 表示计算结果为 TRUE 或 FALSE 的任意值或表达式，value_if_true 是 logical_test 为 TRUE 时返回的值，value_if_false 是 logical_test 为 FALSE 时返回的值。当要对多个条件进行判断时，需嵌套使用 IF 函数，IF 最多可以嵌套 7 层，用 value_if_false 和 value_if_true 参数可以构造复杂的检测条件，一般直接在编辑栏输入函数表达式。

【例 6-23】使用例 6-22 的成绩表，在右边继续增加一列，将机试成绩百分制转换成等级制，转换规则为 90 ~ 100（优）、80 ~ 89（良）、70 ~ 79（中）、60 ~ 69（及格）、60 以下（不及格）。

在Excel 2016中，操作步骤如下：

① 单击工作表中的F2单元格，输入“等级制”。

② 单击F3单元格，输入公式：“=IF(D3>=90,"优",IF(D3>=80,"良",IF(D3>=70,"中",IF(D3>=60, "及格","不及格"))))”，然后按【Enter】键，得到第一个学生的成绩等级是“优”。

③ 利用公式的自动填充功能得到其他学生的成绩等级。结果如图6-68所示。

	A	B	C	D	E	F
1	大学计算机基础机试成绩表					
2	序号	姓名	性别	机试成绩	排名	等级制
3	01	李 娟	女	90	2	优
4	02	廖 念	男	85	4	良
5	03	李 婷	女	72	7	中
6	04	王 珂	男	78	6	中
7	05	尹 娟	女	67	8	及格
8	06	李 想	男	64	9	及格
9	07	陈茜倩	女	45	10	不及格
10	08	王莲艺	女	93	1	优
11	09	胡 歌	男	87	3	良
12	10	高 姝	女	85	4	良

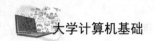

图 6-68　IF 函数的应用

（6）IFERROR函数

功能：如果表达式是一个错误值，则返回value_if_error，否则返回表达式自身的值。

格式：IFERROR(value,value_if_error)。

说明：value计算得到的错误类型包括#N/A、#VALUE!、#REF!、#DIV/0!、#NUM!、#NAME? 或 #NULL!。举例：如图6-69所示，在C2单元格输入公式“=IFERROR(A2/B2,"除数不能为0")”，确认后即得结果“除数不能为0”。

C2　　f_x　=IFERROR(A2/B2,"除数不能为0")

	A	B	C	D	E	F
1	被除数	除数	商			
2	12	0	除数不能为0			
3						

图 6-69　IFERROR 函数举例

（7）SUMIF 函数

功能：根据指定条件对若干单元格求和。

格式：SUMIF(range,criteria,sum_range)。

说明：range为条件区域，用于条件判断的单元格区域；criteria是求和条件，即确定哪些单元格将被相加求和的条件，其形式可以是由数字、逻辑表达式等组成的判定条件；sum_range为实际求和区域，需要求和的单元格、区域或引用。当省略此参数时，则条件区域就是实际求和区域。

举例：假如A1:A36单元格存放某班学生的考试成绩，若要计算及格学生的总分，可以使用公式“=SUMIF（A1:A36，">=60"，A1:A36）”，式中的“A1:A36”为用于条件判断的单元格区域，也是求和区域，“>=60”为判断条件，不符合条件的数据不参与求和。

（8）COUNTIF 函数

功能：计算区域中满足给定条件的单元格的个数。

格式：COUNTIF(range,criteria)。

说明：range为需要计算其中满足条件的单元格数目的单元格区域。criteria为确定哪些单元格将被计算在内的条件，其形式可以为数字、表达式、单元格引用或文本。

【例6-24】在例6-23成绩表中，统计男生和女生的机试成绩总分数，且统计各个分数段（如90～100，80～89，70～79，60～69，<60）的学生人数。其结果如图6-70所示。

在Excel 2016中，操作步骤如下：

① 按图建立男女生总分数表格和分数段人数表格。

② 单击I3单元格，输入公式“=SUMIF($C$3:$C$12,H3,$D$3:$D$12)”，表示在区域C3:C12中查找单元格H3中的内容，即在C列查找“男”所在的单元格，找到后，返回D列同

一行的单元格（因为返回的结果在区域 D3:D12），最后对所有找到的单元格求和。按【Enter】键后，在 I3 单元格得到男生机试成绩的总分数。利用拖动复制公式的方法得到女生机试成绩的总分数。

	A	B	C	D	E	F	G	H	I
1	大学计算机基础机试成绩表								
2	序号	姓名	性别	机试成绩	排名	等级制			总分数
3	01	李 娟	女	90	2	优		男	314
4	02	廖 念	男	85	4	良		女	452
5	03	李 婷	女	72	7	中			
6	04	王 珂	男	78	6	中			
7	05	尹 娟	女	67	8	及格		分数段	人数
8	06	李 想	男	64	9	及格		90-100	2
9	07	陈茜倩	女	45	10	不及格		80-89	3
10	08	王莲艺	女	93	1	优		70-79	2
11	09	胡 歌	男	87	3	良		60-69	2
12	10	高 姝	女	85	4	良		<60	1

图 6-70　SUMIF 函数和 COUNTIF 函数的应用

③ 在 I8 ~ I12 单元格依次输入公式"=COUNTIF(D3:D12,">=90")""=COUNTIF (D3:D12,">= 80")- COUNTIF (D3:D12,">=90")""=COUNTIF(D3:D12,">=70")-COUNTIF(D3:D12,">=80")""=COU NTIF (D3:D12,">=60")-COUNTIF (D3:D12,">=70")""=COUNTIF(D3:D12,"<60")"，然后按【Enter】键，得到各个分数段的人数。

（9）SUMIFS 函数

格式：SUMIFS(sum_range,criteria_range, criteria,…)。

功能：对一组给定条件的单元格求和。

举例：如图 6-71 所示，在单元格 E1 中输入一个公式并按【Enter】键，汇总销售额在 15000 到 25000 之间的员工销售总额。公式如下：

=SUMIFS(B2:B10,B2:B10,">=15000",B2:B10,"<=25000")

D1　　fx　=SUMIFS(B2:B10,B2:B10,">=15000",B2:B10,"<=25000")

	A	B	C	D	E	F	G
1	姓名	销售额	汇总15000-25000销售额	59198			
2	刘树梅	26746					
3	元芳	10045					
4	薛力	12518					
5	胡伟	26365					
6	蒋超	14305					
7	刘力平	12361					
8	朱红	20752					
9	邓苗	19784					
10	姜然	18662					

图 6-71　汇总指定销售额范围内的销售总额

说明：①如果在 SUMIFS 函数中设置了多个条件，那么只对参数 sum_range 中同时满足所有条件的单元格进行求和。

②与 SUMIF 函数不同的是，SUMIFS 函数中的求和区域 sum_range 与条件区域 criteria_range 的大小和形状必须一致，否则公式出错。

（10）COUNTIFS 函数

功能：计算参数中满足条件的数值型数据的个数。

格式：COUNTIFS(num1,num2,…)。

说明：COUNTIFS 函数的可以为数字、表达式或文本，当它是文本和表达式时，注意要使用双引号，且引号在英文状态下输入。

举例：如图 6-72 所示，求 9 月份上半月上海发货平台的发货单数。

=COUNTIFS(A2:A13,"上海发货平台",B2:B13,"<2015-9-16")。

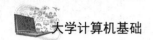

	E2		▼	fx	=COUNTIFS(A2:A13,"上海发货平台",B2:B13,"<2015-9-16")	
	A	B	C	D	E	
1	发货平台	收货日期	收货平台	发货量	求9月份上半月上海发货平台的发货单数	
2	成都发货平台	2015/9/12	上海发货平台	11012	2	
3	上海发货平台	2015/9/13	北京发货平台	56891		
4	重庆发货平台	2015/9/14	成都发货平台	74512		
5	上海发货平台	2015/9/15	北京发货平台	23458		
6	重庆发货平台	2015/9/16	上海发货平台	15897		
7	上海发货平台	2015/9/17	成都发货平台	45169		
8	北京发货平台	2015/9/18	重庆发货平台	56785		
9	北京发货平台	2015/9/19	上海发货平台	24756		
10	重庆发货平台	2015/9/20	北京发货平台	12782		
11	成都发货平台	2015/9/21	重庆发货平台	41568		
12	重庆发货平台	2015/9/22	上海发货平台	52031		
13	成都发货平台	2015/9/23	北京发货平台	12506		
14						

图 6-72　COUNTIFS 函数举例

4. 查找函数

（1）INDEX 函数

功能： 返回列表或数组中的元素值，此元素由行号和列号的索引值进行确定。

格式： INDEX(array,row_num,column_num)。

说明： 此处的行号参数 row_num 和列号参数 column_num 是相对于所引用的单元格区域而言的，不是 Excel 工作表中的行或列序号。

举例： 如图 6-73 所示，在 F8 单元格中输入公式：=INDEX(A1:D11,4,3)，确认后则显示出 A1 至 D11 单元格区域中，第 4 行和第 3 列交叉处的单元格（即 C4）中的内容。

（2）MATCH 函数

功能： 返回在指定方式下与指定数值匹配的数组中元素的相应位置。

格式： MATCH(lookup_value,lookup_array,match_type)。

说明： lookup_array 只能为一列或一行；match_type 表示查询的指定方式，1 表示查找小于或等于指定内容的最大值，而且指定区域必须按升序排列，0 表示查找等于指定内容的第一个数值，–1 表示查找大于或等于指定内容的最小值，而且指定区域必须降序排列。

举例： 如图 6-74 所示，在 B7 单元格中输入公式："=MATCH(100,B2:B5,0)"，确认后则显示 "3"。

	F8		▼	fx	=INDEX(A1:D11,4,3)
	A	B	C	D	E	F
1	学号	姓名	性别	成绩		
2	10401	丁1	男	85.0		
3	10402	丁2	男	71.0		
4	10403	丁3	女	71.0		
5	10404	丁4	女	70.0		
6	10405	丁5	男	75.0		
7	10406	丁6	男	72.0		
8	10407	丁7	男	92.0		女
9	10408	丁8	男	68.0		
10	10409	丁9	女	67.0		
11	10410	丁10	女	62.0		

图 6-73　INDEX 函数举例

	B7		▼	fx	=MATCH(100,B2:B5,0)
	A	B	C	D	E
1	姓名	语文	数学	英语	
2	小白	85	50	75	
3	小杜	85	78	99	
4	小静	100	98	90	
5	小燕	81	99	97	
6					
7		3			

图 6-74　MATCH 函数举例

（3）LOOKUP 函数

功能： 用于在查找范围中查询指定的值，并返回另一个范围中对应位置的值。

格式： LOOKUP(lookup_value,lookup_vector,result_vector)。

说明： 如果 LOOKUP 找不到 lookup_value，它会匹配 lookup_vector 中小于或等于 lookup_value 的最大值。如果 lookup_value 小于 lookup_vector 中的最小值，则 LOOKUP 会返回

#N/A 错误值。

举例：如图 6-75 所示，在频率列中查找 4.19，然后返回颜色列中同一行内的值（橙色）。在 C2 单元格中输入 =LOOKUP(4.19,A2:A6,B2:B6)，确认后返回“橙色”

C2　=LOOKUP(4.19,A2:A6,B2:B6)

	A	B	C	D	E	F
1	频率	频率 颜色				
2	4.14	红色	橙色			
3	4.19	橙色				
4	5.17	黄色				
5	5.77	绿色				
6	6.39	蓝色				

图 6-75　LOOKUP 函数举例

（4）HLOOKUP 函数

功能：在表格或数值数组的首行查找指定的数值，并由此返回表格或数组当前列中指定行处的数值。

格式：HLOOKUP(lookup_value,table_array,row_index_num,range_lookup)。

说明：lookup_value 为需要在数据表第一行中进行查找的数值，lookup_value 可以为数值、引用或文本字符串；table_array 为需要在其中查找数据的数据表，可以使用对区域或区域名称的引用；row_index_num 为 table_array 中待返回的匹配值的行序号；range_lookup 为一逻辑值，指明函数 HLOOKUP 查找时是精确匹配，还是近似匹配。如果为 TRUE 或省略，则返回近似匹配值。需要注意的是，模糊查找时，table_array 的第 1 行数据必须按升序排列，否则找不到正确的结果。

（5）VLOOKUP 函数

VLOOKUP 函数的用法与 HLOOKUP 基本一致，不同在于 HLOOKUP 的 table_array 数据表的数据信息是以行的形式出现，而 VLOOKUP 的 table_array 数据表的数据信息是以列的形式出现。需要注意的是，模糊查找时，table_array 的第 1 列数据必须按升序排列，否则找不到正确的结果。

【例 6-25】在例 6-24 的成绩表中，将成绩由百分制转换成等级制也可以通过 VLOOKUP 的模糊查找来实现。另外，实际中成绩表数据往往很多（学生人数多，成绩、科目多），要查看某个学生的成绩非常困难，此时可以设计一个查询表格，输入某个学号（本例为序号）后，能自动显示该学号所对应的姓名和成绩，如图 6-76 所示。

	A	B	C	D	E	F	G	H	I
1	大学计算机基础机试成绩表							成绩转换	
2	序号	姓名	性别	机试成绩	排名	等级制		0	不及格
3	01	李 娟	女	90	2	优		60	及格
4	02	廖 念	男	85	4	良		70	中
5	03	李 婷	女	72	7	中		80	良
6	04	王 珂	男	78	6	中		90	优
7	05	尹 娟	女	67	8	及格			
8	06	李 想	男	64	9	及格		成绩查询（输入学号）	
9	07	陈茜倩	女	45	10	不及格		学号（序号）	08
10	08	王莲艺	女	93	1	优		姓名	王莲艺
11	09	胡 歌	男	87	3	良		机试成绩	93
12	10	高 姝	女	85	4	良		排名	1

图 6-76　用 VLOOKUP 进行模糊查找和精确查找

在 Excel 2016 中，操作步骤如下：

① 清除成绩表中等级制列中的内容，按图 6-76 建立成绩转换的表格，其中 0 ~ 60 不及格，60 ~ 69 及格，70 ~ 79 中，80 ~ 89 良，90 以上优，然后单击 F3 单元格，输入公式“=VLOOKUP

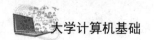

(D3,$H$2:$I$6,2,1)"，按【Enter】键，得到第一个学生的等级，然后通过拖动复制公式的方法得到其他学生的等级。

注意：实际应用中，成绩转换表可能位于不同的工作表中，但查找方法完全相同，查找区域第1列（即H列），必须升序排列，否则结果可能不正确。

② 按图建立成绩查询表格。在单元格I10中输入公式"=VLOOKUP(I9,A3:E12,2,0)"，单元格I11中输入公式"=VLOOKUP(I9,A3:E12,4,0)"，单元格I12中输入公式"=VLOOKUP(I9,A3:E12,5,0)"，然后在I9单元格输入"'08"（08前加单引号表示作为文本输入），按【Enter】键就可以显示学号（序号）为"08"学生的相关数据。

5. 文本函数

（1）LEFT函数

功能： 从一个文本字符串的第一个字符开始返回指定个数的字符。

格式： LEFT(text,num_chars)。

说明： 此函数名的英文意思为"左"，即从左边截取，Excel很多函数都取其英文的意思。

举例： 假定A38单元格中保存了"我喜欢天极网"的字符串，我们在C38单元格中输入公式：=LEFT(A38,3)，确认后即显示出"我喜欢"的字符。

（2）RIGHT函数

功能： 从一个文本字符串的最后一个字符开始返回指定个数的字符。

格式： RIGHT(text,num_chars)。

说明： 此函数名的英文意思为"右"，即从右边截取。

举例： 假定A38单元格中保存了"我喜欢天极网"的字符串，我们在C38单元格中输入公式：= RIGHT(A38,3)，确认后即显示出"天极网"的字符。

（3）REPLACE函数

功能： 使用其他文本字符串并根据所指定的字符数替换某文本字符串中的部分文本。

格式： REPLACE(old_text,start_num,num_chars,new_text)。

说明： old_text是要替换其部分字符的文本；start_num是要用new_text替换的old_text中字符的位置；num_chars是希望REPLACE使用new_text替换old_text中字符的个数，如果num_chars为"0"，是在指定位置插入新字符；new_text是要用于替换old_text中字符的文本。

【例6-26】使用REPLACE函数，对"个人信息情况表"工作表（见图6-64）中用户的电话号码进行升级。升级方法是在区号（0731）后面加上"8"。

在Excel 2016中，操作步骤如下：

① 单击工作表中G2单元格。

② 输入公式"= REPLACE（F2,5,0,8）"，完毕后按【Enter】键，G2单元格产生升级后的电话号码。

③ 利用公式的自动填充功能升级其他电话号码。

（4）MID函数

功能： 返回文本字符串中从指定位置开始的特定数目的字符。

格式： MID(text,start_num,num_chars)。

说明： text是包含要提取字符的文本字符串；start_num是文本中要提取的第一个字符的位置；num_chars指定希望MID从文本中返回字符的个数。

（5）CONCATENATE函数

功能： 将几个文本字符串合并为一个文本字符串。

格式：CONCATENATE (text1,text2,…)。

说明：text1,text2,…为1～255个要合并的文本字符串。

【例6-27】使用MID与CONCATENATE函数，对“学生资料表”（见图6-77）中的“出生日期”列进行自动填充。要求：填充的内容根据“身份证号码”列的内容来确定。

① 身份证号码中的第7位～第10位：表示出生年份。

② 身份证号码中的第11位～第12位：表示出生月份。

③ 身份证号码中的第13位～第14位：表示出生日。

填充结果的格式为××××年××月××日（注意：不使用单元格格式进行设置）。

在Excel 2016中，操作步骤如下：

① 单击D3单元格；

② 输入公式“=CONCATENATE(MID(B3,7,4),"年",MID(B3,11,2),"月",MID(B3,13,2),"日")”，完毕后按【Enter】键。

③ 利用公式的自动填充功能得到其他学生的出生日期，如图6-78所示。

	A	B	C	D
1	学生资料表			
2	姓名	身份证号码	性别	出生日期
3	王梅	3306751993060144××	女	
4	李畅	3306751990081544××	男	
5	刘依	3306751991022118××	女	
6	赵剑	3306751994100358××	男	
7	秦欢	3306751992113028××	男	

图 6-77　学生资料表

	A	B	C	D
1	学生资料表			
2	姓名	身份证号码	性别	出生日期
3	王梅	3306751993060144××	女	1993年06月01日
4	李畅	3306751990081544××	男	1990年08月15日
5	刘依	3306751991022118××	女	1991年02月21日
6	赵剑	3306751994100358××	男	1994年10月03日
7	秦欢	3306751992113028××	男	1992年11月30日

图 6-78　自动填充出生日期

6. 财务函数

（1）PMT函数

功能：基于固定利率及等额分期付款方式，返回贷款的每期付款额。

格式：PMT(rate,nper,pv,fv,type)。

说明：rate为贷款利率；nper为该项贷款的付款总数；pv为现值，或一系列未来付款的当前值的累计和，又称本金；fv为未来值，或在最后一次付款后希望得到的现金余额，如果省略fv，则假设其值为零，也就是一笔贷款的未来值为零；type为数字0或1，用以指定各期的付款时间是在期初还是期末，0或省略为期末，1为期初。

（2）IPMT函数

功能：基于固定利率及等额分期付款方式，返回给定期数内对投资的利息偿还额。

格式：IPMT(rate,per,nper,pv,fv,type)。

说明：per为用于计算其利息数额的期数，必须在1到nper之间。其他与PMT函数相同。

【例6-28】利用商业贷款买房，计算贷款月还款额与第1个月的还款利息。假定贷款10万元，年利率为7.05%，贷款10年，每月末等额还款。其结果如图6-79所示。

	A	B
1	贷款月还款额计算表	
2	贷款年利率	7.05%
3	贷款期限（年）	10
4	贷款额（元）	100000
5	每月还款额	¥-1,163.66
6	第1个月还款利息	¥-587.50

图 6-79　PMT函数和IPMT函数的应用

在Excel 2016中，操作步骤如下：

① 按图6-79建立工作表。计算每月还款额时，单击B5单元格，输入公式“=PMT(B2/12,B3*12,B4)”，按【Enter】键，得到月还款额。

② 单击B6单元格，输入公式“=IPMT(B2/12,1,B3*12,B4)”，按【Enter】键，得到第1个月的还款利息。

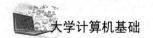

6.4.9 宏的简单应用

在电子表格处理过程中，如果总是需要重复执行某项任务，可以录制一个宏来自动执行。宏是可运行任意次数的一个操作或一组操作。电子表格处理软件提供了宏的录制、运行和编辑功能。

1. 录制宏

录制宏的过程就是记录鼠标单击操作和键盘按键操作的过程。录制宏时，宏录制器会记录需要宏来执行的操作所需的一切步骤。

【例6-29】录制一个"设置单元格格式"的宏：设置数据加人民币符号、千位分隔符，保留2位小数。

在Excel 2016中，操作步骤如下：

① 打开一个新工作簿，确认其他工作簿已经关闭，以便能够很容易地对录制的宏进行定位和处理。

② 选中A1单元格，单击"视图"选项卡"宏"组中"宏"的下拉按钮，在下拉菜单中选择"录制宏"命令，打开"录制宏"对话框，在"宏名"文本框中输入"设置单元格格式"，如图6-80所示，按【Enter】键开始录制宏。

③ 右击A1单元格，在弹出的快捷菜单中选择"设置单元格格式"命令，在"数字"选项卡"数值"分类中设置小数位数为2位，使用千位分隔符；在"货币"分类中设置货币符号为人民币符号。完成操作后，单击"视图"选项卡"宏"组中"宏"的下拉按钮，在下拉菜单中选择"停止录制"命令，完成"设置单元格格式"宏的录制。

2. 运行宏

当运行一个宏时，它将按照录制宏时相同的步骤进行操作。

【例6-30】运行例6-29中创建的宏"设置单元格格式"。

在Excel 2016中，运行一个宏的操作步骤如下：

① 选择需要执行宏的单元格。

② 单击"视图"选项卡"宏"组中"宏"的下拉按钮，在下拉菜单中选择"查看宏"命令，打开"宏"对话框，在"宏名"列表框中选择需要运行的宏"设置单元格格式"，单击"执行"按钮，如图6-81所示。

图 6-80 "录制宏"对话框

图 6-81 "宏"对话框

在"宏"对话框中还可以进行编辑和删除宏的操作，直接单击相应的命令按钮即可。

6.5　工作表的打印

电子表格编辑完成需要打印时，可以进行相应的设置，然后将其打印输出。

工作表的打印根据打印内容分为 3 种情况：打印活动工作表、打印整个工作簿、打印选定区域。在 Excel 2016 中，这可以选择"文件"→"打印"命令，在"打印"选项卡"设置"区中进行相应设置。其界面与 Word 2016 的"打印"选项卡界面非常类似。如果打印时需要为工作表加上页眉页脚，可以单击"打印"选项卡最下面的"页面设置"按钮，打开"页面设置"对话框，切换到其中的"页眉/页脚"选项卡，在"页眉"和"页脚"区域内操作完成。

6.6　综合应用实例

【例6-31】有教材订购情况表（位于 Sheet1 中），如图 6-82 所示。

客户	ISBN	书名	出版社	版次	作者	订数	单价	金额
		教材订购情况表						
c1	7-04-513245-8	高等数学 下册	××教育出版社	六版	同济大学数学系	3700	25	
c1	7-04-813245-9	高等数学 上册	××教育出版社	六版	同济大学数学系	3500	24	
c1	7-04-414587-1	概率论与数理统计教程	××教育出版社	四版	沈恒范	1592	31	
c1	7-5341-1401-2	Visual Basic 程序设计教程	××科技出版社	一版	陈庆章	1504	27	
c1	7-03-012345-6	化工原理（下）	××出版社	一版	何潮洪	924	40	
c1	7-03-012346-8	化工原理（上）	××出版社	一版	何潮洪 冯霄	767	38	
c1	7-121-02828-9	数字电路	××工业出版社	一版	贾立新	555	34	
c1	7-81080-159-7	大学英语 快读 2	××外语教育出版社	修订	谌莉蔡	500	28	
c2	7-300-54329-8	审计学	××人民大学出版社	五版	秦荣生	146	26	
c2	7-300-23487-5	税务会计与税收筹划	××大学出版社	三版	盖地	146	32	
c2	7-300-31004-3	资产评估学教程	××大学出版社	三版	乔志敏	146	32	
c2	7-300-50123-4	国际贸易法	××大学出版社	一版	郭寿康	137	27	
c2	7-04-888888-1	现代公关礼仪	××教育出版社	二版	施卫平	120	20	
c2	7-305-14029-0	房地产投资分析	××大学出版社	一版	刘秋雁	120	35	
c2	7-5047-3333-4	市场营销学——理论与应用	××物资出版社	03版	赵国柱	109	26	
c3	7-355-98654-9	计算机术	××财经大学出版社	一版	姚珑珑	75	25	
c3	7-300-21100-0	硬笔书法画精品大全	××人民大学出版社	一版	张虎臣	73	33	
c3	7-121-32958-7	投资与理财	××工业出版社	一版	魏清	71	24	
c3	7-222-09832-2	室内设计手绘效果图	××美术出版社	一版	赵志君	58	34	
c3	7-5201-0236-4	环境设计模型制作艺术	××人民美术出版社	一版	王双龙	58	45	
c3	7-119-10023-8	妇产科护理学	××卫生出版社	一版	夏海鸥	156	33	
c3	7-5341-0332-3	急救护理	××科学技术出版社	一版	杨丽丽	106	31	
c3	7-5303-8878-0	国际贸易	××金融出版社	05版	刘诚	645	35	
c3	7-03-523451-2	市场营销学	××出版社	一版	常志有	53	30	
c3	7-03-512349-0	市场调查与预测	××出版社	07版	徐井玲	150	28	
c4	7-402-15710-6	新编统计学原理	××会计出版社	一版	唐仄银	637	32	
c4	7-04-113245-8	经济法（含学习卡）	××教育出版社	二版	曲振涛	589	35	
c4	7-04-213489-0	市场营销学	××教育出版社	一版	毕思勇	472	25	
c4	7-356-54321-5	电子商务	××理工大学出版社	一版	申自然	421	30	
c4	7-300-54823-1	成本会计	××人民大学出版社	四版	于富生	224	26	

统计情况	统计结果
出版社名称为"××教育出版社"的书的种类数：	
订购数量大于110，且小于850的书的种类数：	

用户支付情况表	
用户	支付总额
c1	
c2	
c3	
c4	

图 6-82　教材订购情况表

【操作要求】

（1）使用数组公式，计算 Sheet1 中的订购金额，将结果保存到表中的"金额"列当中。

（2）使用 COUNTIF 统计函数，对 Sheet1 中结果按以下条件进行统计，将结果保存在表中相应位置，要求：

①统计出版社名称为"××教育出版社"的书的种类数。

②统计订购数量大于 110 且小于 850 的书的种类数。

（3）使用 SUMIF 统计函数，计算每个用户所订购图书所需支付的金额总数，将结果保存在表中相应位置。

（4）将 Sheet1 中的数据复制到 Sheet2 中，对 Sheet2 进行高级筛选，要求：

①筛选条件为"订数>=500，且金额<=30000"。

②将结果保存在 Sheet2 中。

（5）根据 Sheet1 中的数据，在 Sheet3 中创建一张数据透视表，要求：

① 显示每个客户在每个出版社所订的教材数目。

② 行区域设置为"出版社"。

③ 列区域设置为"客户"。

④ 计数项为"订数"。

【操作提示】

（1）使用数组公式。数组是单元的集合或是一组处理的值的集合。可以写一个数组公式，即输入一个单个的公式，它执行多个输入操作并产生多个结果，每个结果显示在一个单元格区域中。数组公式可以看成有多重数值的公式，它与单值公式的不同之处在于它可以产生一个以上的结果。一个数组公式可以占用一个或多个单元区域，数组元素的个数最多为 6 500 个。

操作步骤如下：

① 在 Sheet1 中选定要定义数组的全部数据区域（填写金额的单元格）I3:I32。

② 在编辑栏中书写公式"=G3:G32*H3:H32"。

③ 按【Ctrl+Shift+Enter】组合键，所编辑的公式出现数组标志符号"{}"，同时 I3:I32 列各个单元中生成相应结果。

注意：数组公式不能单个进行修改，否则系统提示错误。修改数组过程中数组标志符号"{}"会消失，需重新按【Ctrl+Shift+Enter】组合键。

（2）使用 COUNTIF 统计函数。操作步骤如下：

① 在 Sheet1 的 L2 单元格中输入公式"=COUNTIF(D3:D32,"××教育出版社")"，完毕后按【Enter】键生成统计结果。

② 在 Sheet1 的 L3 单元格中输入公式"=COUNTIF(G3:G32,">110")–COUNTIF(G3:G32,">850")"；完毕后按【Enter】键生成统计结果。

注意：COUNTIF 函数如果使用条件表达式需要用引号引起；一个 COUNTIF 函数不能同时使用两个表达式，如 L3 中的两个条件关系需要转化为两个 COUNTIF 函数计算。

（3）使用 SUMIF 统计函数。操作步骤如下：

① 在 Sheet1 的 L8 单元格中输入公式"=SUMIF(A3:A32,"C1",I3:I32)"，完毕后按【Enter】键生成统计结果。

② 在 Sheet1 的 L9 单元格中输入公式"=SUMIF(A3:A32,"C2",I3:I32)"，完毕后按【Enter】键生成统计结果。

③ 在 Sheet1 的 L10 单元格中输入公式"=SUMIF(A3:A32,"C3",I3:I32)"，完毕后按【Enter】键生成统计结果。

④ 在 Sheet1 的 L11 单元格中输入公式"=SUMIF(A3:A32,"C4",I3:I32)"，完毕后按【Enter】键生成统计结果。

计算后的教材订购情况表如图 6-83 所示。

（4）高级筛选。操作步骤如下：

① 在 Sheet1 中选定数据区域 A2:I32，复制粘贴到 Sheet2 中。

② 在 Sheet2 的 K1:L2 单元格输入高级筛选条件，其中 K1 中为"订数"，L1 中为"金额"，K2 中为">=500"，L2 中为"<=30000"。

③ 单击"数据"选项卡"排序和筛选"组中的"高级"按钮，打开"高级筛选"对话框。先确认"在原有区域显示筛选结果"为选中状态，以及给出的列表区域是否正确。如果不正确，可以单击"列表区域"框右侧的"折叠对话框"按钮，用鼠标在工作表中重新选择后再次单击该按钮返回。然后单击"条件区域"文本框右侧的"折叠对话框"按钮，用鼠标在工作表

中选择条件区域后再次单击该按钮返回。生成结果如图6-84所示。

客户	ISBN	书名	出版社	版次	作者	订数	单价	金额
		教材订购情况表						
c1	7-04-513245-8	高等数学 下册	××教育出版社	六版	同济大学数学系	3700	25	92500
c1	7-04-813245-9	高等数学 上册	××教育出版社	六版	同济大学数学系	3500	24	84000
c1	7-04-414587-1	概率论与数理统计教程	××教育出版社	四版	沈恒范	1592	31	49352
c1	7-5341-1401-2	Visual Basic 程序设计教程	××科技出版社	一版	陈庆章	1504	27	40608
c1	7-03-012345-6	化工原理（下）	××出版社	一版	何潮洪	924	40	36960
c1	7-03-012346-8	化工原理（上）	××出版社	一版	何潮洪 冯霄	767	38	29146
c1	7-121-02828-9	数字电路	××工业出版社	一版	贾立新	555	34	18870
c1	7-81080-159-7	大学英语 快读 2	××外语教育出版社	修订	谌馨荪	500	28	14000
c2	7-300-54329-8	审计学	××人民大学出版社	五版	秦荣生	146	26	3796
c2	7-300-23487-5	税务会计与税收筹划	××大学出版社	三版	盖地	146	32	4672
c2	7-300-31004-3	资产评估学教程	××大学出版社	二版	乔志敏	146	32	4672
c2	7-300-50123-4	国际贸易法	××教育出版社	二版	郭寿康	137	27	3699
c2	7-04-888888-1	现代公关礼仪	××教育出版社	二版	施卫平	120	20	2400
c2	7-305-14029-0	房地产投资分析	××大学出版社	一版	刘秋雁	120	35	4200
c2	7-5047-3333-4	市场营销学——理论与应用	××物资出版社	03版	赵国柱	109	26	2834
c3	7-355-98654-9	计算机	××财经大学出版社	一版	姚珑珑	75	25	1875
c3	7-300-21100-0	硬笔书法画精品大全	××人民大学出版社	一版	张虎岳	73	33	2409
c3	7-121-32958-7	投资与理财	××工业出版社	一版	魏涛	71	24	1704
c3	7-222-09832-2	室内设计手绘效果图	××美术出版社	一版	赵志君	58	34	1972
c3	7-5201-0236-6	环境设计模型制作艺术	××人民美术出版社	一版	王双龙	58	45	2610
c3	7-119-10023-8	妇产科护理学	××卫生出版社	一版	夏海鸥	156	33	5148
c3	7-5341-0132-3	急救护理	××科学技术出版社	一版	杨丽丽	106	31	3286
c3	7-5303-8878-0	国际贸易	××金融出版社	05版	刘诚	645	35	22575
c3	7-03-523451-2	市场营销学	××出版社	一版	常志有	53	30	1590
c3	7-03-512349-0	市场调查与预测	××出版社	07版	徐井冈	150	28	4200
c4	7-402-15710-6	新编统计学原理	××会计出版社	二版	唐庆银	637	32	20384
c4	7-04-113245-8	经济法（含学习卡）	××教育出版社	二版	曲振涛	589	35	20615
c4	7-04-213489-0	市场营销学	××教育出版社	一版	毕思勇	472	25	11800
c4	7-356-54321-5	电子商务	××理工大学出版社	一版	申自然	421	30	12630
c4	7-300-54823-1	成本会计	××人民大学出版社	四版	于富生	224	26	5824

统计情况	统计结果
出版社名称为"××教育出版社"的书的种类数：	6
订购数量大于110，且小于850的书的种类数：	17

用户支付情况表	
用户	支付总额
c1	365436
c2	26273
c3	47369
c4	71253

图 6-83　计算后的教材订购情况表

	客户	ISBN	书名	出版社	版次	作者	订数	单价	金额
7	c1	7-03-012346-8	化工原理（上）	××出版社	一版	何潮洪 冯霄	767	38	29146
8	c1	7-121-02828-9	数字电路	××工业出版社	一版	贾立新	555	34	18870
9	c1	7-81080-159-7	大学英语 快读 2	××外语教育出版社	修订	谌馨荪	500	28	14000
24	c3	7-5303-8878-0	国际贸易	××金融出版社	05版	刘诚	645	35	22575
27	c4	7-402-15710-6	新编统计学原理	××会计出版社	二版	唐庆银	637	32	20384
28	c4	7-04-113245-8	经济法（含学习卡）	××教育出版社	二版	曲振涛	589	35	20615

图 6-84　高级筛选结果

（5）创建数据透视表。操作步骤如下：

① 单击Sheet1中数据区域任意单元格。

② 单击"插入"选项卡"表格"组中的"数据透视表"按钮，打开"创建数据透视表"对话框，选择要分析的数据的范围以及数据透视表的放置位置（此处选择"新工作表"单选按钮），然后单击"确定"按钮。此时出现"数据透视表字段"窗格，把要分类的字段"出版社"拖入行标签，"客户"拖入列标签位置，要汇总的字段"订数"拖入Σ值区，得到如图6-85所示的透视表。

求和项:订数	列标签				
行标签	c1	c2	c3	c4	总计
××工业出版社	555				555
×× 教育出版社	3700				3700
××财经大学出版社			75		75
××出版社	1691		203		1894
××大学出版社		549			549
××工业出版社			71		71
××会计出版社				637	637
××教育出版社	5092	120		1061	6273
××金融出版社			645		645
××科技出版社	1504				1504
××科学技术出版社			106		106
××理工大学出版社				421	421
××美术出版社			58		58
××人民大学出版社		146	73	224	443
××人民美术出版社			58		58
××外语教育出版社	500				500
××卫生出版社			156		156
××物资出版社		109			109
总计	13042	924	1445	2343	17754

图 6-85　创建数据透视表

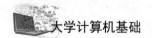

③ 根据要求，将工作簿中的Sheet3删除，将当前数据透视表所在工作表Sheet4重命名为Sheet3。最后将整个工作簿保存。

【例6-32】停车情况记录表（位于Sheet1），如图6-86所示。

	A	B	C	D	E	F	G	H	I	J
1	停车价目表									
2	小汽车	中客车	大客车							
3	5	8	10							
4										
5				停车情况记录表						
6	车牌号	车型	单价	入库时间	出库时间	停放时间	应付金额		停车费用统计	
7	湘A12345	小汽车		8:12:25	11:15:35				大于等于40元的停车记录条数	
8	湘A32581	大客车		8:34:12	9:32:45				最高的停车费用	
9	湘A21584	中客车		9:00:36	15:06:14					
10	湘A66871	小汽车		9:30:49	15:13:48					
11	湘A51271	中客车		9:49:23	10:16:25					
12	湘A54844	大客车		10:32:58	12:45:23					
13	湘A56894	小汽车		10:56:23	11:15:11					
14	湘A33221	中客车		11:03:00	13:25:45					
15	湘A68721	小汽车		11:37:26	14:19:20					
16	湘A33547	大客车		12:25:39	14:54:33					
17	湘A87412	中客车		13:15:06	17:03:00					
18	湘A52405	小汽车		13:40:35	15:29:37					
19	湘A45742	大客车		14:54:33	17:58:48					
20	湘A55711	中客车		14:59:25	16:25:25					
21	湘A78546	小汽车		15:05:03	16:24:41					
22	湘A33551	中客车		15:13:48	20:54:28					
23	湘A56587	小汽车		15:35:42	21:36:14					
24	湘A93355	中客车		16:30:58	19:05:45					
25	湘A05258	大客车		16:42:17	21:05:14					
26	湘A03552	小汽车		17:21:34	18:16:42					
27	湘A57484	中客车		17:29:49	20:38:48					
28	湘A66565	小汽车		18:00:21	19:34:06					
29	湘A54912	大客车		18:33:16	21:56:18					
30	湘A56786	中客车		18:46:48	20:48:12					
31	湘A94658	小汽车		19:05:21	19:45:23					
32	湘A25423	大客车		19:30:45	20:17:06					

图6-86　停车情况记录表

【操作要求】

（1）使用HLOOKUP函数，对Sheet1中的停车单价进行自动填充。

要求：根据Sheet1中的"停车价目表"价格，利用HLOOKUP函数对"停车情况记录表"中的"单价"列根据不同的车型进行自动填充。

（2）在Sheet1中，计算汽车在停车库中的停放时间，要求：

① 公式计算方法为"出库时间–入库时间"。

② 格式为"小时:分钟:秒"。

（例如：一小时十五分十二秒在停放时间中的表示为"1:15:12"）。

（3）使用时间函数和公式，计算停车费用。

要求：根据停放时间的长短计算停车费用，将计算结果填入"应付金额"列中。

① 停车按小时收费，对于不满一小时的按照一小时计费。

② 对于超过整点小时数十五分钟的多累计一小时。

（例如：1小时23分，将以2小时计费）

（4）使用统计函数，对Sheet1中的"停车情况记录表"根据下列条件进行统计。要求：

① 统计停车费用大于或等于40元的停车记录条数。

② 统计最高的停车费用。

（5）根据Sheet1，创建一个数据透视图Chart1。要求：

① 显示各种车型所收费用的汇总。

② 轴字段设置为"车型"。

③ 图例字段设置为"应付金额"。

④ 计数项为"应付金额"。

⑤ 将数据透视图及对应的数据透视表保存在Sheet3中。

【操作提示】

（1）使用HLOOKUP查找函数。操作步骤如下：

① 在Sheet1中选中C7单元格。

② 输入公式"=HLOOKUP(B7:B32,$A$2:$C$3,2,FALSE)"，完毕后按【Enter】键确认。

③ 拖动C7单元格右下角的填充柄至单元格C32，利用公式的自动填充功能生成全部价格。

（2）计算时间。操作步骤如下：

① 在Sheet1中选中F7单元格。

② 输入公式"=E7-D7"，完毕后按【Enter】键确认。

③ 拖动F7单元格右下角的填充柄至单元格F32，利用公式的自动填充功能生成停车时间。

（3）使用时间函数。操作步骤如下：

① 在Sheet1中选中G7单元格。

② 输入公式"=IF(MINUTE(F7)>15,(HOUR(F7)+1)*C7,HOUR(F7)*C7)"，完毕后按【Enter】键确认。

③ 拖动G7单元格右下角的填充柄至单元格G32，利用公式的自动填充功能生成停车应付金额。

（4）用统计函数。操作步骤如下：

① 在Sheet1中选中J7单元格。

② 输入公式"=COUNTIF(G7:G32,">=40")"，完毕后按【Enter】键确认。

③ 选中J8单元格。

④ 输入公式"=MAX（G7:G32）"，完毕后按【Enter】键确认。

计算后的停车情况记录表如图6-87所示。

	A	B	C	D	E	F	G	H	I	J
1	停车价目表									
2	小汽车	中客车	大客车							
3	5	8	10							
4										
5			停车情况记录表							
6	车牌号	车型	单价	入库时间	出库时间	停放时间	应付金额		停车费用统计	
7	湘A12345	小汽车	5	8:12:25	11:15:35	3:03:10	15		大于等于40元的停车记录条数	4
8	湘A32581	大客车	10	8:34:12	9:32:45	0:58:33	10		最高的停车费用	50
9	湘A21584	中客车	8	9:00:36	15:06:14	6:05:38	48			
10	湘A66871	小汽车	5	9:30:49	15:13:48	5:42:59	30			
11	湘A51271	中客车	8	9:49:23	10:16:25	0:27:02	8			
12	湘A54844	大客车	10	10:32:58	12:45:23	2:12:25	20			
13	湘A56894	小汽车	5	10:56:23	11:15:11	0:18:48	5			
14	湘A33221	中客车	8	11:03:00	13:25:45	2:22:45	24			
15	湘A68721	小汽车	5	11:37:26	14:19:20	2:41:54	15			
16	湘A33547	大客车	10	12:25:39	14:54:33	2:28:54	30			
17	湘A87412	中客车	8	13:15:06	17:03:00	3:47:54	32			
18	湘A52485	小汽车	5	13:48:35	15:29:37	1:41:02	10			
19	湘A45742	大客车	10	14:54:33	17:58:48	3:04:15	30			
20	湘A55711	小汽车	5	14:59:25	16:25:25	1:26:00	10			
21	湘A78546	小汽车	5	15:05:03	16:24:41	1:19:38	10			
22	湘A33551	中客车	8	15:13:48	20:54:28	5:40:40	48			
23	湘A56587	小汽车	5	15:35:42	21:36:14	6:00:32	30			
24	湘A93355	中客车	8	16:30:58	19:05:45	2:34:47	24			
25	湘A05258	大客车	10	16:42:17	21:05:14	4:22:57	50			
26	湘A03552	小汽车	5	17:21:34	18:16:42	0:55:08	5			
27	湘A57484	中客车	8	17:29:49	20:38:48	3:08:59	24			
28	湘A66565	小汽车	5	18:00:21	19:34:06	1:33:45	10			
29	湘A54912	大客车	10	18:33:16	21:56:18	3:23:02	40			
30	湘A56786	中客车	8	18:46:48	20:48:12	2:01:24	16			
31	湘A94658	小汽车	5	19:05:21	19:45:23	0:40:02	5			
32	湘A25423	大客车	10	19:30:45	20:17:06	0:46:21	10			

图 6-87　计算后的停车情况记录表

（5）创建数据透视图。数据透视图是将数据透视表的结果赋以更加生动、形象的表示方

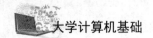

式。因为数据透视图需利用数据透视表的结果，因此其操作是与数据透视表相关联的。

创建数据透视图一般是通过单击"插入"选项卡"图表"组中的"数据透视图"按钮，或单击"数据透视图"下拉按钮，在下拉菜单中选择"数据透视图"命令来完成的。

操作步骤如下：

① 在 Sheet1 中选定数据区域任意单元格。

② 单击"插入"选项卡"图表"组中的"数据透视图"按钮，打开"创建数据透视图"对话框，选择要分析的数据范围为 A6:G32，数据透视表的放置位置为"新工作表"，单击"确定"按钮，出现"数据透视图字段"窗格，把要分类的字段"车型"拖入"轴字段（类别）"区，"应付金额"拖入"图例（系列）"区，要汇总的字段"应付金额"拖入"Σ值"区。此时，生成了数据透视图和数据透视表，如图 6-88 所示。

③ 根据要求，将工作簿中的 Sheet3 删除，将当前数据透视表所在工作表 Sheet4 重命名为 Sheet3。最后将整个工作簿保存。

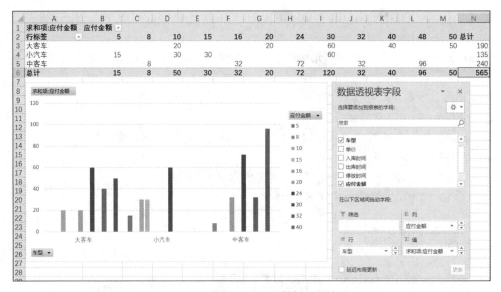

图 6-88　数据透视图和数据透视表

注意：可以通过数据透视表直接建立相应的数据透视图。方法是：单击数据透视表，在"数据透视表工具"中"分析"选项卡"工具"组中单击"数据透视图"按钮，打开"插入图表"对话框，选择合适的图表插入即可。

 思考与练习

一、思考题

1. 电子表格处理主要用来解决什么问题？需要借助什么来实现？
2. 电子表格处理软件可以做什么？
3. 常用的电子表格处理软件有哪些？
4. 电子表格处理的基本操作包括什么？
5. 什么是公式？什么是函数？

218

6. 单元格引用方式有几种？如果希望使用公式填充的方法来快速实现大量数据的同类运算，应该使用哪种引用？

7. 编辑工作表主要包括哪些操作？

8. 工作表的格式化主要包括哪些操作？

9. 电子表格处理常用的图表类型有哪些？

10. 创建图表最关键、最重要的一步是什么？编辑、格式化图表主要通过什么来操作？

11. 要进行数据管理和分析，首先需要创建数据清单。创建数据清单遵循的原则是什么？

12. 分类汇总前，必须做什么？分类汇总时，要清楚什么？嵌套汇总要特别注意什么？

13. 数据透视表和数据透视图主要用来解决什么问题？

14. 合并计算最常用的方法是什么？它对计算有什么要求？

15. Excel电子表格处理软件提供的模拟分析工具有什么？各用来解决什么问题？

二、选择题

1. Excel 2016默认的文件扩展名是（　　　　）。

　　A. .txt　　　　　　　　B. .exl　　　　　　　　C. .xlsx　　　　　　　　D. .xls

2. 在Excel中，要进行计算，单元格首先应该输入的是（　　　　）。

　　A. =　　　　　　　　B. -　　　　　　　　C. ×　　　　　　　　D. √

3. 工作表A1~A4单元格的内容依次是5、10、15、0，B2单元格中的公式是"=A1*2^3"，若将B2单元格的公式复制到B3，则B3单元格的结果是（　　　　）。

　　A. 60　　　　　　　　B. 80　　　　　　　　C. 8000　　　　　　　　D. 以上都不对

4. 如果A1:A5包含数字10、7、9、27和2，则（　　　　）。

　　A. SUM(A1:A5)等于10　　　　　　　　B. SUM(A1:A3)等于26

　　C. AVERAGE(A1&A5)等于11　　　　　　D. AVERAGE(A1:A3)等于7

5. 在行号和列号前加$符号，代表绝对引用。绝对引用表Sheet2中从A2到C5区域的公式为（　　　　）。

　　A. Sheet2!A2:C5　　　　　　　　　B. Sheet2!$A2:$C5

　　C. Sheet2!$A$2:$C$5　　　　　　　D. Sheet2!A2:C5

6. 如果要对一个区域中各行数据求和，应用（　　　　）函数，或选用"开始"选项卡"编辑"组中的自动求和按钮∑进行运算。

　　A. AVERAGE　　　B. SUM　　　C. SUN　　　D. SIN

7. 在Excel中，关于"选择性粘贴"的叙述错误的是（　　　　）。

　　A. 选择性粘贴可以只粘贴格式

　　B. 选择性粘贴只能粘贴数值型数据

　　C. 选择性粘贴可以将源数据的排序旋转90°，即"转置"粘贴

　　D. 选择性粘贴可以只粘贴公式

8. 下列关于排序操作的叙述正确的是（　　　　）。

　　A. 排序时只能对数值型字段进行排序，对于字符型字段不能进行排序

　　B. 排序可以选择字段值的升序或降序两个方向分别进行

　　C. 用于排序的字段称为关键字字段，在Excel中只能有一个关键字字段

　　D. 一旦排序后就不能恢复原来的记录排列

9. 在Excel中，下面关于分类汇总的叙述错误的是（　　　　）。

　　A. 分类汇总前数据必须按关键字字段排序

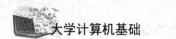

B. 分类汇总的关键字字段只能是一个字段

C. 汇总方式只能是求和

D. 分类汇总可以删除，但删除汇总后排序操作不能撤销

10. 数据透视表操作，通过（　　　）选项卡"表格"组中的相应按钮实现。

A. 开始　　　　　　B. 插入　　　　　　C. 数据　　　　　　D. 公式

三、填空题

1. 一个Excel工作簿中含有（　　　）个默认工作表。

2. Excel是目前流行的电子表格处理软件，它的计算和存储数据的文件称为（　　　）。

3. 在Excel中，空心十字形鼠标指针和实心十字形鼠标指针拖动时分别可以进行的操作是（　　　）单元格和（　　　）单元格内容。

4. 在Excel的工作表中，每个单元格都有其固定的地址，如"A5"表示："A"代表（　　　），"5"代表（　　　）。

5. 假如单元格D2的值为6，则函数"=IF(D2>8,D2/2,D2*2)"的结果为（　　　）。

6. 在选择图表类型时，用来显示某个时期内，在同时间间隔内的变化趋势，应选择（　　　）。

7. 在保存Excel工作簿文件的操作过程中，默认的工作簿文件保存类型为（　　　）。

8. Excel可创建多个工作表，每个表由多行多列组成，它的最小单位是（　　　）。

9. 在表示同一工作簿内不同工作表的单元格时，工作表名与单元格之间应使用（　　　）号分开。

10. 在选取多个不连续单元格区域时，可先选取一个区域，再按住（　　　）键不放，然后选择其他区域。

四、操作题

1. 按照以下要求对Excel文档进行编辑、排版和图形制作：

（1）在Sheet1中制作如图6-89所示的表格。在表的第一行输入标题"商品销售统计表"，字体设置为华文彩云、加粗、16号，标题要求合并单元格（在一行内合并多列，且两端与数据表对齐），居于表的中央（水平和垂直两个方向均居中）。增加表格线（包括标题），第一列单元格底纹为浅绿色。

（2）统计每种商品在各地销售量的"合计"值，要求必须使用公式或函数计算。

（3）计算出每种商品在各地的"平均销量"，要求必须使用公式或函数计算，保留1位小数。

（4）选定"商品名称""北京""天津""上海""广州"5列所有内容，绘制簇状柱形图，分类（X）轴标题为"商品名称"，图表标题为"商品销售统计表"。

商品销售统计表						
商品名称	北京	天津	上海	广州	合计	平均销量
电视机	650	300	500	450		
学习机	260	120	200	160		
DVD机	180	100	300	200		
摄像机	60	40	55	52		

图6-89　商品销售统计表

2. 按照以下要求对Excel文档进行数据管理操作：

（1）建立如图6-90所示的工作表。

（2）对订阅记录按字段"季/月"进行升序排序，"季/月"相同时则按"份数"降序排序。

（3）筛选出订阅"读者杂志"的数据记录。

（4）采用 Excel 的高级筛选功能，筛选出订阅"半岛晚报"且份数大于 2 的记录。

（5）按订阅报刊的单位，对所订阅报刊的"总价"进行分类汇总求和。

报刊订阅表						
代号	名称	单价	季/月	份数	总价	单位
RMRB	人民日报	15	12月	2	360	团委
DZZZ	读者杂志	4	12月	1	48	工会
JSJSJ	计算机世界	8	4季	1	32	团委
BDWB	半岛晚报	20	12月	2	480	党政办
DZZZ	读者杂志	4	12月	2	96	资料室
RMRB	人民日报	15	12月	3	540	党政办
SCYX	市场营销	5	12月	2	120	党政办
BDWB	半岛晚报	20	12月	10	2400	生产车间
QNWZ	青年文摘	4	12月	6	288	工会
BDWB	半岛晚报	20	12月	5	1200	工会

图 6-90　报刊订阅表

第7章

演示文稿制作

在进行学术交流、产品展示、会议报告、课程教学、广告宣传时，经常会有一些复杂的内容难以用语言描述，此时最好的办法是事先准备一些带有文字、图形、图表甚至视频、动画的演示文稿，用来阐明观点，然后在面向观众播放演示文稿中幻灯片的同时进行详细地讲解。

演示文稿制作需要借助演示文稿制作软件来实现。演示文稿制作软件可以方便地制作内容丰富、效果生动的演示文稿，帮助人们在各种场合下更好地进行信息表达和交流。

本章主要介绍制作多媒体演示文稿、定制演示文稿的视觉效果、设置演示文稿的播放效果、演示文稿的打印和输出等。

 ## 7.1 演示文稿制作概述

办公业务中如需介绍一个计划、一个观点或做会议报告、销售汇报时，为了更好地展示用户所要表达的内容，增加信息传达的感染力和生动性，出现了各种各样的可以进行屏幕展示的演示文稿制作软件。这些演示文稿制作软件的主要功能特点如下：

（1）可以作为屏幕演示

利用演示文稿制作软件的幻灯片可以作为演示文稿进行屏幕演示。屏幕演示的内容可以包含文本、艺术字、图形、表格、绘制的形状以及由其他应用程序产生的图片、声音、影片和其他艺术对象等。它既可以按一定顺序连续播放，也可以像选择菜单一样进行选择播放，还可以随时修改演示文稿，使用幻灯片切换、定时和动画控制播放。

（2）可以制作投影机幻灯片及35 mm专业幻灯片

利用演示文稿制作软件可以将屏幕用的幻灯片打印成黑白或彩色胶片，也可以将制作的幻灯片转制成35 mm专业幻灯片。

（3）可以同时制作讲义、备注和大纲，并在演示中做记号

在利用演示文稿制作幻灯片的同时，可以制作出供观众使用的讲义和供演讲者使用的备注；可以打印演示文稿的大纲；另外，在播放的过程中，为了强调某些内容，演讲者还可以在演示文稿中利用不同颜色的绘图笔做记号或做出批注、注释。

目前流行的演示文稿制作软件有Microsoft Office办公集成软件中的PowerPoint、WPS Office金山办公组合软件中的WPS演示等。

制作演示文稿的目的是给观众演示。能否给观众留下深刻的印象是评定演示文稿效果的标

准。为此，在进行演示文稿设计时，必须遵循一定的原则。

1. 主题突出

主题突出原则是幻灯片设计的核心原则。

在开始制作幻灯片演示文稿之前，首先要明确演示文稿的主题内容。一份好的演示文稿只有一个中心主题。有人对主题突出原则做了一个数字上的定义：每份幻灯片传达 5 个概念效果最好，传达 7 个概念，人脑恰好可以处理。而如果传达超过 9 个概念则负担太重，建议重新组织。这说明每份幻灯片演示文稿的主题都要突出，不能过于零散。其次，每页幻灯片只用于说明一个问题。幻灯片中的重点，要先提取出来，然后进行加强。只有把核心明确突出地表现出来，在幻灯片打开时，观众才能够了解所讲的重点，使幻灯片达到质的变化。

总之，制作幻灯片一定要考虑观众的感受，学会换位思考，从而达到主题突出的效果。

2. 逻辑结构清晰

制作演示文稿时一定要有清晰的逻辑，然后将这种逻辑清晰地生成演示文稿的框架和结构。因为演示文稿应该是设计者的整体思路的体现，无论是"结论—论据 1、2、3—结论"式的观点表达，还是"问题—原因—解决方法"式的问题阐述，演示文稿设计都应该先根据设计者的主题和思路确定大体的逻辑结构，再进行完善。

一份演示文稿的结构大概要包括以下几部分：

① 标题页：在标题页应该说明演讲的标题、副标题（如果有的话）、演讲者、演讲时间以及演讲者所属机构。

② 目录及跳转页面。

③ 正文。

④ 致谢页面：经常采用艺术字。

⑤ 辅文：针对工作报告、项目说明、推广方案类的演示文稿，主要内容是演讲对象在演讲结束后可能提出的问题的回答等。

3. 简洁

演示文稿最大的艺术是"简约而不简单"。简洁原则的体现同样涉及内容和形式两方面。内容上简约给人一种轮廓清晰的感觉，形式上简约给人一种清爽而不混乱的体验。总体给人一种很不简单的印象。

在内容方面，简洁原则的含义就是在演示文稿上只展示结论和重点，不展示具体内容。文字千万不要太多，会让人产生疲倦感，起不到吸引观众的效果。有一条 3 秒原则可做参考：一张幻灯片中的文字必须少到 3 秒可以读完。

在形式方面，主要就是指页面布局不能过于混乱。

总而言之，学会舍弃、善于组织，使复杂变简单。

4. 风格统一

统一原则是指幻灯片结构清晰，风格一致，包括统一的配色、文字格式、图形使用的方式和位置等，在幻灯片中形成一致的风格。统一原则具体包括：

① 背景统一。尽管允许为每一页幻灯片设计自己的背景，但是在正式演讲中使用不同的背景是不严谨的表现。

② 字体及格式统一。这里的字体及格式统一并不是指演示文稿全部采用同一种字体及格式，而是指在某一页或某个演示文稿中，相同层次的内容使用相同的字体，这会让观众很清楚地明白各内容间的层次关系。比如，每页幻灯片的标题用相同的字体和字号。

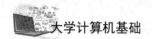

③ 统一的动画。恰当的动画演示能使演示文稿具备更加生动形象的效果，统一的动画可以使演示文稿整体更协调。

5. 对比鲜明

对比原则是指：如果两项不完全相同，那么就应当使之截然不同，即对比一定要强烈。需要注意：如果对比不强烈（比如三号字体和四号字体），就不能算作是对比，而会成为冲突，这种设计是一个败笔。

在演示文稿设计中，对比可以通过很多方法实现：如字号、字体、字体颜色、文本框底色和艺术字特效等。通常，需要使用以上多种方式来实现对比。但关于字体的使用要注意：同一页中同类字体（比如仿宋和中宋、行楷和方正舒体、微软雅黑和华文细黑等）不能出现两次。因为同类字体看起来很像，无法形成对比。

对比鲜明的另一点是要求背景与文字对比要鲜明。

6. 整齐美观

整齐是指任何元素都不能在页面上随意安放，每一项都应该与页面上某个内容存在某种视觉联系。除了整齐外，还要关注美观度，不应是单纯的文字展示，"能用图，不用表；能用表，不用字"，多用图型和图表说话。图型（图形和模型）有表达文字内容、减少冗余文字、表现力强、形象生动的优势，图表有直观、表现力强、便于记忆、形象生动的特点。

7. 灵活创意

一份演示文稿的制作过程就是一种艺术创作过程，是灵活多变的。它可以将多种元素有机结合，除了插入文字、图形图表、动画或者音乐、视频等多媒体对象外，还能做出阴影、三维等丰富的效果，此外，还可以动静结合、巧妙构思，让观众的视线跟随幻灯片或者演讲者的思路移动。在达到一定的熟练程度后，可以利用演示文稿软件设计出更多新花样。

7.2 制作一个多媒体演示文稿

制作一个多媒体演示文稿，通常包括建立和编辑演示文稿两个过程，一般按照以下基本步骤进行：

① 准备好相关素材，理清整体思路，确定整体风格。

② 选择用来表现内容的模板，并确定各张幻灯片的适当版式。

③ 建立各个幻灯片，并在幻灯片中加入标题、正文等文字对象。

④ 在幻灯片中加入艺术字、图片、表格、图表、结构图、声音、影片等对象。

⑤ 对幻灯片中的对象和整个幻灯片进行编辑操作。

要准备制作演示文稿，首先应熟悉其工作窗口，以 PowerPoint 2016 为例，其工作窗口如图 7-1 所示。

选择"开始"→"高效工作"→"Microsoft Office"→"PowerPoint 2016"命令，就可以进入 PowerPoint 工作窗口。

根据建立、编辑、浏览、放映幻灯片的需要，PowerPoint 2016 提供了 4 种视图方式：普通视图、幻灯片浏览、阅读视图、大纲视图。视图不同，演示文稿的显示方式不同，对演示文稿的加工也不同。各个视图间的切换可以通过"视图"选项卡"演示文稿视图"组中的相应命令或单击窗口底部的 3 个视图按钮 回 品 □ 来实现。这 3 个按钮从左到右依次为：

1. 普通视图

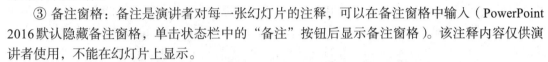

图 7-1 所示的是普通视图，是系统的默认视图，由幻灯片窗格、幻灯片编辑区和备注窗格组成。

① 幻灯片窗格：可以显示各幻灯片的缩略图，可以重新排序、添加或删除幻灯片。单击任意一张缩略图，将立即在幻灯片窗格中显示该幻灯片。

② 幻灯片编辑区：可以查看每张幻灯片的文本外观。可以在单张幻灯片中添加图形、影片和声音，并创建链接以及向其中添加动画，按照幻灯片的编号顺序显示演示文稿中全部幻灯片的图像。

③ 备注窗格：备注是演讲者对每一张幻灯片的注释，可以在备注窗格中输入（PowerPoint 2016 默认隐藏备注窗格，单击状态栏中的"备注"按钮后显示备注窗格）。该注释内容仅供演讲者使用，不能在幻灯片上显示。

图 7-1　PowerPoint 2016 工作窗口

2. 幻灯片浏览视图

可以同时显示多张幻灯片，方便对幻灯片进行移动、复制、删除等操作。

3. 阅读视图

如果希望在一个方便审阅的窗口中查看演示文稿，而不想使用全屏的幻灯片放映视图，可以使用阅读视图。如果要更改演示文稿，可随时从阅读视图切换至其他视图。

7.2.1　建立演示文稿

创建演示文稿常用的方法有："模板"、根据现有内容新建和"空白演示文稿"。

① "模板"：模板包括各种主题和版式。可以利用演示文稿软件提供的现有模板自动、快速地形成每张幻灯片的外观，节省格式设计的时间，专注于具体内容的处理。除了内置模板外，还可以联机在网上搜索下载更多的演示文稿模板以满足要求。

② 根据现有内容新建：如果对所有的设计模板不满意，而喜欢某一个现有文稿的设计风格和布局，可以直接在上面修改内容来创建新演示文稿。

③"空白演示文稿"：用户如果希望建立具有自己风格和特色的幻灯片，可以从空白的演示文稿开始设计。

"空演示文稿"是最常用的方法。以 PowerPoint 2016 为例，在其工作窗口中选择"文件"→"新建"命令，单击"空白演示文稿"图标，界面中就会出现一张空白的"标题幻灯片"。按照占位符中的文字提示来输入内容，还可以通过"插入"选项卡中的相应命令插入所需要的各种对象，如：表格、图像、插图、链接、文本、符号、媒体等。

一个完整的演示文稿往往由多张幻灯片组成，在 PowerPoint 2016 中，新建另外一张幻灯片时，单击"开始"选项卡"幻灯片"组中"新建幻灯片"的下拉按钮，在展开的幻灯片版式库中单击需要的版式，然后开始新幻灯片的制作。演示文稿软件一般预设了标题幻灯片、标题和内容、节标题、两栏内容等11种幻灯片版式以供选择。在 PowerPoint 2016 中，要修改幻灯片的版式时，可以选定幻灯片，单击"开始"选项卡"幻灯片"组中"版式"的下拉按钮，在幻灯片版式库中重新选择即可。在将所有幻灯片完成后，可以将演示文稿保存。在 PowerPoint 2016 中，其文件默认扩展名为 .pptx。

7.2.2 编辑演示文稿

编辑演示文稿包括两部分：一是对每张幻灯片中的对象进行编辑操作；一是对演示文稿中的幻灯片进行移动、复制、删除等操作。

1. 编辑幻灯片中的对象

在幻灯片上添加对象有2种方法：建立幻灯片时，通过选择幻灯片版式为添加的对象提供占位符，再输入需要的对象；或通过演示文稿制作软件提供的"插入"选项卡中的相应命令，如"文本框""艺术字""图片""图表""表格"等来实现。

用户在幻灯片上添加的对象除了文本框、艺术字、图片、表格、组织结构图、公式等外，还可以是视频、音频和链接等。

① 插入视频和音频：在幻灯片中插入视频、音频，可以通过单击"插入"选项卡中的相应按钮来实现。在 PowerPoint 中，视频一般包括文件中的视频和联机视频；音频一般包括文件中的音频和录制音频。

② 插入链接：用户可以在幻灯片中插入链接，利用它能跳转到同一文档的某张幻灯片上，或者跳转到其他的演示文稿、Word 文档、网页或电子邮件地址等。它只能在"幻灯片放映"视图下起作用。

链接有2种形式：

● 以下画线表示的链接。通过"插入"选项卡中的"链接"按钮 🌐 来实现。
● 以动作按钮表示的链接。通过"插入"选项卡下的"插图"中的"形状"按钮下拉列表"动作按钮"区中的各种按钮来实现。

在幻灯片上添加的对象可以进行缩放、修改、移动、复制、删除等编辑操作。操作方法与 Word 相同。

2. 编辑幻灯片

幻灯片的删除、移动、复制等操作在"幻灯片浏览"视图或"普通"视图中，通过编辑命令或编辑快捷操作方式来进行。

【例7-1】新建"垃圾分类 保护环境"演示文稿，共3张幻灯片。第1张幻灯片如图7-2所示，插入了图片（"保护环境.jpg"）、视频（"Clock.avi"）和音频（"垃圾分类歌.mp3"），第2张幻灯片如图7-3所示，第1行文字是以下画线表示的链接，右下角的按钮 ▶ 是以动作按钮表示的链接，均是链接到下一张幻灯片，同时该幻灯片中还插入了图片（"可回收物.jpg"）；

第3张幻灯片是由第2张幻灯片复制而成。

在PowerPoint 2016中，操作步骤如下：

① 选择"文件"→"新建"命令，在"新建"选项卡中单击"空白演示文稿"图标。

拓展阅读 ●
艺术字

② 在标题幻灯片上单击"标题"占位符，输入文字"垃圾分类 保护环境"，再单击"副标题"占位符，输入"制作人：点点"。

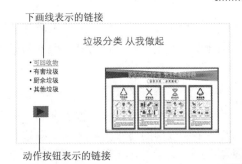

图 7-2　第 1 张幻灯片　　　　　　　　图 7-3　第 2 张幻灯片

拓展阅读 ●
图片与形状

③ 单击"插入"选项卡"图像"组中的"图片"按钮，在下拉菜单中选择"此设备"命令，在"插入图片"对话框中找到图片文件"保护环境.jpg"，插入幻灯片，并适当调整大小和位置。

④ 单击"插入"选项卡"媒体"组"视频"🎬的下拉按钮，在下拉菜单中选择"此设备"命令，在"插入视频"对话框中找到视频文件"Clock.avi"插入幻灯片，适当调整大小和位置。同样，单击"媒体"组"音频"🔊的下拉按钮，在下拉菜单中选择"PC上的音频"命令，在"插入音频"对话框中找到音频文件"垃圾分类歌.mp3"插入幻灯片，插入音频文件后，幻灯片中央出现一个声音图标🔊。

⑤ 单击"开始"选项卡"幻灯片"组"新建幻灯片"的下拉按钮，在展开的幻灯片版式库中选择"标题和内容"版式，插入一张幻灯片，输入相应内容；选定第1行文字，单击"插入"选项卡"链接"组中的"链接"按钮🌐，打开"插入超链接"对话框，选择链接到"本文档中的位置"，在"请选择文档中的位置"区中选择"下一张幻灯片"，如图7-4所示。

⑥ 单击"插入"选项卡"插图"组中的"形状"按钮▱，在"动作按钮"区选择动作按钮"前进或下一项"▷，将它画在幻灯片右下角合适位置，在出现的"操作设置"对话框中确认超链接到："下一张幻灯片"后单击"确定"按钮，如图7-5所示。

图 7-4　"编辑链接"对话框

图 7-5　"操作设置"对话框

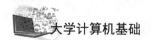

⑦ 按照前面所述的方法插入图片"可回收物.jpg"，适当调整大小和位置。

⑧ 在普通视图幻灯片窗格中，选定第2张幻灯片，按住【Ctrl】键拖动形成第3张幻灯片，或利用下拉菜单或快捷菜单中相应的编辑命令来实现。

7.3 定制演示文稿的视觉效果

演示文稿制作好后，接下来的工作就是修饰演示文稿的外观，以求达到最佳的视觉效果。

美化演示文稿包括两部分：一是对每张幻灯片分别进行美化；一是统一设置演示文稿中幻灯片的外观，进行美化。

7.3.1 美化幻灯片

用户在幻灯片中输入标题、文本后，为了使幻灯片更加美观、易读，可以设定文字和段落的格式。在演示文稿软件中，这利用"开始"选项卡中的相应命令按钮来实现。除了对文字和段落进行格式化外，还可以对插入的文本框、图片、自选图形、表格、图表等其他对象进行格式化操作，只要双击这些对象，在打开的相应的工具选项卡中设置即可。此外，还可以设置幻灯片主题和背景等，这通过"设计"选项卡中的相应命令按钮来操作。

【例7-2】将演示文稿第1张幻灯片中版式变为"空白"，插入艺术字，样式任选，文字：人口普查，字体格式为隶书、80磅，文本效果为"转换"中的"V型：倒"，将主题设计为"图钉.pptx"。效果如图7-6所示。

图 7-6 美化幻灯片中的对象

在 PowerPoint 2016 中，操作步骤如下：

① 在第1张幻灯片中的任意位置右击，在弹出的快捷菜单中选择"版式"→"空白"版式，或单击"开始"选项卡"幻灯片"组中的"版式"按钮，在打开的下拉列表中选择"空白"版式。

② 单击"插入"选项卡"文本"组中的"艺术字"按钮，在打开的下拉列表中任选一种艺术字样式，输入文字"人口普查"，设置字体为：隶书、80磅。然后在"绘图工具｜格式"选项卡"艺术字样式"组中，单击"文本效果"按钮，在下拉菜单中选择"转换"→"V型：倒"效果（"弯曲"区第2行第1列）。

③ 在"设计"选项卡中找到"主题"中扩展按钮，在下拉菜单中选择"浏览主题"命令，在打开的"选择主题或主题文档"对话框中找到"图钉.pptx"（已设计好的主题为图钉样式），单击"应用"按钮。

7.3.2 统一设置幻灯片外观

一个演示文稿由若干张幻灯片组成，为了保持风格一致和布局相同，提高编辑效率，可以通过演示文稿制作软件提供的"母版"功能来设计好一张"幻灯片母版",使之应用于所有幻灯片。母版包括可出现在每一张幻灯片上的显示元素,可以对整个文稿中的幻灯片进行统一调整,避免重复制作。

在 PowerPoint 2016 中,母版分为:幻灯片母版、讲义母版和备注母版。

幻灯片母版是最常用的,它可以控制当前演示文稿中,相同幻灯片版式上输入的标题和文本的格式与类型,使它们具有相同的外观。如果要统一修改多张幻灯片的外观,没有必要一张张幻灯片进行修改,只需要在相应幻灯片版式的母版上做一次修改即可。如果用户希望某张幻灯片与幻灯片母版效果不同,则直接修改该幻灯片即可。

拓展阅读

版式

在 PowerPoint 2016 中,单击"视图"选项卡"母版视图"组中的"幻灯片母版"按钮,进入"幻灯片母版"视图,在左侧"幻灯片"窗格列出的 12 种版式中选择"标题和内容"版式,其母版如图 7-7 所示。

母版通常有 5 个占位符:标题、文本、日期、幻灯片编号和页脚。在母版中可以进行下列操作:① 更改标题和文本样式;② 设置日期、页脚和幻灯片编号;③ 向母版插入对象。

在幻灯片母版中操作完毕后,单击"幻灯片母版"选项卡"关闭"组中的"关闭母版视图"按钮返回。

图 7-7　"标题和内容"版式的母版

讲义母版用于控制幻灯片以讲义形式打印的格式;备注母版主要提供演讲者备注使用的空间以及设置备注幻灯片的格式。可以通过"视图"选项卡"母版视图"组中的相应命令来实现。

【例 7-3】在例 7-2 中演示文稿每张幻灯片的右下角位置加入幻灯片编号,下方正中间加入页脚"人口普查",并在标题版式母版中设置页脚字号为 24 磅。

在 PowerPoint 2016 中,操作步骤如下:

① 单击"插入"选项卡"文本"组中的"页眉和页脚"按钮,打开"页眉和页脚"对话框,选中"幻灯片编号"和"页脚"复选框,并在页脚文本框中输入"人口普查",如图 7-8 所示。单击"全部应用"按钮。

② 单击"视图"选项卡"母版视图"组中的"幻灯片母版"按钮,进入"幻灯片母版"视图,在幻灯片窗格中选择"标题幻灯片"版式,在页脚区选中"北京欢迎你",在"开始"选项卡"字体"组中"字号"下拉列表框中选择"24",再单击"幻灯片母版"

图 7-8　设置幻灯片编号和页脚

选项卡"关闭"组中的"关闭母版视图"按钮返回。此后,添加的标题版式幻灯片中的页脚字号均为 24 磅。

 ## 7.4　设置演示文稿的播放效果

7.4.1　设计动画效果

设计动画效果包括设计幻灯片中对象的动画效果、设计幻灯片间切换的动画效果两部分。

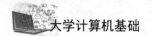

1. 设计幻灯片中对象的动画效果

在为幻灯片中的对象设计动画效果时，可以分别对它们的进入、强调、退出以及动作路径进行设置。

- 进入动画效果是对象进入幻灯片时产生的效果，一般包括基本型、细微型、温和型及华丽型4种。
- 强调动画效果用于让对象突出，引人注目，一般选择一些较华丽的效果。
- 退出动画效果包括百叶窗、飞出、轮子、棋盘等多种效果，可根据需要进行设置。
- 动作路径用于自定义动画运动的路线及方向，也可用软件预设的多种路径。

① 添加动画：在 PowerPoint 2016 中，可以通过单击"动画"选项卡"动画"组"动画样式"库中的相应按钮来完成，PowerPoint 将一些常用的动画效果放置于"动画样式"库中。也可以单击该选项卡"高级动画"组中的"添加动画"按钮，在其下拉列表中选择操作。如果想使用更多的效果，可以选择"动画样式"库或"添加动画"按钮下拉列表中的相应命令："更多进入效果""更多强调效果""更多退出效果"和"其他动作路径"。例如，选择其中的"更多进入效果"命令，将打开"更改进入效果"对话框，如图7-9所示。

② 编辑动画：动画效果设置好后，还可以对动画方向、运行方式、顺序、声音、动画长度等内容进行编辑，让动画效果更加符合演示文稿的意图。在 PowerPoint 2016 中，有些动画可以改变方向，这通过单击"动画"选项卡"动画"组中的"效果选项"按钮来完成。动画运行方式包括"单击时""与上一动画同时""上一动画之后"3种方式，这在"动画"选项卡"计时"组中的"开始"下拉列表框中选择。改变动画顺序可以先选定对象，单击"计时"组中的相应按钮："向前移动""向后移动"，此时对象左上角的动画序号会相应变化；动画添加声音可以通过选定对象，单击"动画"选项卡"动画"组右下角的对话框启动器按钮 ，打开"空翻"动画效果对话框（对话框的名称随所选动画效果而变化，这里选择的是"空翻"效果），在"效果"选项卡"声音"下拉列表框中选择合适的声音，如图7-10所示。在该选项卡中还可以将文本设置为按字母、词或一次显示全部出现；动画运行的时间长度包括非常快、快速、中速、慢速、非常慢、20秒6种方式，这可以在动画效果对话框"计时"选项卡中设置完成，如图7-11所示。该选项卡中还可以设置动画运行方式和延迟。

图 7-9　添加进入效果

图 7-10　声音和动画文本的设置

图 7-11　动画运行时间长度设置

2. 设计幻灯片间切换的动画效果

幻灯片间的切换效果是指移走屏幕上已有的幻灯片，并以某种效果开始新幻灯片的显示，例如平移、百叶窗、溶解、随机等。对幻灯片切换效果的设置中，包括切换方式、切换方向、切换声音以及换片方式4种。在 PowerPoint 2016 中，这通过"切换"选项卡"切换到此幻灯片"组和"计时"组中的相应按钮来实现，如图7-12所示。其中"换片方式"可以用鼠标单击进行人工切换，或者设置时间间隔来自动切换；如果要将所选的动画效果应用于其他幻灯片，单击"计时"组的"全部应用" 命令按钮即可。

图 7-12　"切换"选项卡

7.4.2　播放演示文稿

在放映幻灯片前，一些准备工作是必不可少的，例如将不需要放映的幻灯片隐藏、排练计时、设置幻灯片的放映方式等。

1. 隐藏幻灯片

在 PowerPoint 2016 中，在普通视图幻灯片窗格中选定幻灯片，右击，在弹出的快捷菜单中选择"隐藏幻灯片"命令。或选定幻灯片，单击"幻灯片放映"选项卡"设置"组中的"隐藏幻灯片"按钮 。

2. 排练计时

排练计时是对幻灯片的放映进行排练，对每个动画所使用的时间进行控制，以后将其用于自动运行放映。整个文稿播放完毕后，系统会提示用户幻灯片放映总共所需要的时间并询问是否保留排练时间，单击"是"按钮后，将演示文稿制作软件切换到"幻灯片浏览"视图下，并且在每个幻灯片下方显示出放映所需要的时间。在 PowerPoint 2016 中，幻灯片排练计时是通过"幻灯片放映"选项卡"设置"组中的"排练计时"按钮 来实现的。

3. 设置幻灯片的放映方式

在播放演示文稿前可以根据使用者的不同需要设置不同的放映方式。在 PowerPoint 2016 中，这通过单击"幻灯片放映"选项卡"设置"组中"设置放映方式"按钮 ，在"设置放映方式"对话框中操作实现，如图7-13所示。其中，"放映类型"有3种。

① 演讲者放映（全屏幕）：以全屏幕形式显示，演讲者可以控制放映的进程，可用绘图笔勾画，适用于大屏幕投影的会议、讲课。

② 观众自行浏览（窗口）：以窗口形式显示，可编辑浏览幻灯片，适用于人数少的场合。

③ 在展台浏览（全屏幕）：以全屏幕形式在展台上做演示用，按事先预定的或通过"排

图 7-13　设置演示文稿放映方式

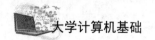

练计时"命令设置的时间和次序放映,不允许现场控制放映的进程。

要播放演示文稿有多种方式,如按【F5】键;选择"幻灯片放映"选项卡"开始放映幻灯片"组中的"从头开始"按钮;在视图显示栏中单击"幻灯片放映"按钮 等。其中,除了最后一种方法是从当前幻灯片开始放映外,其他方法都是从第1张幻灯片放映到最后一张幻灯片。

【例7-4】为例7-3中演示文稿第2张幻灯片的标题设置"空翻"的动画效果,速度为"中速",声音为"风铃","上一动画之后"1秒后发生;设置全部幻灯片的切换效果为"形状",换片方式为单击鼠标时换页或每间隔8秒换页。

在PowerPoint 2016中,操作步骤如下:

① 在普通视图幻灯片窗格中,单击第2张幻灯片,选定该幻灯片的标题,单击"动画"选项卡"动画"组中的扩展按钮,在打开的下拉菜单中选择"更多进入效果"命令,在打开的"更改进入效果"对话框"华丽"区中选择"空翻"效果(见图7-9)。

② 选定标题,单击"动画"选项卡"动画"组右下角的对话框启动器按钮 ,打开"空翻"动画效果对话框,在"效果"选项卡中设置"声音"为"风铃"(见图7-10);然后单击"计时"选项卡,设置"开始"为"上一动画之后","延迟"为1秒,"期间"为"中速(2秒)"(见图7-11)。

③ 选定任意幻灯片,单击"切换"选项卡"切换到此幻灯片"组中的扩展按钮,在打开的切换效果库中"细微型"区选择"形状",并在"计时"组中做相应设置(见图7-12),单击"全部应用"按钮。

④ 按【F5】键观看放映,查看动画播放效果。

 ## 7.5 演示文稿的打印和输出

演示文稿可以打印,这通过选择"文件"→"打印"命令来实现。

【例7-5】将例7-4中演示文稿以讲义形式用A4纸打印出来,每张纸打印3张幻灯片。

在PowerPoint 2016中,操作步骤如下:

打开演示文稿。选择"文件"→"打印"命令,在"打印"选项卡中单击"整页幻灯片"按钮,在展开的列表中单击"讲义"区的"3张幻灯片"图标,在预览区域内即可看到打印出的效果。预览满意后单击"打印"区的"打印"按钮。

演示文稿制作完毕后,可以输出为不同格式的文件,可以创建PDF/XPS文档、创建视频、将演示文稿打包成CD等。这通过选择"文件"→"导出"命令,在"导出"选项卡中选择相应的命令来实现。

 ## 7.6 综合应用实例

【例7-6】有演示文稿如图7-14所示。

人力资源管理系统的设计与实现	目录 · 绪论 · 系统设计相关原理 · 系统分析 · 系统总体设计 · 系统详细设计与实现 · 总结与展望	本文主要研究内容 · 本文首先分析了人力资源管理系统的发展状况,确定了系统的开发平台,接着简要地介绍了系统开发相关技术如JSP、Hibernate、Struts 2、SQL Server等,然后详细阐述了人力资源管理的系统分析和总体设计,并着重讲述了该系统中各个主要模块的详细设计与实现。

图 7-14 演示文稿

【操作要求】

1. 使用主题与更改主题颜色、字体

（1）将第1张幻灯片的主题设置为"暗香扑面"，其他幻灯片的主题设置为"图钉"。

（2）更改主题颜色。

① 新建一个自定义的主题颜色方案：

a.文字/背景-深色1：红色。文字/背景-浅色1：白色。

b.文字/背景-深色2：红色（R）为50，绿色（G）为100，蓝色（B）为255；文字/背景-浅色2：浅蓝。

c.强调文字颜色1-6分别为"红色""橙色""黄色""绿色""深蓝""紫色"。

d.链接和已访问的链接分别为："红色"和"绿色"。

完成后，保存此主题颜色为"自定义主题颜色1"。

② 修改创建的主题颜色，将其中的文字/背景-深色1改成绿色，其他不变，完成后保存此主题颜色为"自定义主题颜色2"。

③ 将修改前的主题颜色应用于第1张幻灯片；将修改后的主题颜色应用于其他幻灯片。

（3）更改主题字体

① 将第1张幻灯片主题字体改为"沉稳"。

② 新建一个自定义的主题字体方案，西文标题字体为Constantia，西文正文字体为Franklin Gothic Book，中文标题字体为"黑体"，中文正文字体为"楷体"，保存此主题字体为"自定义主题字体1"，并应用于其他幻灯片。

2. 设置并应用幻灯片母版

（1）对于第1张幻灯片所应用的标题母版，将其中的标题样式设为"黑体，54号字"；

（2）对于其他幻灯片所应用的一般幻灯片母版，在日期区中插入当前日期（格式标准参照"2021/1/4"），在页脚中插入幻灯片编号（第2张幻灯片编号为1，第3张幻灯片编号为2，依此类推）。

3. 设置幻灯片动画效果

针对第2张幻灯片，设置以下动画效果：

（1）将标题内容"目录"的进入效果设置成"棋盘"。

（2）将文本内容"绪论"的进入效果设置成"缩放"，并且在标题内容出现1秒后自动开始，而不需要单击。

（3）按顺序依次将文本内容"系统设计相关原理""系统分析""系统总体设计""系统详细设计与实现""总结与展望"的进入效果设置成"曲线向上"。

（4）将文本内容"绪论"的强调效果设置成"波浪形"。

（5）将文本内容"系统设计相关原理"的动作路径设置成"循环"。

（6）将文本内容"系统分析"的退出效果设置成"收缩并旋转"。

（7）在页面中添加"前进"与"后退"的动作按钮，当单击按钮时分别跳转到当前页面的前一页与后一页，并设置这两个动作按钮的进入效果为同时"飞入"。

4. 设置幻灯片切换效果

（1）设置所有幻灯片之间的切换效果为"随机线条"。

（2）实现每隔5秒自动切换，也可以单击进行手动切换。

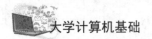

5. 设置幻灯片放映效果

（1）隐藏第3张幻灯片，使得播放时直接跳过隐藏页。

（2）选择前两页幻灯片进行循环放映。

【操作提示】

1. 使用主题与更改主题颜色、字体

在PowerPoint 2016中，案例要求（1）的操作步骤如下：

① 在幻灯片窗格中，选定演示文稿第1张幻灯片，单击"设计"选项卡，在"主题"组主题库中右击主题"暗香扑面"，在快捷菜单中选择"应用于选定幻灯片"命令。

② 同时选定演示文稿其他幻灯片，单击"设计"选项卡，在"主题"组主题库中右击主题"图钉"，在弹出的快捷菜单中选择"应用于选定幻灯片"命令。

案例要求（2）的操作步骤如下：

① 在普通视图幻灯片窗格中选定第1张幻灯片，单击"设计"选项卡"变体"组中的"其他"扩展按钮，在下拉列表中选择"颜色"→"自定义颜色"命令，打开"新建主题颜色"对话框。单击"文字/背景-深色1"右边的下拉按钮，在下拉列表"标准色"区选择"红色"。用同样的方法设置好其他颜色。需要注意的是，在设置"文字/背景-深色2：红色（R）为50，绿色（G）为100，蓝色（B）为255"时，在下拉列表中选择"其他颜色"命令，打开"颜色"对话框，单击"自定义"选项卡，在"红色"数值框中输入"50"，"绿色"数值框中输入"100"，"蓝色"数值框中输入"255"，如图7-15所示，设置好的"新建主题颜色"对话框如图7-16所示，单击"保存"按钮。此时，选中的第1张幻灯片被应用为新创建的主题颜色方案。

② 在普通视图幻灯片窗格中同时选定其他幻灯片，单击"设计"选项卡"变体"组中的"其他"扩展按钮，在下拉列表中选择"颜色"→"自定义颜色"命令，打开"新建主题颜色"对话框，这里只需要将"文字/背景-深色1"改为绿色，其他不变，在"名称"文本框中输入"自定义主题颜色2"，单击"保存"按钮。此时，选定的幻灯片都被应用为新修改的主题颜色方案。

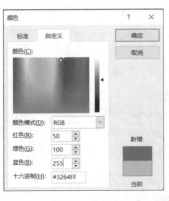
图7-15　设置"文字/背景-深色2"颜色

图7-16　新建"自定义主题颜色1"

案例要求（3）的操作步骤如下：

① 在幻灯片窗格中选定第1张幻灯片，单击"设计"选项卡"变体"组中的"字体"下拉

按钮，在下拉列表"内置"区选择"沉稳"。

②在幻灯片窗格中同时选定其他幻灯片，单击"设计"选项卡"主题"组中的"字体"下拉按钮，在下拉列表中选择"新建主题字体"命令，打开"新建主题字体"对话框。在"标题字体（中文）"下拉列表框中选择Constantia，"正文字体（西文）"下拉列表框中选择Franklin Gothic Book，"标题字体（中文）"下拉列表框中选择"黑体"，"正文字体（中文）"下拉列表框中选择"楷体"，"名称"文本框中输入"自定义主题字体1"，如图7-17所示，单击"保存"按钮。此时，选定的幻灯片都被应用为新建的主题字体方案。

图 7-17　新建"自定义主题字体 1"

2. 设置并应用幻灯片母版

案例要求（1）的操作步骤如下：

①在普通视图幻灯片窗格中选定第1张幻灯片。

②单击"视图"选项卡"母版视图"组中的"幻灯片母版"按钮，进入幻灯片母版视图。选择"标题幻灯片"母版，单击占位符"单击此处编辑母版标题样式"，在"开始"选项卡"字体"组中设置字体为"黑体（标题）"，字号为"54"，单击"幻灯片母版"选项卡"关闭"组的"关闭母版视图"按钮。

案例要求（2）的操作步骤如下：

①在普通视图幻灯片窗格中同时选定其他幻灯片。

②单击"设计"选项卡"自定义"组中的"幻灯片大小"按钮，在下拉菜单中选择"自定义幻灯片大小"命令，打开"幻灯片大小"对话框，在"幻灯片编号起始值"数值框中输入或选择"0"，如图7-18所示，单击"确定"按钮；单击"插入"选项卡"文本"组中的"页眉和页脚"按钮，打开"页眉和页脚"对话框，选中"日期和时间"复选框，选中"自动更新"单选钮，选中"幻灯片编号"复选框，如图7-19所示，单击"应用"按钮。

拓展阅读 ●

● 母版

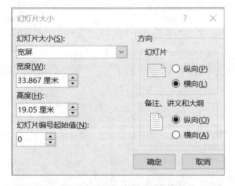

图 7-18　设置幻灯片编号起始值从 0 开始

图 7-19　设置日期和幻灯片编号

3. 设置幻灯片的动画效果

具体操作步骤如下：

①在普通视图幻灯片窗格中，单击第2张幻灯片，选定标题内容"目录"，单击"动画"选项卡，在"动画"组动画样式库中选择"更多进入效果"命令，打开"更改进入效果"对话框，在"基本型"区选择"棋盘"，如图7-20所示，单击"确定"按钮。

②选定文本内容"绪论"，在"动画"选项卡"动画"组动画样式库中"进入"区选择

"缩放",在"计时"组"开始"下拉列表框中选择"上一动画之后",在"延迟"数值框输入"01.00"(即1秒)。

③ 用与①相同的方法依次将文本内容"系统设计相关原理""系统分析""系统总体设计""系统详细设计与实现""总结与展望"的进入效果设置成"曲线向上"(在"华丽型"区)。

④ 选定文本内容"绪论",在"动画"选项卡"动画"组动画样式库中"强调"区选择"波浪形"。

⑤ 选定文本内容"系统设计相关原理",在"动画"选项卡"动画"组动画样式库中"动作路径"区选择"循环"。

⑥ 选定文本内容"系统分析",在"动画"选项卡"动画"组动画样式库中"退出"区选择"收缩并旋转"。

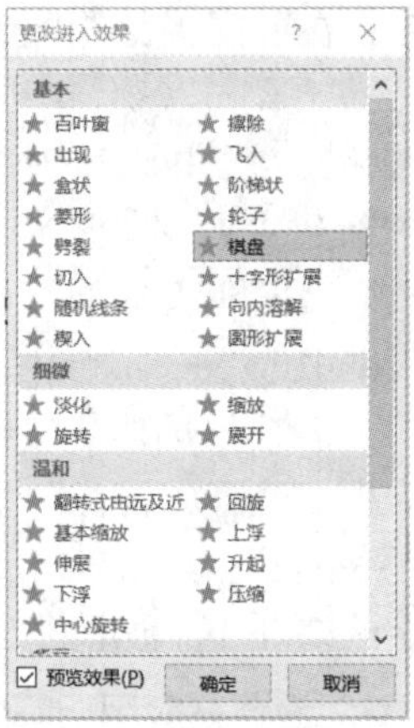

⑦ 单击"插入"选项卡"插图"组中的"形状"按钮 ，在最下面的"动作按钮"区选择动作按钮"前进或下一项" ▷，将它画在幻灯片右下角合适位置，在出现的动作设置对话框中确认"链接到下一张幻灯片"后单击"确定"按钮。用同样的方法插入动作按钮"后退或前一项" ◁(注意链接的位置是"上一张幻灯片")。按住【Shift】键将这两个动作按钮同时选中，单击"动画"选项卡，在"动画"组动画库中"进入"区选择"飞入"。

图7-20　设置进入效果"棋盘"

4. 设置幻灯片切换效果

具体操作步骤如下:

① 单击"切换"选项卡，在"切换到此幻灯片"组切换方案库中"细微型"区选择"随机线条"。

② 在"计时"组中选中"单击鼠标时"复选框，选中"设置自动换片时间"复选框，并在数值框中输入"00:05.00"。再单击"全部应用"按钮。

5. 设置幻灯片放映效果

具体操作步骤如下:

① 在普通视图幻灯片窗格中，右击第3张幻灯片，在快捷菜单中选择"隐藏幻灯片"命令，能够看到其左上角的编号上多出了一个斜线(表示该幻灯片在放映时不被显示)。

② 单击"幻灯片放映"选项卡"设置"组中"设置幻灯片放映"按钮 ，打开"设置放映方式"对话框，进行相应设置，如图7-21所示。

● 拓展阅读

动画设置实例

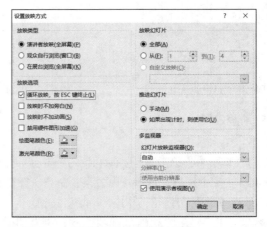

图7-21　"设置放映方式"对话框

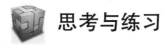 思考与练习

一、思考题

1. 演示文稿制作技术主要用来解决什么问题? 需要借助什么来实现?

2. 简述演示文稿制作软件的主要功能特点。

3. 常用的演示文稿制作软件有哪些?

4. 设计演示文稿遵循的原则是什么?

5. 如何在幻灯片中插入音频、视频、艺术字、图形等?

6. 幻灯片中的链接如何制作?

7. 美化演示文稿包括什么? 设置主题和母版使用如何操作?

8. 如何设计幻灯片中对象的动画效果? 如何设计幻灯片间切换的动画效果?

9. 如何设置幻灯片的放映方式?

10. 如何将演示文稿打印、打包输出?

二、选择题

1. PowerPoint 是一个 (　　) 软件。

　　A. 字处理　　　　B. 字表处理　　　C. 演示文稿制作　　D. 绘图

2. PowerPoint 幻灯片默认的文件扩展名是 (　　)。

　　A. PPTX　　　　B. POT　　　　　C. DOT　　　　　D. PPT

3. 在需要整体观察幻灯片时, 应该选择 (　　)。

　　A. 大纲视图　　B. 普通视图　　　C. 幻灯片放映视图　D. 浏览视图

4. 新建一张新幻灯片按钮为 (　　)。

　　A. ⓟ　　　　　B. 🗃　　　　　C. 🗋　　　　　D. 📋

5. 当在幻灯片中插入了声音以后, 幻灯片中将会出现 (　　)。

　　A. 喇叭标记　　B. 一段文字说明　C. 链接说明　　　D. 链接按钮

6. 要使所制作背景对所有幻灯片生效, 应在背景对话框中选 (　　)。

　　A. 应用　　　　B. 取消　　　　　C. 全部应用　　　D. 确定

7. 为所有幻灯片设置统一的、特有的外观风格, 应使用 (　　)。

　　A. 母版　　　　B. 配色方案　　　C. 自动版式　　　D. 幻灯片切换

8. PowerPoint 中要实现链接, 应该选择 (　　) 选项卡 "链接" 组中的 "链接" 命令。

　　A. 开始　　　　B. 动画　　　　　C. 插入　　　　　D. 切换

9. 在对幻灯片中某对象进行动画设置时, 应在 (　　) 选项卡中进行。

　　A. 动画　　　　B. 切换　　　　　C. 设计　　　　　D. 幻灯片放映

10. 当在交易会进行广告片的放映时, 应选择 (　　) 放映方式。

　　A. 演讲者放映　B. 观众自行放映　C. 在展台浏览　　D. 需要时按下某键

三、填空题

1. PowerPoint 2016 有 (　　)、(　　)、(　　) 和 (　　) 4 种视图模式。

2. PowerPoint 2016 幻灯片中如果要插入 SmartArt 图形, 通过 (　　) 选项卡中的相应命令完成。

3. PowerPoint 2016 为幻灯片设置背景是通过 (　　) 选项卡 (　　) 组中的相应命令完成的。

4. PowerPoint 2016 中幻灯片换片方式有（　　）和（　　）。

5. PowerPoint 2016 中放映方式有（　　）、（　　）和（　　）。

四、操作题

按照以下要求对 PowerPoint 文档进行操作：

（1）演示文稿页数：2页；采用"波形"主题；幻灯片切换采用"闪耀"方式。

（2）第一页：以艺术字作为主标题，字体为华文彩云，字号为40，内容为"奋斗是人生的基石"；副标题为"永不放弃是成功的保证"；演播：上一动画之后延时2秒以浮入方式显示主标题；单击，以向内溶解方式显示副标题。

（3）第二页：一个文本框，文本框内有2段励志格言（内容自定，不少于20个汉字）和1个剪贴画，文字为蓝色，均带有动画效果。演播顺序：单击，以弹跳方式显示2段文字；单击，延时2秒显示剪贴画，采用底部飞入方式同时伴有鼓掌声；添加"动作按钮"中的"第一张"按钮，单击返回第一页。

第8章

计算机网络

机器之间的信息传输是一个复杂的过程，它体现了大问题的复杂性，需要建立一些简化的模型，将复杂的大问题分解成一些能够理解和控制的层次和模块，然后用系统化的方法进行解决。本章主要介绍计算机网络的层次模型和通信协议，如何组建一个计算机网络，以及因特网的应用、计算机新技术发展和通信安全等内容。

 ## 8.1 计算机网络的发展

8.1.1 网络的基本功能

计算机网络是利用通信设备和传输介质，将分布在不同地理位置上的具有独立功能的计算机相互连接，在网络协议控制下进行信息交流，实现资源共享和协同工作。

1. 网络的基本组成

（1）网络设备

组成计算机网络的通信设备主要有：交换机、路由器、服务器、防火墙、调制解调器（Modem）、光电转换器、中继器、光端机等设备。传输介质有：双绞线、光纤、微波等。

（2）网络互连

计算机网络的互连包括网络硬件设备之间的互连（如交换机与用户计算机的互连）；传输介质之间的互连（如光纤与双绞线的互连），以及网络协议之间的互连（如广域网协议与局域网协议）；网络软件之间的互连（如网络系统服务软件与用户应用软件的互连）等。

（3）网络协议

计算机之间的通信必须遵守事先约定好的一些规则和方法，这些规则明确规定机器通信时的数据格式（数据包结构），如何找到对方计算机（地址），怎么将信号传送到对方计算机（路由），计算机之间如何进行对话（点到点或广播）等，这些复杂的问题都由网络协议规定。网络协议是为数据通信而建立的规则、标准或约定，它是计算机网络的核心部分，网络设备和网络软件都必须遵循网络协议，才能进行计算机之间的通信。

2. 网络的基本功能

（1）信息交流

计算机网络的基本功能在于实现信息交流、资源共享和协同工作。信息交流的形式有很多种，如电话是一种远程信息交流方式，但是只有音频，没有视频；电视是一种具有音频和视频

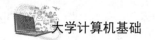

的远程信息传播方式，但是交互性不好。在计算机网络中，信息交流可以交互方式进行，主要有网页、邮件、论坛、即时通信、IP电话、视频点播等形式。计算机网络的资源共享和信息交流特性，为电子商务、信息管理、远程协作等提供了一个很好的平台。

（2）资源共享

计算机网络的资源指硬件资源、软件资源和信息资源。硬件资源有：交换设备、路由设备、存储设备、网络服务器等设备。例如：网络硬盘可以为用户免费提供数据存储空间。软件资源有：网站（Web）服务器、文件传输（FTP）服务器、电子邮件（E-mail）服务器等，它们为用户提供网络后台服务。信息资源有：网页、论坛、数据库、音频和视频文件等，它们为用户提供新闻浏览、电子商务等功能。资源共享可使网络用户对资源互通有无，大大提高网络资源的利用率。

（3）协同工作

利用网络技术可以将许多计算机连接成具有高性能的计算机系统，使其具有解决复杂问题的能力。这种协同工作、并行处理的方式，要比单独购置高性能大型计算机便宜得多。当某台计算机负载过重时，网络可将任务转交给空闲的计算机来完成，这样能均衡各计算机的负载，提高处理问题的能力。

3. 梅特卡夫定律与网络的价值

（1）梅特卡夫定律

梅特卡夫定律由乔治·吉尔德（George Gilder）于1973年提出，但以计算机网络先驱，以太网发明人罗伯特·梅特卡夫（Robert M. Metcalfe）的姓氏命名。梅特卡夫定律指出：网络的价值等于该网络内结点数的平方，而且网络的价值与联网用户数量的平方成正比。

例如，当电话是一个人打给另一个人时，信息从一个端口传送到另一个端口，得到的价值是1；一个电视节目 N 个人同时收看，信息从一个端口传播到 N 个端口，得到的价值是 N；而在计算机网络中，每一个人都能够连接到 N 个网站，N 个人能看到 N 个网站上的信息，这样得到的信息传送价值是 N^2。也就是说上网的人数越多，网络的价值就越大。

（2）梅特卡夫定律的意义

梅特卡夫定律成功地预言了互联网是一个充满无限商机，成长潜力惊人的全球化电子商务市场。例如，新用户在选择手机时，更愿意选择原来用户多的通信网络。因为按照梅特卡夫定律，网络中用户数量越多，部署的网络基础设施就会越大，网络质量就会更好，潜在的通信用户就会越多，每个用户平均分担的成本会越来越低，服务也将越来越满意，该通信网络对用户的价值也就越高。

梅特卡夫定律不仅存在于有形的网络之中，许多无形网络也表现出这一特征。例如，微软公司 Word 软件的用户就构成一个无形网络。因为使用 Word 的人越多，Word 的性价比就越好，对用户的价值就越大，那么就有更多的人愿意放弃其他文字处理软件而转向 Word。x86 系列台式计算机和安卓平台的智能手机等产品也具有这种特性。

8.1.2　网络的主要类型

计算机网络的分类方法有很多种，最常用的分类方法是 IEEE（国际电子电气工程师协会）根据计算机网络地理范围的大小，将网络分为局域网（LAN）、城域网（MAN）和广域网（WAN）。

1. 局域网（LAN）

局域网通常在一幢建筑物内或相邻几幢建筑物之间（见图 8-1）。局域网是结构复杂程度最低的计算机网络，也是目前应用最广泛的一类网络。尽管局域网是结构最简单的网络，但并不一定是小型网络。由于光通信技术的发展，局域网覆盖范围越来越大，往往将直径达数千米的一个连续的园区网（如大学校园网、智能小区网等）也归纳到局域网的范围。

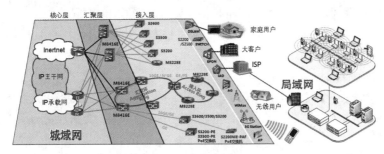

图 8-1 城域网和局域网应用案例示意图

2. 城域网（MAN）

城域网的覆盖区域为数百平方千米的一座城市内，城域网往往由许多大型局域网组成。城域网主要为个人用户、企业局域网用户提供网络接入，并将用户信号转发到因特网中。城域网信号传输距离比局域网长，信号更加容易受到环境的干扰。因此网络结构较为复杂，往往采用点对点、环形、树形和环形相结合的混合结构。由于数据、语音、视频等信号，可能都采用同一城域网络，因此城域网组网成本较高。

3. 广域网（WAN）

广域网覆盖范围通常在数千平方千米以上，一般为多个城域网的互连（如 ChinaNet，中国公用计算机网），甚至是全世界各个国家之间网络的互连。因此广域网能实现大范围的资源共享。广域网一般采用光纤进行信号传输，网络主干线路数据传输速率非常高，网络结构较为复杂，往往是一种网状网或其他拓扑结构的混合模式。广域网需要跨越不同城市、地区、国家，因此网络工程最为复杂。

8.1.3 因特网发展概况

1. 因特网的发展

1969 年美国国防部高级研究计划局（ARPA）制定了一个计划，将美国的加利福尼亚大学洛杉矶分校（UCLA）、加利福尼亚大学（UCSB）、斯坦福大学研究学院和犹他州大学的 4 台计算机连接起来，建设一个 ARPANET（阿帕网）。ARPANET 于 1969 年 12 月开始联机，这就是因特网的前身。1983 年，ARPANET 采用 TCP/IP 为标准通信协议，形成了因特网的雏形。因特网采用开放性（公开技术细节，免费使用技术）网络协议 TCP/IP 技术，因此带动了世界各国不同网络的互联。互联网、因特网、万维网三者的关系是：互联网包含因特网，因特网包含万维网，凡是由通信设备组成的网络都是互联网的一部分。

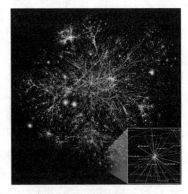

全球互联网已经成为当今世界推动经济发展和社会进步的重要信息基础设施。联合国宽带数字发展委员会发布报告说，2019 年全球互联网用户为 60 亿左右。全球互联网连接如图 8-2 所示。

图 8-2 全球互联网连接图

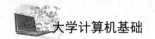

2. 因特网的主要功能

因特网的应用非常广泛，目前主要应用有：通信（如即时通信、电子邮件、微信等）；社交（如Facebook、微博、博客、论坛等）；电子商务（如网络营销、产品贸易、电子支付等）；网络服务（如信息查询、广告宣传、网络存储、软件升级等）；资源共享（如门户网站、论坛资源、软件下载等）；娱乐媒体（如视频、音乐、游戏、小说、图片等）；协同工作（如云计算、视频会议、在家办公等）等。

3. 因特网服务模式

1991年，美国政府将因特网的经营权转交给商业公司。提供因特网接入服务的商业公司称为ISP（因特网服务提供商）。任何个人、企业或组织只要向ISP交纳规定的接入费用，就可通过ISP接入因特网。

因特网服务提供商（Internet Service Provider，ISP）是向用户提供因特网接入业务、信息业务和增值业务的电信运营商，国内知名的大型ISP有：中国电信、中国联通、中国教育网等。因特网内容提供商（Internet Content Provider，ICP）是向广大用户综合提供因特网信息业务和增值业务的网站运营商，国内知名的大型ICP有：新浪、搜狐、网易等。

因特网应用服务产业链为：设备供应商（如华为等）→基础网络运营商（如中国电信等）→内容收集者和生产者（如记者、用户、各种设备等）→业务提供者（如各种网站等）→用户。ISP和ICP处于内容收集者、生产者以及业务提供者的位置。

4. 因特网的管理

因特网是一种采用"数据包交换"方式连接的分布式网络。在技术层面上，因特网不存在中央控制的问题。也就是说，不存在某一个国家或者某一个利益集团通过某种技术手段来控制因特网的使用。反之也无法将因特网封闭在一个国家之内，除非建立的不是因特网。然而，一个全球性的网络需要一个机构来制定所有主机都必须遵守的交往规则（协议），否则就不可能建立起全球所有不同的计算机、不同的操作系统都能够通用的网络。但是，这种制定共同遵守"协议"的权力，并不意味着控制的权力。因特网所有的技术特征都说明，对因特网的管理完全与服务有关，而与控制无关。

5. 因特网的意义

因特网的出现固然是人类通信技术的一次革命，然而，如果仅从技术的角度来理解因特网的意义还远远不够。因特网的发展早已超越了当初"阿帕网"的军事和技术目的，美国麻省理工学院（MIT）计算机高级研究员David Clark曾经写道："把网络看成是计算机之间的连接是不对的。相反，网络把使用计算机的人连接起来了。因特网的最大成功不在于技术层面，而在于对人的影响。电子邮件对于计算机科学来说也许不是什么重要的进展，然而对于人们的交流来说则是一种全新的方法。"

6. 中国互联网的发展

（1）中国主要因特网服务提供商（ISP）

我国目前主要的因特网服务提供商有：中国公用计算机互联网（ChinaNet，中国电信经营），中国联通计算机互联网（UNINet，中国联通经营），中国教育和科研计算机互联网（CERNet，教育部管理），中国科技网络（CSTNet，由中科院管理）等专用互联网。上述主干网均可通过国家关口局与因特网相连通。根据CNNIC（中国互联网信息中心）统计，截至2018年12月，我国互联网国际出口带宽如表8-1所示。直接连接的国家有美国、俄罗斯、法国、英国、德国、日本、韩国、新加坡等。

表 8-1 我国大型互联网国际出口带宽

主干网	中 文 名 称	国际出口带宽/（Mbit/s）	说 明
ChinaNet	中国电信		
CNCNet	中国联通	11 243 109	商业网，信息产业部主管
CMNet	中国移动互联网		
CERNet	中国教育和科研计算机网	114 688	公益网，教育部主管
CSTNet	中国科技网	153 600	公益网，科技部主管
合计		11 511 397	

（2）中国互联网的普及率

根据CNNIC统计，截至2021年12月，中国网民人数达到了10.32亿，互联网普及率达到73.0%，超过世界平均水平。截至2021年12月，中国城镇网民占网民总数的72.4%，农村网民占27.6%。中国手机网民规模达10.29亿，网民中使用手机上网的人群占99.7%。

截至2021年12月底，我国域名总数为3 593万个，其中".cn"域名总数为2 041万个；国内网站数量为418万个，中国网页数量为3 350亿个。中国互联网发展与普及水平居发展中国家前列。

在中国，越来越多的人通过互联网获取信息、丰富知识；越来越多的人通过互联网创业，实现自己的理想；越来越多的人通过互联网交流沟通，密切相互间的关系。互联网正在成为一种新的工作和生活方式。

8.2 计算机网络结构

8.2.1 网络通信协议

1. 通信过程中存在的问题和解决方法

人类的通信是一个充满智能化的过程。如图8-3所示，以一个企业的技术讨论会为例，说明通信的计算思维方法。技术人员在开会时必须进行很多智能化的通信，这些通信不一定是以语言方式进行的。首先，参加会议的人员都必须知道在哪里开会（目标地址）；如何到会议室（路由）；会议什么时候开始（通信确认）；会议主讲者通过声音（传输介质为声波）和视频（传输介质为光波）表达自己的意见（传送信息）；主讲者必须关注与会人员的反应，其他人员也必须关注主讲者的发言（同步）；有时主讲者会受到会议室外的干扰（噪声），会议室内其他人员说话的干扰（信道干扰）；如果与会者同时说话，就会造成谁也听不清对方在说什么（信号冲突）；主讲人必须保持一定的恒定语速（通信速率）等。

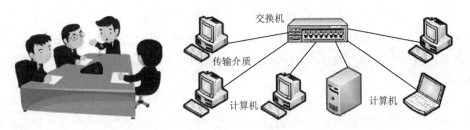

图 8-3 会议讨论（左）和计算机通信（右）的比较

计算机之间的数据传输是一个复杂的通信过程。计算机的通信过程与以上人们开会的情况类似，需要解决的问题很多。例如：本机与哪台计算机通信（本机地址与目标地址）？通过那条路径将信息传送到对方（路由）？对方开机了吗（通信确认）？信号传输采用什么传输介质（双绞线或光纤）？通信双方如何在时钟上保持一致（同步）；信号接收端怎样判断和消除信号传输过程中的干扰（检错与纠错）？通信双方发生信号冲突时如何处理（通信协议）？如何提高数据传输效率（复用技术）？这些问题都需要认真研究解决。

人类通信与计算机通信的共同点在于都需要遵循一定的通信规则。不同点在于人类在通信时，可以随时灵活地改变通信规则，并且智能地对通信方式和内容进行判断；而计算机在通信时不能随意改变通信规则，计算机以高速处理与高速传输来弥补机器智能的不足。

2. 网络通信协议的基本组成

对数据发送方的计算机而言，为了把用户数据转换为能在网络上传送的电信号，需要对用户数据分步骤地进行加工处理，其中每一个相对完整独立的步骤，可以看作是一个"处理层"。用户数据通过多个处理层的加工处理后，就会成为一个个包含对方主机地址（目标地址）、本机地址、用户数据、校验信息等在内的数据包，这些数据包在网络上以比特流的方式进行传输。每一层次中加工处理这些数据的规范就是网络协议。

在计算机网络中，用于规定信息的格式，以及如何发送和接收信息的一系列规则或约定称为网络协议。网络协议的3个组成要素是语法、语义和时序。

① 语法规定进行网络通信时，数据的传输和存储格式，以及通信中需要哪些控制信息，它解决"怎么讲"的问题。

② 语义规定控制信息的具体内容，以及发送主机或接收主机所要完成的工作，它主要解决"讲什么"的问题。

③ 时序规定计算机网络操作的执行顺序，以及通信过程中的速度匹配，主要解决"顺序和速度"问题。

【例8-1】如图8-4所示，以两个人打电话为例来说明网络协议的计算思维方法。

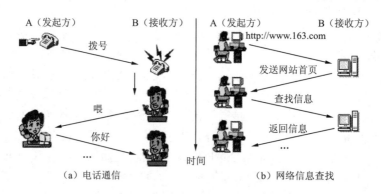

图8-4 打电话的人工协议与网络协议的对比

假设用户A要打电话给用户B，首先A拨B的电话号码，B电话振铃，B接听电话，然后A、B开始通话，通话完毕后，双方挂断电话。在这个过程中，A和B双方都遵守了打电话的一系列人为协议。

其中，电话号码是"语法"的一个例子，一般电话号码由8位阿拉伯数字组成，如果是长途电话，还需要加拨区号，国际长途还有国家代码等。两人之间的谈话选择使用什么语言也是一种语法约定。

A拨通B的电话后，B的电话振铃，振铃是一个信号，表示有电话打进来，B选择接电话；

这一系列的动作包括控制信号、响应动作、通信方向等，这也是一种"语义"。

"时序"的概念更容易理解，因为A拨了电话，B的电话才会响，B听到电话铃声后才会考虑要不要接电话，这一系列事件的时序关系十分明确。

8.2.2　网络层次结构

为了减少网络协议的复杂性，专家们把网络通信问题划分为许多小问题，然后为每一个问题设计一个通信协议。这样使得每一个协议的设计、分析、编码和测试都比较容易。协议层次结构就是按照信息的传输过程，将网络的整体功能划分为多个不同的功能层，每一层都向它的上一层提供一定的服务。

1. "层次结构"案例分析

为了理解网络协议层次结构的概念，人们利用两地之间货物发送和接收的案例进行说明。如图8-5所示，假设A有货物（数据）要发给B，A按照公司之间发货的规章（协议A），给货物加了一个说明（数据封装）以识别该货物，然后A把加了说明的货物（数据包）交到火车站货运处后，他们就不必继续管理了（分层）；火车站货运处按照他们的规章，发现货物太大，于是将货物分成多个小包裹（拆包），并按照他们的规章（协议B）给每个包裹加上标签（再打包），并决定将它们交由哪次列车运送（路由），并将其交给车站搬运处；车站搬运处将每个包裹分别装进车厢，堆放在列车规定的位置（协议C）；然后货物通过铁路（传输介质）运到目的地火车站（协议D）。

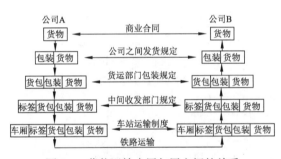

图 8-5　货物运输中层与层之间的关系

到目的地火车站后，按照上述过程的逆过程，一层一层去掉封装，每向上传递一层，该层的包装就被剥掉，绝不会出现把下层的包装交给上层的情况（如把车厢连包裹一起交给货运处），直到B拿到货物。

2. 网络协议"层次结构"的基本方法

在以上例子中，可以看到计算思维中"层次结构"的几个特点：一是将一个复杂的任务分解成几个部门进行处理（分层），大大降低了每个部门工作的复杂性；二是每个部门都提供标准的服务，使不同部门之间易于合作（接口）；三是只要提供服务的标准不变，每个部门内部人员和组织的变化不会影响其他部门（层次内部的灵活性）；四是每个部门的内部具体操作方式，其他部门不必了解（透明性）。

计算机网络中信号的传输过程与以上案例类似。计算机网络要实现多个机器之间的通信，就需要设计许多的网络协议。为了减少网络协议的复杂性，专家们将网络通信协议划分为多个层次，每一层设计一些通信协议。这样使得网络协议的设计、分析、编码和测试都比较容易实现。网络的层次结构有助于清晰地描述和理解复杂的网络系统。计算机网络系统采用层次化的结构有以下优点：

① 各层之间相互独立，高层不必关心低层的实现细节，可以做到各司其职。

② 某个网络层次的变化不会对其他层次产生影响，因此每个网络层次的软件或设备可以单独升级或改造，这有利于网络的维护和管理。

③ 分层结构提供标准接口，使开发商易于提供网络软件和网络设备。

④ 分层结构的适应性强，只要服务和接口不变，层内的实现方法可灵活改变。

对复杂事件进行"层次化"处理，是计算思维的一种常用方法。不仅网络协议采用这种方法进行处理，对复杂的计算机体系结构，也采用这种方法进行处理。"层次结构"的计算思维，可以简化很多复杂问题的处理过程。

8.2.3 网络互连模型

1. OSI/RM网络体系结构

网络协议的层次化结构模型和通信协议的集合称为网络体系结构。网络体系结构是网络互连的基本模型。常见的计算机网络体系结构有OSI/RM（开放系统互连参考模型）、TCP/IP（传输控制协议/国际协议）等。如图8-6所示，ISO（国际标准化组织）提出的OSI/RM将网络体系结构划分为7个层次，它们分别为：物理层、数据链路层、网络层、传输层、会话层、表示层和应用层。OSI/RM模型还规定了每层的功能，以及不同层之间如何进行通信协调。由于各方面的原因，OSI/RM网络体系结构并没有在计算机网络中得到实际应用，它往往作为一个理论模型进行网络分析。

2. TCP/IP网络体系结构

TCP/IP（传输控制协议和网际协议）是由IETF（因特网工程任务组）推出的网络互连协议族，它性能卓越，并且在因特网中得到广泛应用。如图8-7所示，TCP/IP网络协议定义了4个层次，它们是：网络接口层、网络层、传输层和应用层。TCP/IP协议与OSI/RM在网络层次上并不完全对应，但是在概念和功能上基本相同。

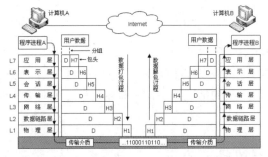

图 8-6　OSI/RM 协议层次模型与信号传输过程

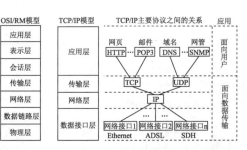

图 8-7　TCP/IP 协议层次结构模型和主要协议

（1）网络接口层

网络接口层处于TCP/IP模型的底层，主要功能是为网络提供物理连接，将数据包按比特（bit）一位一位地从一台主机（计算机或网络设备），通过传输介质（双绞线或光纤）送往另一台主机，实现主机之间的比特流传送。

（2）网络层

网络层的主要功能是为网络内任意两台主机之间的数据交换提供服务，并进行路由选择和流量控制。网络层传输的信息以报文分组为单位，分组是将较长的报文按固定长度分成若干段，每个段按规定格式加上相关信息，如路由控制信息和差错控制信息等。网络层接收到主机的报文后，把它们转换为分组，然后根据路由协议（如OSPF）确定送到指定目标主机的路由；

当分组到达目标主机后，再还原成报文。

（3）传输层

传输层的主要功能是提供端到端的数据包传输服务。传输层由TCP（传输控制协议）和UDP（用户数据报协议）两个协议组成，TCP协议提供可靠传输服务，但传输性能较低；UDP提供不可靠传输服务，但传输性能较高。

（4）应用层

应用层的功能是负责两个应用程序进程之间的通信，即为网络用户之间的通信提供专用的应用程序，如网页浏览、即时通信、收发电子邮件、文件传输、数据库查询等。由于TCP/IP协议提供的网络服务繁多，因此这层的网络协议也非常多。

8.2.4 网络服务模型

1. 客户端/服务器模型

客户端/服务器（Client/Server）模型是大部分网络应用的基本模型。客户端和服务器指通信中所涉及的两个应用程序进程，客户端指网络服务请求方，服务器指网络服务提供方。如图8-8所示，在客户端/服务器模型中，客户端主动地发起通信，服务器被动地等待通信的建立。

图 8-8 客户端/服务器模型

客户端/服务器采用主从式网络结构，它把客户端与服务器区分开来，每一个客户端的软件都可以向服务器或服务器应用程序发出请求。有很多不同类型的服务器，如网站服务器、聊天服务器、邮件服务器、办公服务器、游戏服务器等。虽然它们的功能不同，服务器的规模大小也相差很大，但是它们的基本构架是一致的。

例如：当用户在某一网站阅读文章时，用户的计算机和网页浏览器就被当作一个客户端。网站的多台计算机、数据库和应用程序就被当作服务器，当用户使用网页浏览器，点击网站一篇文章的超链接时，网站服务器从数据库中找出所有该文章需要的信息，结合成一个网页，再发送回用户端的浏览器。

服务器软件一般运行在强大的专用商业计算机上，客户端一般运行在普通个人计算机上。服务端的工作特征是：被动地等待来自客户端的请求，并将请求处理结果传回客户端。客户端的工作特征是：主动地向服务器发送请求，然后等待服务器的回应。在因特网中，客户端与服务器的交互过程使用TCP/IP协议来完成。

2. 对等网络模型

对等网络（Peer-to-Peer，P2P）又称端到端技术，它是一种网络技术。应当注意Peer-to-Peer（端到端）与Point-to-Point（点到点）之间的区别，端到端指对等网络中的结点；点到点指普通网络中的结点。

如图8-9所示，P2P是一种分布式网络，P2P网络的所有参与者都提供和共享一部分资源，这些资源包括：网络带宽、存储空间、计算能力等。这些共享资源能被P2P网络中的其他对等结点（Peer）直接访问，而无须经过中间的服务器。因此，P2P网络中的参与者既是资源提供者（Server），又是资源获取者（Client）。

例如，多个用户采用P2P技术下载同一个文件时，每个用户计算机只需要下载这个文件的一个片段，然后用户之间互相交换不同的文件片段，最终每个用户都得到一个完整的文件。P2P网络中参与进来的用户数量越多，单个用户下载文件的速度也就越快。

图 8-9　客户端/服务器模型（左）和对等网络模型（右）

P2P网络中任意两个结点都可以建立一个逻辑链接，它们对应物理网络上的一条IP路径。P2P网络结点在行为上是自由的，用户可以随时加入和退出网络，而不受其他结点的限制。网络结点在功能上是平等的，不管是大型计算机还是微机，它们实际计算能力的差异并不影响服务的提供。

技术上，一个纯P2P的应用只有对等协议，没有服务器和客户端的概念。但这样的纯P2P应用和网络很少，大部分P2P网络和应用实际上包含一些非对等单元，如DNS。同时，真正的应用也使用了多个协议，使结点可以同时或分时做客户端和服务器。

P2P有许多应用，如文件下载：迅雷等；多媒体应用：Skype（语音）、PPTV（视频）等；实时通信：QQ、WeChat等。

P2P这种无中心的管理模式，给了用户更多的自由。但是可以想象，缺乏管理的P2P网络很容易成为计算机病毒等的温床。

 # 8.3　计算机网络组成

计算机网络由计算机系统、通信线路和设备、网络协议、网络软件4个部分组成。下面主要讨论网络的基本结构，网络的通信线路和网络设备，以及怎样组建一个局域网。

8.3.1　拓扑结构

1. 网络拓扑结构的类型

在计算机网络中，如果把计算机、服务器、交换机、路由器等网络设备抽象为"点"，把网络中的传输介质抽象为"线"，这样就可以将一个复杂的计算机网络系统，抽象成为由点和线组成的几何图形，这种图形称为网络拓扑结构（见图8-10）。

（a）总线　　　（b）星状　　　（c）环状　　　　（d）树状　　　　（e）网状　　　　（f）蜂窝状

图 8-10　网络基本拓扑结构示意图

如图8-10所示，网络的基本拓扑结构有：总线结构、星状结构、环状结构、树状结构、网状结构和蜂窝状结构。大部分网络是这些基本结构的组合形式。

2. 星状网络拓扑结构

星状拓扑结构是目前局域网中应用最为普遍的一种结构。如图 8-11 所示，星状拓扑结构的每个结点都有一条单独的链路与中心结点相连，所有数据都要通过中心结点进行交换，因此中心结点是星状网络的核心。

星状结构网络采用广播通信技术，局域网的中心结点设备通常采用交换机。如图 8-11 所示，在交换机中，每个端口都挂接在内部背板总线上，因此，星状以太网虽然在物理上呈星状结构，但逻辑上仍然是总线型结构。

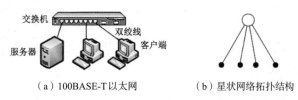

（a）100BASE-T 以太网　　　　（b）星状网络拓扑结构

图 8-11　以太网和星状网络拓扑结构

星状网络结构简单，建设和维护费用少。一般采用双绞线作为传输介质，中心结点一般采用交换机，这样集中了网络信号流量，提高了链路利用率。

3. 环状网络拓扑结构

如图 8-15 所示，在环状网络结构中，各个结点通过环接口，连接在一条首尾相接的闭合环状通信线路中。环网有：单环、多环、环相切、环内切、环相交、环相连等结构。在环状网络中，结点之间的信号沿环路顺或逆时针方向传输。

环状结构的特点是每个结点都与两个相邻结点相连，因而是一种点对点通信模式。环网采用信号单向传输方式，如图 8-12 所示，如果 $N+1$ 结点需要将数据发送到 N 结点，几乎要绕环一周才能到达 N 结点。因此环网在结点过多时，会产生较大的信号时延。

环状网络的建设成本较高，也不适用于多用户接入，环状网络主要用于城域传输网和国家大型主干传输网。

单环　　　环相切　　　环内切　　　环相交　　　环相连

图 8-12　环状网络拓扑结构

8.3.2　传输介质

1. 双绞线

双绞线（TP）由多根绝缘铜导线相互缠绕成为线对（见图 8-13），双绞线绞合的目的是为了减少对相邻导线之间的电磁干扰。由于双绞线价格便宜，而且性能也不错，因此广泛用于计算机局域网和电话系统。

双绞线可以传输模拟信号，也可以传输数字信号，特别适用于短距离的局域网信号传输。双绞线的传输速率取决于所用导线的类别、质量、传输距离、数据编码方法以及传输技术等。双绞线的最大传输距离一般为 100 m，传输速率为 10 Mbit/s ~ 10 Gbit/s。

2. 同轴电缆

同轴电缆由铜芯导体、绝缘层、铜线编织屏蔽层以及保护塑料外层组成（见图 8-14），同轴电缆具有很好的抗干扰特性。

图 8-13　双绞线电缆

图 8-14　同轴电缆

早期局域网曾经采用同轴电缆组网，目前计算机网络已经不使用这种传输介质。同轴电缆目前广泛用于有线电视网络。

3. 光纤

光纤是光导纤维的简称，如图 8-15 所示，光纤外观呈圆柱形，由纤芯、包层、涂层、表皮等部分组成，多条光纤制作在一起时称为光缆。

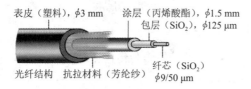

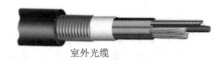

图 8-15　光纤结构和室外光缆

光纤通信通过特定角度射入的激光来工作，光纤的包层像一面镜子，使光脉冲信号在纤芯内反射前进。发送端的光源可以采用发光二极管或半导体激光器，它们在电脉冲的作用下能产生光脉冲信号。光纤中有光脉冲时相当于"1"，没有光脉冲相当于"0"。

光纤通信的优点是通信容量大（单根光纤理论容量可达 20 Tbit/s 以上，目前达到了 6.4 Tbit/s），保密性好（不易窃听），抗电磁辐射干扰，防雷击，传输距离长（不中继可达 200 km）。光纤通信的缺点是光纤连接困难，成本较高。光纤通信广泛用于电信网络、有线电视、计算机网络、视频监控等行业。

4. 微波

微波通信适用于架设电缆或光缆有困难的地方，它广泛用于无线移动电话网和无线局域网（见图 8-16）。微波在空间主要是直线传播，而地球表面是个曲面，因此传播距离受到限制，一般只有 50 km 左右。微波通信的优点是：通信容量大、见效快、灵活性好等；缺点是受障碍物和气候干扰，保密性差，使用维护成本较高等。

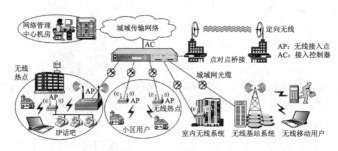

图 8-16　无线网络的应用

8.3.3　网络设备

1. 网卡

网卡（NIC，网络适配器）用于将计算机与网络的互连。目前的计算机主板都集成标准的以太网卡，不需要另外安装网卡。但是在服务器主机、防火墙等网络设备内，网卡还有它独特的作用。计算机网络接口和网卡如图8-17所示。

图 8-17　计算机网络接口和网卡

2. 交换机

交换机是一种网络互连设备，它不但可以对数据的传输进行同步、放大和整形处理，还提供数据的完整性和正确性的保证。交换机及由其组成的小型局域网如图8-18所示。

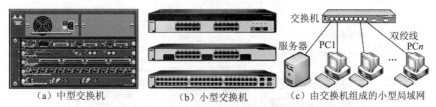

（a）中型交换机　　　　（b）小型交换机　　　（c）由交换机组成的小型局域网

图 8-18　交换机产品及由交换机组成的小型局域网

3. 路由器

路由器（又称网关）是网络层的数据转发设备，路由器通过转发数据包实现网络互连，虽然路由器支持多种网络协议，但是绝大多数路由器运行TCP/IP协议。

如图8-19所示，路由器是一台专用的计算机，它有CPU、内存、主板等硬件，也有操作系统、路由算法等软件。

（a）路由器产品　　　　　（b）路由在局域网中的应用

图 8-19　路由器产品及在网络中的应用

路由器的第一个主要功能是对不同网络之间的协议进行转换，具体实现方法是数据包格式转换，也就是网关的功能。路由器的第二大功能是网络结点之间的路由选择，通过选择最佳路径，将数据包传输到目的主机。路由器可以连接相同的网络，或不同的网络。既可以连接两个局域网，也可以连接局域网与广域网，或者是广域网之间的互联。

4. 防火墙

防火墙是一种网络安全防护设备，它的主要功能是防止网络的外部入侵与攻击。防火墙可以用软件或硬件实现，用软件实现时升级灵活，但是运行效率低，客户端计算机一般采用软件实现；硬件防火墙运行效率高，可靠性好，一般用于网络中心机房。

如图8-20所示，硬件防火墙是一台专用计算机，它包括CPU、内存、硬盘等部件。防火墙中安装有网络操作系统和专业防火墙程序。

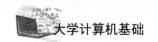

图 8-20　硬件防火墙产品

5. 服务器主机

服务器主机是运行网络服务软件，在网络环境中为客户端提供各种服务的计算机系统。服务器主机大部分为 PC 服务器，它从 PC 发展而来，它们在计算机体系结构、设备兼容性、制造工艺等方面，没有太大差别，两者在软件上完全兼容。但是在设计目标上，PC 服务器与 PC 不同，它更加注重对数据的高性能处理能力（如采用多 CPU、大容量内存等）；对 I/O 设备的吞吐量有更高的要求；要求设备有很好的可靠性（如支持连续运行、热插拔等）。PC 服务器一般运行 Windows Server、Linux 等操作系统。服务器主机如图 8-21 所示。

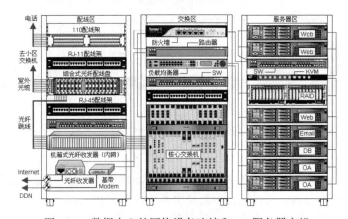

图 8-21　数据中心的网络设备连接和 PC 服务器主机

8.3.4　网络构建

1. 计算机网络系统的组成

如图 8-22 所示，计算机网络由计算机系统、通信线路和设备、网络协议、网络软件四部分组成。计算机网络提供的各种功能称为服务，最常见的服务有：网页服务、即时通信服务、邮件服务、数据库服务、电子商务服务、信息管理服务等。

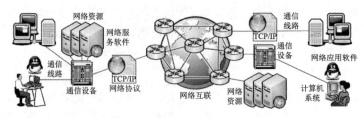

图 8-22　计算机网络系统的基本组成

（1）计算机系统

主要负责数据的收集、处理、存储、传播和提供资源共享。网络中连接的计算机可以是微机、大型机以及其他数据终端设备（如 ATM 机等）。

（2）通信线路和设备

通信线路包括传输介质和连接部件，如光缆、双绞线、微波等。通信设备如服务器、交换机、路由器、防火墙、中继器以及调制解调器等。通信线路和通信设备负责控制数据的发送、接收或转发，它们需要进行信号转换、路由选择、信号编码与解码、差错校验、通信控制、网络管理等工作，以完成信息传输和交换。

（3）网络协议

为了实现网络的正常通信，通信双方必须有一套彼此能够互相了解和共同遵守的网络协议。网络协议规定了网络信号的传输方式（如单工或双工传输）、数据包的格式（帧结构）、数据的分解与重组等。网络通信的双方主机必须遵守相同的协议，才能正确交流信息。

（4）网络软件

网络软件是一种在网络环境下运行或管理网络工作的计算机软件。根据软件的功能，网络软件可分为网络服务器软件和网络客户端软件两大类。

网络服务器软件用于控制和管理网络运行、提供网络通信和网络资源分配与共享功能，并为用户提供各种网络服务。服务器软件包括网络操作系统（如 Linux）、网络通信软件（如 Sendmail）、各种网络服务软件（如 IIS）等。

网络客户端软件是为某一个应用目的而开发的网络软件，常用的网络客户端软件有 IE 浏览器、QQ 即时通信软件、迅雷网络下载软件等。

2. 校园网构建案例

大学校园网大部分采用以太网方式，一般采用千兆以太网为主干，百兆交换到桌面的网络结构。校园网建筑群之间的主干线路一般采用光缆连接，通过光缆连通教学区、办公区、宿舍区等楼宇。校园网与广域网采用双链路连接方案，一条 1 000 m 的以太链路连接到 ISP（中国电信城域网），另外一条 1 000 m 的专线接入教育网。广域网通过防火墙接入核心交换机。核心交换机选用 10 Gbit/s 以太网 3 层交换机，各个楼宇的部门级交换机选用千兆 3 层交换机。网络采用分布式路由交换体系，网络拓扑结构如图 8-23 所示。

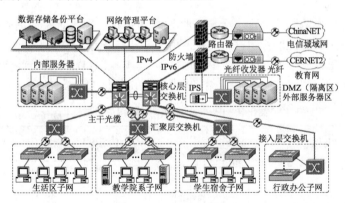

图 8-23　大学校园网的基本组成

 ## 8.4　因特网基本服务

因特网是全球信息资源的一种发布和存储形式，它对信息资源的交流和共享起到不可估量的作用，它甚至改变了人类的一些工作和生活方式。

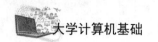

8.4.1 网络地址

在计算机网络中，将信息正确地传送到对方的计算机并不是一件容易的事情，一项非常重要的工作是数据包寻址。如果数据传输仅在两台计算机之间进行，而且传输距离非常短，传输内容基本固定，计算机的寻址工作也许比较简单。但是，互联网中计算机数量巨大（数亿台），传输距离变化很大（几米到数万千米），网络结构复杂（如网状结构、环状结构、星状结构等），提供的服务繁多（如网页、即时通信、邮件、在线视频等），使用方法灵活（如多业务、突发性、实时性等），这给网络中信息的寻址带来了挑战性的工作。网络地址解决网络寻址的基本方法之一。

1. 计算机的物理地址

每台计算机内部都有一个全球唯一的物理地址，这个地址又称MAC地址。IEEE 802.3标准规定的MAC地址为48位，这个MAC地址固化在计算机网卡中，用以标识全球不同的计算机。MAC地址由6字节的数字串组成，如00-60-8C-00-54-99。

MAC地址分为两部分：生产商ID和设备ID。前面3字节代表网卡产生厂商，有些生产厂商有几个不同的生产商ID。后面3字节代表产生厂商具体设备分配的ID。

在Windows系统中，可以利用ipconfig/all命令检测本机MAC地址（见图8-24）。

图 8-24　利用 ipconfig/all 命令检测 MAC 地址

2. IP地址

因特网上的每台主机，都分配一个全球唯一的IP地址，IP地址是通信时每台主机的名字（Hostname），它是一个32位的标识符，一般采用"点分十进制"的方法表示。

IETF（因特网工程任务组）早期将IP地址分为A、B、C、D、E五类，其中A、B、C是主类地址，D类为组播地址，E类地址保留给将来使用。IP地址的分类如表8-2所示。

表 8-2　IPv4 地址的网络数和主机数

类型	IP地址格式	IP地址结构				段1取值范围	网络个数	每个网络最多主机数
		段1	段2	段3	段4			
A	网络号.主机.主机.主机	N.	H.	H.	H	1~126	126	1 677万
B	网络号.网络号.主机.主机	N.	N.	H.	H	128~191	1.6万	6.5万
C	网络号.网络号.网络号.主机	N.	N.	N.	H	192~223	209万	254

说明：表中"N"由NIC（网络信息中心）指定，H由网络所有者的网络工程师指定。

【例8-2】某大学中的一台计算机分配到的地址为"222.240.210.100"，地址的第一个字节在192~223范围内，因此它是一个C类地址，按照IP地址分类的规定，它的网络地址为222.240.210，它的主机地址为100。

在IPv4中，全部32位IP地址有$2^{32}=42$亿个，这几乎可以为地球上2/3的人提供地址。但由于分配不合理，目前可用的IPv4地址已经基本分配完了。为了解决IP地址不足的问题，IETF先后提出多种技术解决方案。

3. IPv6 网络地址

目前使用的 TCP/IP 协议为 IPv4（TCP/IP 协议第 4 版），由于因特网的迅速发展，IPv4 暴露了一些问题，为了解决因特网中存在的问题，IETF 推出了 IPv6（TCP/IP 协议第 6 版）。我国电信网络运营商已于 2005 年开始向 IPv6 过渡，中国教育科研网（CERNet2）的大部分网络结点也采用 IPv6 协议。

IPv6 有以下特点：IPv6 的每个地址为 128 位，地址空间为 3.4×10^{38}，是 IPv4 的 296 倍；IPv6 采用了一种全新的分组格式，它简化了报头结构，减少了路由表长度，但是也导致了与 IPv4 不兼容；IPv6 还简化了协议，提高了网络服务质量（QoS）；IPv6 的其他改进有安全性、优先级、支持移动通信等。

IPv6 采用"冒分十六进制"的方式表示 IP 地址。它是将地址中每 16 位分为一组，写成四位十六进制数，两组间用冒号分隔（如 x:x:x:x:x:x:x:x），地址中的前导 0 可不写。例如：69DC:8864:FFFF:FFFF:0: 1280:8C0A:FFFF

由于 IPv6 与 IPv4 协议互不兼容，因此从 IPv4 到 IPv6 是一个逐渐过渡的过程，而不是彻底改变的过程。要实现全球 IPv6 的网络互联，仍然需要很长一段时间。

8.4.2　域名系统

1. 域名系统（DNS）

数字式的 IP 地址（如 210.43.206.103）难于记忆，如果使用易于记忆的符号地址（如 www.sina.com）来表示，就可以大大减轻用户的负担。这就需要一个数字地址与符号地址相互转换的机制，这就是因特网域名系统（DNS）。

域名系统（DNS）是一个分布在因特网上的主机信息数据库系统，它采用客户端 / 服务器工作模式。域名系统的基本任务是将域名翻译成 IP 协议能够理解的 IP 地址格式，这个工作过程称为域名解析。域名解析工作由域名服务器来完成，域名服务器分布在不同的地方，它们之间通过特定的方式进行联络，这样可以保证用户可以通过本地域名服务器查找到因特网上所有的域名信息。

因特网域名系统规定，域名格式为：结点名 . 三级域名 . 二级域名 . 顶级域名。

2. 顶级域名

所有顶级域名由 INIC（国际因特网信息中心）控制。顶级域名目前分为两类：行业性和地域性顶级域名，如表 8-3 所示。

表 8-3　常见顶级域名

早期顶级域名	机构性质	新增顶级域名	机构性质	域　名	国家或地区
com	商业组织	firm	公司企业	au	澳大利亚
edu	教育机构	shop	销售企业	ca	加拿大
net	网络中心	web	因特网网站	cn	中国
gov	政府组织	arts	文化艺术	de	德国
mil	军事组织	rec	消遣娱乐	jp	日本
org	非营利性组织	info	信息服务	th	泰国
Int	国际组织	nom	个人	uk	英国

美国没有国家和地区顶级域名，通常见到的是采用行业领域的顶级域名。

如图 8-25 所示，因特网域名系统逐层、逐级由大到小进行划分，DNS 结构形状如同一棵倒挂的树，树根在最上面，而且没有名字。域名级数通常不多于 5 级，这样既提高了域名解析的

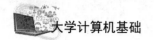

效率，同时也保证了主机域名的唯一性。

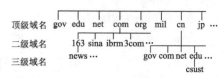

图 8-25　DNS 的层次结构示意图

3. 根域名服务器

根域名服务器是因特网的基础设施，它是因特网域名解析系统（DNS）中最高级别的域名服务器。全球共有 13 台根域名服务器，这 13 台根域名服务器的名字分别为"A"至"M"，其中 10 台设置在美国，另外各有一台设置于英国、瑞典和日本。部分根域名服务器在全球设有多个镜像点，因此可以抵抗针对根域名服务器进行的分布式拒绝服务攻击（DDoS）。根域名服务器中虽然没有每个域名的具体信息，但存储了负责每个域（如 COM、NET、ORG 等）解析域名服务器的地址信息。

8.4.3　因特网服务

1. 网页服务（WWW）

WWW（World Wide Web，万维网）的信息资源分布在全球数亿个网站（Web Site）上，网站的服务内容由 ICP（因特网信息提供商）进行发布和管理，用户通过浏览器软件（如 IE），就可浏览到网站上的信息，网站主要采用网页（Web Page）的形式进行信息描述和组织，网站是多个网页的集合。一个典型的网页如图 8-30 所示。

（1）超文本

网页是一种超文本（Hypertext）文件，超文本有两大特点：一是超文本的内容可以包括文字、图片、音频、视频、超链接等（见图 8-26）；二是超文本采用超链接的方法，将不同位置（如不同网站）的内容组织在一起，构成一个庞大的网状文本系统。超文本普遍以电子文档的方式表示，网页都采用超文本形式。

图 8-26　超文本网页

（2）超链接

超链接是指向其他网页的一个"指针"。超链接允许用户从当前阅读位置直接切换到网页超链接所指向的位置。超链接属于网页的一部分，它是一种允许与其他网页或站点之间进行连接的元素。各个网页连接在一起后，才能构成一个网站。超链接是指从一个网页指向一个目标的连接关系，这个目标可以是另一个网页，也可以是相同网页上的不同位置，还可以是一个图片，一个电子邮件地址，一个文件，甚至是一个应用程序。当浏览者单击已经连接的文字或图片后，连接目标将显示在浏览器上，并且根据目标的类型来打开或运行。超链接访问过程如图 8-27 所示。

图 8-27　网页的超链接访问过程

浏览器通常会用一些特殊的方式来显示超链接。如不同的文字色彩、大小或样式。而且，光标移动到超链接上时，也会转变为"手形"标记指示出来。超链接在大部分浏览器里显示为加下画线的蓝色字体，当这个连接被选取时，则文字转为紫色。当使用者点击超链接时，浏览器将调用超链接的网页。如果超链接目标并不是一个 HTML 文件时（如下载一个 RAR 压缩文件），浏览器将自动启动外部程序打开这个文件。

（3）网页的描述和传输

网页文件采用 HTML（Hype Rtext Markup Language，超文本标记语言）进行描述；网页采用 HTTP（超文本传输协议）在因特网中传输。

HTTP 是网站服务器与客户端之间的文件传输协议，HTTP 协议以客户端与服务器之间相互发送消息的方式进行工作，客户端通过应用程序（如 IE）向服务器发出服务请求，并访问网站服务器中的数据资源，服务器通过公用网关接口程序返回数据给客户端。

2. 全球统一资源定位（URL）

全球有数亿个网站，一个网站有成千上万个网页，为了使这些网页调用不发生错误，就必须对每一个信息资源（如网页、下载文件等）都规定了一个全球唯一的网络地址，该网络地址称为 URL（全球统一资源定位）。URL 的完整格式为：

protocol://hostname[:port]/path/[;parameters][?query][#fragment]（[ ] 内为可选项）

协议类型://主机名[:端口号]/路径/[;参数][?查询][#信息片段]

【例 8-3】http://www.baidu.com/　　//访问百度网页搜索引擎网站//

【例 8-4】http://www.microsoft.com:2300/exploring/exploring.html
//访问微软公司端口号为 2300 的网站//

【例 8-5】http://www.csust.com/cp.php?id=999&name=monkey

网址中带有"？""&"等符号的为动态网页，这种网址对搜索引擎不友好，应尽量改为静态网页的 URL 方式，如 http://www.csust.com/cp_999_monkey.html。

【例 8-6】http://119.75.217.56/　//访问 IP 地址为 119.75.217.56 的网站（百度）//

【例 8-7】ftp://10.28.43.8/　　　//访问一个内部局域网的 FTP 站点//

URL 最大的缺点是当信息资源的存放路径发生变化时，必须对 URL 做出相应的改变。因此专家们正在研究新的信息资源表示方法，如 URI（通用资源标识）、URN（统一资源名）和URC（统一资源引用符）等。

3. 用户访问 Web 网站的工作过程

当用户在浏览器中输入域名，到浏览器显示出页面，这个工作过程如图 8-28 所示。

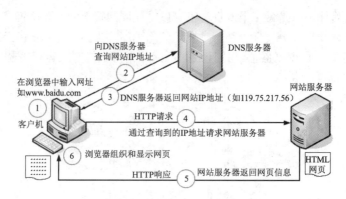

图 8-28　用户与网站之间的访问过程

① 用户采用的浏览器通常为 IE、FireFox 等，或者是客户端程序（如 QQ 等）。

② 连接到因特网中的计算机都有一个 IP 地址，如 210.43.10.26，由于连接到因特网中的计算机 IP 地址都是唯一的，因此可以通过 IP 地址寻找和定位一台计算机。

网站所在的服务器通常有一个固定的 IP 地址，而浏览者每次上网的 IP 地址通常都不一样，浏览者的 IP 地址由 ISP（因特网提供商）动态分配。

域名服务器（DNS）是一组（或多组）公共的免费地址查询解析服务器（相当于免费问路），它存储了因特网上各种网站的域名与 IP 地址的对应列表。

③ 浏览器得到域名服务器指向的 IP 地址后，浏览器会把用户输入的域名转换为 HTTP 服务请求。例如，用户输入 www.baidu.com 时，浏览器会自动转换为 http://www.baidu.com/，浏览器通过这种方式向网站服务器发出请求。

由于用户输入的是域名，因此网站服务器接收到请求后，会查找域名下的默认网页（通常为 index.html、default.html、default.php 等）。

④ 网站返回的请求通常是一些文件，包括文字信息、图片、Flash 等，每个网页文件都有唯一的网址，如 http://www.sohu.com。

⑤ 浏览器将这些信息组织成用户可以查看的网页形式。

4. 邮件服务

电子邮件（E-mail）是一种利用计算机网络交换电子信件的通信手段，它是因特网上最受欢迎的一种服务。电子邮件服务可以将用户邮件发送到收信人的邮箱中，收信人可随时进行读取。电子邮件不仅能传送文字信息，还可以传送图像、声音等多媒体信息。

电子邮件系统采用客户端/服务器工作模式，邮件服务器包括接收邮件服务器和发送邮件服务器。发送邮件服务器一般采用 SMTP（简单邮件传输协议）通信协议，当用户发出一份电子邮件时，发送方邮件服务器按照电子邮件地址，将邮件送到收信人的接收邮件服务器中。接收方邮件服务器为每个用户的电子邮箱开辟了一个专用的硬盘空间，用于存放对方发来的邮件。当收件人将自己的计算机连接到接收邮件服务器（一般为登录邮件服务器的网页），并发出接收操作后（用户登录后，邮件服务器会自动发送邮件目录），接收方通过 POP3（邮局协议版本 3）或 IMAP（交互式邮件存取协议）读取电子信箱内的邮件。当用户采用网页方式进行电子邮件收发时，用户必须登录到邮箱后才能收发邮件；如果用户采用邮件收发程序（如微软公司的 Outlook Express），则邮件收发程序会自动登录邮箱，将邮件下载到本地计算机中。图 8-29 显示了电子邮件的收发过程。

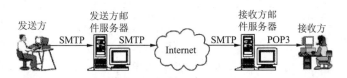

图 8-29　电子邮件的收发过程

5. 即时通信服务

即时通信（IM）服务又称"聊天"服务，它可以在因特网上进行即时的文字信息、语音信息、视频信息、电子白板等方式的交流，还可以传输各种文件。在个人用户和企业用户网络服务中，即时通信起到越来越重要的作用。即时通信软件分为服务器软件和客户端软件，用户只需要安装客户端软件。即时通信软件非常多，常用的客户端软件主要有腾讯公司的QQ和微软公司的MSN。QQ主要用于在国内进行即时通信，而MSN可以用于国际即时通信。

6. 搜索引擎服务

搜索引擎是某些网站免费提供的用于网上查找信息的程序，是一种专门用于定位和访问网页信息，获取用户希望得到的资源的导航工具。搜索引擎通过关键词查询或分类查询的方式获取特定的信息。搜索引擎并不即时搜索整个因特网，它搜索的内容是预先整理好的网页索引数据库。为了保证用户搜索到最新的网页内容，搜索引擎的大型数据库会随时进行内容更新，得到相关网页的超链接。用户通过搜索引擎的查询结果，知道了信息所处的站点，再通过点击超链接，就可以转接到用户需要的网页上。

当用户在搜索引擎中输入某个关键词（如计算机）并单击搜索后，搜索引擎数据库中所有包含这个关键词的网页都将作为搜索结果列表显示。用户可以自己判断需要打开哪些超链接的网页。常用的搜索引擎有百度、谷歌等。

8.4.4　HTML

1. HTML超文本标记语言

HTML是一种制作网页的标准化语言，是构成网页的最基本元素，它消除了不同计算机之间信息交流的障碍。目前人们很少直接使用HTML语言去制作网页，而是通过Adobe公司的Dreamweaver，微软公司的SharePoint Designer等工具软件，完成网页设计与制作工作。支持HTML5的浏览器包括Firefox（火狐）、IE9及更高版本、Chrome（谷歌浏览器）等。

在网站中，一个网页对应一个HTML文件，HTML文件以 .htm或 .html为扩展名。HTML是一种文本文件，可以使用任何文本编辑器（如"记事本"）来编辑HTML文件。通过在文本文件中添加标记符，可以告诉浏览器如何显示其中的内容。如文字如何处理，图片如何显示等。浏览器按顺序阅读网页文件，然后根据标记符解释和显示其标记的内容。

2. 利用HTML建立简单网页

【例8-8】利用HTML语言建立一个简单的测试网页。

打开Windows自带的"记事本"程序，编辑图8-30中的代码（注意：// 内的注释内容不需要输入），编辑完成后，选择"文件"→"另存为"命令，文件名为test.html，保存类型为所有文件，单击"保存"按钮。一个简单的网页就编辑好了。

双击"test.html"文件，就可以在IE浏览器中显示"这是我的测试网页"信息。

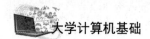
<!TML>	//声明 HTML 文档开始//
<HEAD>	//标记页面首部开始//
<TITLE>测试</TITLE>	//定义页面标题为"测试"//
</HEAD>	//标记页面首部结束//
<BODY>	//标记页面主体开始//
<font size="8" >	//设置字体大小为 8 号字//
<P>这是我的测试网页</P>	//主体部分,显示具体内容//
<P>这是第 2 行信息</P>	//P 为段落换行//
</font>	//字体设置结束//
</BODY>	//标记页面主体结束//
</HTML>	//标记 HTML 文档结束//

图 8-30　HTML 文件基本结构实例

3. 脚本语言

HTML 语言主要用于文本的格式化和超链接文本,但是 HTML 的计算和逻辑判断功能非常差,如 HTML 不能进行 1+2 这样简单的加法计算。因此,有时需要在网页文件中加入脚本语言。

脚本(Script)是一种简单的编程语言,它由程序代码组成,网页脚本语言一般嵌入网页的 HTML 语句之中,完成一些判断和计算工作,增强对网页的控制功能。

常用的网页脚本语言有 JavaScript、Visual Basic Script 等,它与编程语言非常相似,但是脚本语言的编程方式,语法规则更加简单。脚本语言是一种解释性语言,不需要编译,但是它们需要有相应的脚本引擎(如 IE 中的脚本解释器)来解释执行。脚本程序分为客户端脚本和服务器端脚本,它们分别运行在客户端或服务器的计算机中。

 思考与练习

一、思考题

1. 为什么说机器之间的信息传输体现了大问题的复杂性?
2. 网络互联包括哪些方面的内容?
3. 为什么说局域网是结构最简单的网络?
4. 简要说明大数据的处理流程。
5. 为什么由世界各国通信专家设计的 OSI/RM 网络体系结构并没有得到实际应用?

二、填空题

1. 机器之间的信息传输是一个复杂的过程,它体现了(　　)的复杂性。
2. 网络(　　)是为数据通信而建立的规则、标准或约定。
3. 计算机网络的资源指硬件资源、软件资源和(　　)资源。
4. IEEE 根据(　　)的大小,将计算机网络分为局域网、城域网和广域网。
5. 城域网往往由许多大型(　　)网组成。
6. (　　)是不论采用何种通信协议与技术的网络。
7. 因特网是采用(　　)协议的众多网络的互连。
8. (　　)就是物物相连的互联网。

9. （　　　）是一种基于因特网的超级计算模式。

10. 普适计算强调的是将（　　　）嵌入人们的日常生活中。

11. 网络协议的 3 个组成要素是语法、语义和（　　　）。

12. 网络的（　　　）有助于清晰地描述和理解复杂的网络系统。

13. 网络协议的层次化结构模型和通信协议的集合称为网络（　　　）。

14. 网络接口层的主要功能是为网络提供（　　　）。

15. 网络层的主要功能是进行（　　　），并提供（　　　）选择和流量控制。

16. 传输层的主要功能是提供端到端的（　　　）传输服务。

17. 应用层的功能是负责两个应用程序进程之间的（　　　）。

18. 客户端指网络服务（　　　），服务器指网络服务（　　　）。

19. 在因特网中，客户端与服务器的交互过程使用（　　　）协议来完成。

20. P2P 网络的所有参与者都提供和共享一部分（　　　）。

21. 星状结构网络采用（　　　）通信技术，中心结点设备通常采用（　　　）。

22. 环状网络主要用于（　　　）传输网和国家大型主干传输网。

23. 路由器是（　　　）的数据转发设备。

24. （　　　）的主要功能是防止网络的外部入侵与攻击。

25. 每台计算机内部都有一个全球唯一的（　　　）地址，这个地址又称 MAC 地址。

26. 因特网上的每台主机，都分配有全球唯一的（　　　）地址。

27. IP 地址是一个（　　　）位的标识符，一般采用"点分十进制"的方法表示。

28. 域名系统是一个分布在因特网上的主机信息（　　　）系统。

29. 超链接是指向其他网页的一个（　　　）。

30. 网页文件采用（　　　）语言进行描述。

31. 网页采用（　　　）协议在因特网中传输。

32. （　　　）是网站免费提供的用于网上查找信息的程序。

三、简答题

1. 简要说明计算机网络的定义。

2. 简要说明计算机网络的功能。

3. 简要说明广域网的特点。

4. 简要说明梅特卡夫定律。

5. 中国互联网服务提供商主要有哪些？

6. 简要说明早期（1999 年）物联网的定义。

7. 简要说明物联网的主要特征。

8. 简要说明云计算的特点。

9. 简要说明大数据的特点。

10. 简要说明大数据的处理原则。

11. 简要说明 TCP/IP 网络协议的层次。

12. 网络的基本拓扑结构有哪些？

13. 光纤通信有哪些优点？

14. 最常见的网络服务有哪些？

第9章

信息安全技术

随着计算机科学和信息技术的发展，人们在信息安全理论和信息安全技术研究方面不断取得令人鼓舞的成果。如今，确立了独立的信息安全体系，初步制定了相关法律、规范和标准，建立了评估认证准则、安全管理机制等。

本章主要内容包括信息安全概述、计算机病毒及防护、网络安全防护技术、数据加密与数字签名技术等。

 ## 9.1 信息安全概述

9.1.1 信息安全的主要威胁

计算机网络的发展，使信息共享应用日益广泛与深入。但是，信息在公共通信网络上存储、共享和传输，可能会被非法窃听、截取、篡改或毁坏，导致不可估量的损失，尤其是银行系统、商业系统、管理部门、政府或军事领域对公共通信网络中存储与传输的数据安全问题更为关注。信息系统的网络化提供了资源的共享性和用户使用的方便性，通过分布式处理提高了系统的效率、可靠性和可扩充性，但是这些特点却增加了信息系统的不安全性。

信息安全面临的威胁来自很多方面。这些威胁可以宏观地分为人为威胁和自然威胁。

① 自然威胁可能来自于各种自然灾害、恶劣的场地环境、电磁辐射和电磁干扰以及设备自然老化等。这些威胁，有时会直接威胁计算机的信息安全，影响信息的存储媒体。

② 人为威胁又分为两种：一种是以操作失误为代表的无意威胁（偶然事故）；另一种是以计算机犯罪为代表的有意威胁（恶意攻击）。人为的偶然事故没有明显的恶意企图和目的，但它会使信息受到严重破坏。最常见的偶然事故有：操作失误（未经允许使用、操作不当和误用存储媒体等）、意外损失（漏电、电焊火花干扰）、编程缺陷（经验不足、测试不完全）和意外丢失（被盗、被非法复制、丢失媒体）等。黑客通过攻击系统暴露的要害或弱点，使得网络信息的保密性、完整性、真实性、可控性和可用性等受到伤害，造成不可估量的经济和政治损失。目前，计算信息系统存在的信息安全问题主要表现在以下几方面。

（1）非授权访问

没有经过同意就使用网络或计算机资源，如有意避开系统访问控制机制，对网络设备及资源进行非正常使用，或擅自扩大权限、越权访问信息等。它主要有以下几种形式：假冒、身份攻击、非法用户进入网络系统进行违法操作、合法用户以未授权方式进行操作等。

（2）信息泄漏或丢失

敏感数据在有意或无意中被泄漏出去或丢失。它通常包括：信息在传输中丢失或泄漏（如黑客利用网络监听、电磁泄漏或搭线窃听等方式可截获用户账号、密码等重要信息，或通过对信息流向、流量、通信频度和长度等参数的分析，推测出有用信息）、信息在存储介质中丢失或泄漏、通过建立隐蔽隧道窃取敏感信息等。

（3）破坏数据完整性

主要是指以非法手段窃得对数据的使用权；删除、修改、插入或重发某些重要信息，以取得有益于攻击者的响应；恶意添加；修改数据，以干扰用户的正常使用。

（4）拒绝服务攻击

指不断对网络服务系统进行干扰，改变其正常的作业流程，执行无关程序使系统响应减慢甚至瘫痪，影响正常用户的使用，甚至使合法用户被排斥而不能进入计算机网络系统或不能得到相应的服务。

（5）传播病毒

计算机病毒是指编制或者在计算机程序中插入的计算机功能或数据，影响计算机使用并且能够自我复制的一组计算机指令或者程序代码。目前，全世界已经发现数以万计计算机病毒，并且新的病毒还在不断出现。通过网络传播计算机病毒，其破坏性大大高于单机系统，而且用户很难防范。

9.1.2　信息系统不完善因素

造成计算机信息不安全的主要原因有：系统存在漏洞、外部或内部黑客攻击和用户操作不当等。外部对计算机的主要入侵形式有计算机病毒、恶意软件、黑客攻击等。

操作系统、网络协议、数据库等软件自身设计的缺陷，或者人为因素产生的各种安全漏洞等均可对信息安全造成威胁。目前网络操作系统在结构设计和代码设计时，偏重于考虑系统使用时的易用性，导致系统在远程访问、权限控制和密码管理等许多方面存在安全漏洞。网络互连一般采用TCP/IP。TCP/IP是一个工业标准的协议簇，该协议簇在制定之初，对安全问题考虑不多，协议中有很多的安全漏洞。同样，数据库管理系统也存在数据的安全性、权限管理及远程访问等方面的问题，在数据库管理系统或应用程序中，可以预先设置情报收集、受控激发、定时发作等破坏程序。

1. 软件设计中存在的安全问题

（1）程序设计中存在的问题

由于程序的复杂性和编程方法的多样性，加上软件设计还是一门相当年轻的科学，因此很容易留下一些不容易被发现的安全漏洞。软件漏洞包括如下几方面：操作系统、数据库、应用软件、TCP/IP、网络软件和服务、密码设置等的安全漏洞。这些漏洞平时可能看不出问题，但是一旦遭受病毒和黑客攻击就会带来灾难性的后果。随着软件系统越做越大，越来越复杂，系统中的安全漏洞或"后门"不可避免地存在。

例如，在程序设计中违背最小授权原则，造成程序的不安全性。最小授权原则认为：要在最少的时间内授予程序代码所需的最低权限。除非必要，否则不允许使用管理员权限运行应用程序。部分程序开发人员在编制程序时，没有注意到程序代码运行的权限，较长时间地打开系统核心资源，这样会导致用户有意或无意的操作对系统造成严重破坏。

如果程序设计人员总是假设用户输入的数据是有效的，并且没有恶意，那么就会有很大的安全问题。大多数攻击者向服务器提供恶意编写的数据，信任输入的正确性可能会导致缓冲区

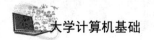

溢出、跨站点脚本攻击等。

（2）操作系统设计中的漏洞

Windows操作系统一贯强调的是易用性、集成性、兼容性，而系统安全性在设计时考虑不足。虽然Windows XP/7/8/10操作系统比Windows 9x的安全性高很多，但是由于整体设计思想的限制，造成Windows操作系统的漏洞不断，如图9-1所示。在一个安全的操作系统（如FreeBSD）中，最重要的安全概念是权限。每个用户有一定的权限，一个文件有一定的权限，而一段代码也有一定的权限，特别是对于可执行的代码，权限控制更为严格。只有系统管理员才能执行某些特定程序，包括生成一个可执行程序等。

图 9-1　利用安全防护软件扫描操作系统

（3）网页中易被攻击的脚本程序

大多数Web服务器都支持脚本程序，以实现一些网页的交互功能。事实上，大多数Web服务器都安装了简单的脚本程序。黑客可以利用脚本程序来修改Web页面，为未来的攻击设置后门等。

2．用户使用中存在的安全问题

（1）操作系统的默认安装

大多数用户在安装操作系统和应用程序时，通常采用默认安装，安装了大多数用户所不需要的组件和功能。而默认安装的目录、用户名、密码等，非常容易被攻击者利用。

（2）激活软件的全部功能

大多数操作系统和应用程序在启动时，激活了尽可能多的功能，软件开发人员的设计思想是最好激活所有的软件功能，而不是让用户在需要时再去安装额外的组件。这种方法虽然方便了用户，同时也产生很多危险的安全漏洞。

（3）没有口令或使用弱密码的账号

大多数系统都把密码作为第一层和唯一的防御线。易猜的密码或默认密码是一个很严重的问题，更严重的是有些账号根本没有密码。安全专家通过分析泄露的数据库信息，发现用户"弱密码"的重复率高达93%。图9-2所示是常见的"弱密码"。很多企业的信息系统中，也存在大量的弱密码现象，这为黑客发动攻击提供了可乘之机。

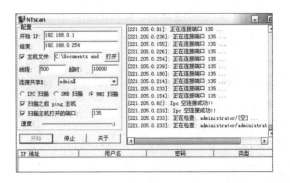

图 9-2　利用软件进行密码扫描（左）和常见弱密码（右）

　　设置密码最好的建议是选取一首歌中的一个短语或一句话，将这些短语单词的第 1 或第 2 个字母，加上一些数字来组成密码，在密码中加入一些标点符号将使密码更难破解。

9.1.3　信息安全的主要特征

1. 信息安全的定义

　　信息安全主要涉及信息存储的安全、信息传输的安全以及对网络传输信息内容的审计等 3 方面。从广义上看，凡是涉及信息的完整性、保密性、真实性、可用性和可控性的相关技术和理论，都是信息安全所要研究的领域。

　　信息安全是指信息系统的硬件、软件及其系统中的数据受到保护，不受偶然的或者恶意的原因而遭到破坏、更改、泄露，系统能连续、可靠地正常运行，网络服务不中断。

2. 信息安全的特征

　　计算机信息安全具有以下特征：

　　① 保密性：信息不被泄露给非授权的用户、实体或过程或供其利用的特性，即防止信息泄漏给非授权个人或实体，信息只为授权用户使用的特性。

　　② 完整性：信息未经授权不能改变的特性，即信息在存储或传输过程中保持不被偶然或蓄意地删除、修改、伪造、乱序、插入等破坏和丢失的特性。完整性要求保持信息的原样，即信息的正确生成、正确存储和传输。完整性与保密性不同，保密性要求信息不被泄露给未授权的人，而完整性则要求信息不受到各种原因的破坏。

　　③ 真实性：在信息系统的信息交互作用过程中，确信参与者的真实同一性，即所有参与者都不可能否认或抵赖曾经完成的操作和承诺。利用信息源证据可以防止发信方不真实地否认已发送信息，利用递交接收证据可以防止收信方事后否认已经接收到信息。

　　④ 可用性：信息可被授权实体访问并按需求使用的特性，即信息服务在需要时，允许授权用户或实体使用的特性，或者是信息系统（包括网络）部分受损或需要降级使用时，仍能为授权用户提供有效服务的特性。

　　⑤ 可控性：对信息的传播及内容具有控制能力的特性，即授权机构可以随时控制信息的保密性。密钥托管、密钥恢复等措施就是实现信息安全可控性的例子。

9.1.4　信息安全的一般原则

　　信息安全的实质就是安全立法、安全管理和安全技术的综合实施。这 3 个层次体现安全策略的限制、监视和保障职能。人们要遵循安全对策的一般原则，采取具体的技术措施。

1. 综合平衡原则

　　任何计算机系统的安全问题都要根据系统的实际情况，包括系统的任务、功能、各环节的

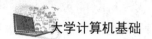

工作状况、系统需求和消除风险的代价，进行定性和定量相结合的分析，找出薄弱环节，制定规范化的具体措施。这些措施往往是需求、风险和代价综合平衡、相互折中的结果。

2. 整体综合分析与分级授权原则

计算机系统包括人员、设备、软件、数据、网络和运行等环节，这些环节在系统安全中的地位、作用及影响只有从系统整体的角度去分析，才可能得出有效可行、合理恰当的结论。而且，不同方案、不同安全措施的代价和效果不同，采用多种措施时需要进行综合研究，必须对业务系统每种应用和资源规定明确的使用权限，通过物理管理和技术管理有效地阻止一切越权行为。

3. 方便用户原则

计算机系统安全的许多措施要由人去完成，如果措施过于复杂导致完成安全保密操作规程的要求过高，反而降低了系统安全性。例如，密钥的使用如果位数过多会加大记忆难度，也会带来许多问题。

4. 灵活适应性原则

计算机系统的安全措施要留有余地，能比较容易地适应系统变化。因为种种原因，系统需求、系统面临的风险都在变化，安全保密措施一定要考虑出现不安全情况时的应急措施、隔离措施、快速恢复措施，以限制事态的扩展。

5. 可评估性原则

计算机安全措施应该能够预先评价，并有相应的安全保密评价规范和准则。

 # 9.2 计算机病毒及防护

随着计算机的不断普及和网络的发展，伴随而来的计算机病毒传播问题越来越引人关注。1999年的CIH病毒大爆发带来了巨大损失，而其后出现的"冲击波"等病毒也在计算机用户中造成恐慌。随着计算机技术的不断发展和人们对计算机系统和网络依赖程度的增加，计算机病毒已经严重威胁计算机系统和网络。

9.2.1 计算机病毒的定义

计算机病毒本身是一段人为编制的程序代码，寄生在计算机程序中，破坏计算机的功能或者毁坏数据，从而给信息安全带来危害。计算机病毒由于具有自我复制能力，感染能力非常强，可以很快地蔓延，且有一定的潜伏期，往往难以根除，这些特性与生物意义上的病毒非常相似。

我国颁布实施的《中华人民共和国计算机信息系统安全保护条例》第二十八条中明确指出："计算机病毒，是指编制或者在计算机程序中插入的破坏计算机功能或者毁坏数据，影响计算机使用，并能自我复制的一组计算机指令或者程序代码。"

计算机病毒（以下简称病毒）具有：传染性、寄生性、隐蔽性、破坏性、未经授权性、可触发性、不可预见性等特点，其中最大特点是具有"传染性"。病毒可以侵入计算机的软件系统中，而每个受感染的程序又可能成为一个新的病毒，继续将病毒传染给其他程序，因此传染性成为判定一个程序是否为病毒的首要条件。

计算机病毒是由人为编制的程序代码，和普通的计算机程序有所不同。计算机病毒的代码长度一般小于4 KB，而且病毒代码不是一个独立的程序，它寄生在一个正常工作的程序中，通过这个程序的执行进行病毒传播和病毒破坏，计算机病毒具有以下特点：

① 破坏性。无论何种病毒程序，一旦侵入系统，都会造成不同程度的影响：有的病毒破坏

系统运行，有的病毒蚕食系统资源（如争夺 CPU、大量占用存储空间），还有的病毒删除文件、破坏数据、格式化磁盘，甚至破坏系统 BIOS 等。

② 传染性。计算机病毒不但本身具有破坏性，危害更大的是具有传染性，传染性是病毒的最本质的特征。病毒借助非法复制进行传播，其中一部分是自己复制自己，并在一定条件下传染给其他程序；另一部分则是在特定条件下执行某种行为。计算机病毒传染的渠道多种多样，如 U 盘、光盘、活动硬盘、网络等。一旦病毒被复制或产生变种，若不加控制，其传染速度之快令人难以预料。

③ 隐蔽性。计算机病毒具有很强的隐蔽性，为了逃避被察觉，病毒制造者总是想方设法地使用各种隐藏术。病毒一般都是些短小精悍的程序，通常依附在其他可执行程序体或磁盘中较隐蔽的地方，因此用户很难发现它们。

有些病毒像定时炸弹一样，具有潜在的破坏力。病毒感染系统一般可以潜伏一定时间，等到条件具备时一下子就爆发出来，给系统带来严重的破坏。病毒的潜伏性越好，其在系统中存在的时间就越长，病毒传染的范围也就越广。

④ 可触发性。病毒在潜伏期内一般是隐蔽地活动（繁殖），当病毒的触发机制或条件满足时，就会以各自的方式对系统发起攻击。病毒触发机制和条件可以是五花八门，如指定日期或时间、文件类型，或指定文件名、一个文件的使用次数等。

⑤ 不可预见性。不同种类的病毒的代码千差万别，病毒的制作技术也在不断提高，就病毒而言，它永远超前于反病毒软件。新的操作系统和应用系统的出现，软件技术的不断发展，为计算机病毒的发展提供了新的发展空间，病毒的预测将更加困难，这就要求人们不断提高对病毒的认识，增强防范意识。

9.2.2　计算机病毒的表现

从第一个病毒出世以来，究竟世界上有多少种病毒，说法不一。直至今日病毒的数量仍在不断增加，且表现形式也日趋多样化。如此多的种类，可以通过适当的标准把它们分门别类地归纳成几种类型，从而更好地来了解和防范它们。

1. 计算机病毒的寄生方式

计算机病毒按寄生方式大致可分为三类：一是引导型病毒；二是文件型病毒；三是复合型病毒，集引导型和文件型病毒特性于一体。

（1）引导型病毒

引导型病毒是指寄生在磁盘引导区或主引导区的计算机病毒。它是一种开机即可启动的病毒，先于操作系统而存在，所以用软盘引导启动的计算机容易感染这种病毒。此种病毒利用系统引导时，不对主引导区的内容正确与否进行判别的缺点，在引导系统的过程中侵入系统，驻留内存，监视系统运行，伺机传染和破坏。通过感染磁盘上的引导扇区或改写磁盘分区表（FAT）来感染系统，该病毒几乎常驻内存，激活时即可发作，破坏性大。引导型病毒按其寄生对象的不同又可分为两类，即 MBR（主引导区记录）病毒、PBR（分区引导记录）病毒。MBR 病毒感染硬盘的主引导区，典型的病毒有大麻（Stoned）、2708 病毒、火炬病毒等；PBR 病毒感染硬盘的活动分区引导记录，典型的病毒有 Brain、小球病毒、Girl 病毒等。

（2）文件型病毒

文件型病毒是指能够寄生在文件中的计算机病毒。这类病毒程序感染可执行文件或数据文件（即文件扩展名为 .com、.exe 等可执行程序）。病毒以这些可执行文件为载体，当运行可执行文件时就会激活病毒。文件型病毒大多数也是常驻内存的。在各种计算机病毒中，文件型病毒占的数目最大，传播最广，采用的技巧也很多。而且，各种文件型病毒的破坏性也各不相同，

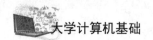

如对全球造成了重大损失的CIH病毒，主要传染Windows可执行程序，同时破坏计算机BIOS，导致系统主板损坏，使计算机无法启动。

宏病毒是一种文件型病毒。宏病毒是利用宏语言编制的病毒，寄存于Word文档中，充分利用宏命令的强大系统调用功能，实现某些涉及系统底层操作的破坏。

（3）复合型病毒

复合型病毒兼有文件型病毒和引导型病毒的特点。这种病毒扩大了病毒程序的传染途径，既感染磁盘的引导记录，又感染可执行文件。所以它的破坏性更大，传染的机会也更多，杀灭也更困难。这种病毒典型的有熊猫烧香、文件夹病毒、新世纪病毒等。

2. 计算机病毒的表现形式

病毒潜伏在系统内，一旦激发条件满足，病毒就会发作。由于病毒程序设计的不同，病毒的表现形式往往是千奇百怪，没有一定的规律，令用户很难判断。但是，病毒总的原则是破坏系统文件或用户数据文件，干扰用户正常操作。以下不正常的现象往往是病毒的表现形式。

（1）不正常的信息

系统文件的时间、日期、大小发生变化。病毒感染文件后，会将自身隐藏在原文件后面，文件大小大多会有所增加，文件的修改日期和时间也会被改成感染时的时间。

（2）系统不能正常操作

硬盘灯不断闪烁。硬盘灯闪烁说明有磁盘读/写操作，如果用户当前没有对硬盘进行读/写操作，而硬盘灯不断闪烁，这可能是病毒在对硬盘写入垃圾文件或反复读取某个文件。

（3）桌面图标发生变化

把Windows默认的图标改成其他样式的图标，或将应用程序的图标改成Windows默认图标样式，起到迷惑用户的作用。

（4）文件目录发生混乱

例如破坏系统目录结构，将系统目录扇区作为普通扇区，填写一些无意义的数据。

（5）用户不能正常操作

经常发生内存不足的错误。某个以前能够正常运行的程序，在程序启动时报告系统内存不足，或使用程序中某个功能时报告内存不足，如图9-3所示。这是病毒驻留后占用了系统中大量的内存空间，使得可用内存空间减小。

（6）数据文件破坏

有些病毒在发作时会删除或破坏硬盘中的文档，造成数据丢失。有些病毒利用加密算法，将加密密钥保存在病毒程序体内或其他隐蔽的地方，而被感染的文件则被加密。

图9-3　用户不能正常操作

（7）无故死机或重启

计算机经常无缘无故地死机。病毒感染计算机系统后，将自身驻留在系统内并修改了中断处理程序等，引起系统工作不稳定。

（8）操作系统无法启动

有些病毒修改硬盘引导扇区的关键内容（如主引导记录等），使得硬盘无法启动。某些病毒发作时删除系统文件，或者破坏系统文件，使得无法正常启动计算机系统。

（9）运行速度变慢

在硬件设备没有损坏或更换的情况下，本来运行速度很快的计算机，运行同样的应用程序，速度明显变慢，而且重启后依然很慢。这可能是病毒占用大量的系统资源，并且自身的运行占用大量的处理器时间，造成系统资源不足，正常程序载入时间比平常久，运行变慢。

（10）磁盘可利用空间突然减少

在用户没有增加文件的正常情况下，硬盘空间应维持一个固定的大小。但有些病毒会疯狂地进行传染繁殖，造成硬盘可用空间减小。

（11）网络服务不正常

自动发送电子邮件。大多数电子邮件病毒都采用自动发送的方法作为病毒传播手段，也有些病毒在某一特定时刻向同一个邮件服务器发送大量无用的电子邮件，以达到阻塞该邮件服务器的正常服务功能，造成网络瘫痪，无法提供正常的服务。

9.2.3　计算机病毒的防护

1. 计算机病毒防护

计算机病毒防护，是指通过建立合理的计算机病毒防护体系和制度，及时发现计算机病毒侵入，并采取有效的手段阻止计算机病毒的传播和破坏，恢复受影响的计算机系统和数据。

计算机病毒防护工作，首先是防护体系的建设和制度的建立。没有一个完善的防护体系，一切防护措施都将滞后于计算机病毒的危害。计算机病毒防护体系的建设是一个社会性的工作，需要全社会的参与，充分利用所有能够利用的资源，形成广泛的、全社会的计算机病毒防护体系网络。计算机病毒防护制度是防护体系中每个主体都必须执行的行为规程，没有制度，防护体系就不可能很好地运作，无法达到预期的效果。必须依照防护体系对防护制度的要求，结合实际情况，建立符合自身特点的防护制度。

计算机病毒防护的关键是做好预防工作，即防患于未然。从用户的角度来看，要做好计算机病毒的预防工作，应从以下方面着手：

（1）树立计算机病毒预防思想

解决病毒的防治问题，关键的一点是要在思想上给予足够的重视，从加强管理入手，制定出切实可行的管理措施。由于计算机病毒的隐蔽性和主动攻击性，要杜绝病毒的传染，在目前的计算机系统总体环境下，特别是对于网络系统和开放式系统而言，几乎是不可能的。因此，要以预防为主，制定出一系列的安全措施，可大大降低病毒的传染。

（2）堵塞计算机病毒的传染途径

堵塞传染途径是防止计算机病毒侵入的有效方法。根据病毒传染途径，进行病毒检测工作，在计算机中安装预防病毒入侵功能的防护软件，可将病毒的入侵率降到最低限度，同时也可将病毒造成的危害减少到最低限度。

病毒的防护技术总是在与病毒的较量中得到发展。计算机病毒利用读/写文件能进行感染，利用驻留内存、截取中断向量等方式能进行传染和破坏。预防计算机病毒就是要监视、跟踪系统内类似的操作，提供对系统的保护，最大限度地避免各种计算机病毒的传染破坏。

（3）制定预防管理措施

制定切实可行的预防病毒的管理措施，并严格地贯彻执行。大量实践证明这种主动预防的策略是行之有效的。

新购置的计算机可能携带有计算机病毒。因此，在条件许可的情况下，要用检测计算机病毒软件检查已知计算机病毒，用人工检测方法检查未知计算机病毒，并经过证实没有计算机病毒感染和破坏迹象后再使用。

新安装的计算机软件也要进行计算机病毒检测。有些软件厂商发售的软件，可能无意中已被计算机病毒感染。这时不仅要用杀毒软件查找已知的计算机病毒，还要用人工检测和实验的

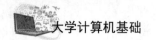

方法检测。

（4）重要数据文件备份

硬盘分区表、引导扇区等的关键数据应做备份工作，并妥善保管。在进行系统维护和修复工作时可作为参考。重要数据文件定期进行备份工作。对于U盘，要尽可能将数据和应用程序分别保存。在任何情况下，应保留一张写保护的、无计算机病毒的、带有常用命令文件的系统启动U盘，用以清除计算机病毒和维护系统。

（5）计算机网络的安全使用

不要随便直接运行或打开电子邮件中的附件文件，不要随意下载软件，尤其是一些可执行文件和Office文档。即使下载了，也要先用最新的防杀计算机病毒软件来检查。网络病毒发作期间，暂时停止使用Outlook Express接收电子邮件，避免感染来自其他邮件的病毒。不在与工作有关的计算机上玩游戏。安装、设置防火墙，对内部网络实行安全保护。

2. 计算机病毒的诊断与清除

不同的计算机病毒虽然都按各自的病毒机制运行，但是病毒发作以后表现出的症状是可查、可比、可感觉的，可以从它们表现出的症状中找出有本质特点的症状作为诊断病毒的依据。对广大的一般用户而言，借助病毒诊断工具进行排查是最常用的办法。

在检测出系统感染病毒之后，就要设法消除病毒。使用杀毒软件进行消毒，具有效率高、风险小的特点，是一般用户普遍使用的做法。目前常用的杀毒软件有：卡巴斯基、瑞星杀毒软件、360杀毒软件等。

（1）Kaspersky杀毒软件

Kaspersky（卡巴斯基）杀毒软件来源于俄罗斯，它是世界优秀网络杀毒软件之一。卡巴斯基查杀病毒的性能很好，支持反病毒扫描、驻留后台监视、脚本检测以及邮件检测等，而且能够实现带毒杀毒。

（2）360杀毒软件

360杀毒软件内核整合五大领先查杀引擎，包括国际知名的BitDefender病毒查杀引擎、Avira（小红伞）病毒查杀引擎、360云查杀引擎、360主动防御引擎以及360第二代QVM人工智能引擎。360杀毒软件完全免费，无须激活码，免费升级，占用系统资源较小，误杀率也较低（见图9-4）。

图 9-4　360 杀毒软件

① 360杀毒软件可以全面防御U盘病毒，阻止病毒从U盘运行，切断病毒传播链。

② 360杀毒软件具有领先的启发式分析技术，能第一时间拦截新出现的病毒。

③ 360杀毒软件可免费快速升级，可以使用户及时获得最新病毒库及病毒防护能力。

（3）瑞星杀毒软件

瑞星公司是国内最早的专业杀毒软件生产厂商之一，拥有自主知识产权的杀毒核心技术，如病毒行为分析判断技术、文件增量分析技术、自动高效数据拯救技术、共享冲突文件杀毒技术、实时内存监控技术、支持NTFS和FAT32文件格式等。

瑞星杀毒软件有如下技术特点：

① 智能解包还原技术：可以有效地对各种自解压程序进行病毒检测。

② 行为判断查杀未知病毒技术：可查杀邮件、脚本以及宏病毒等未知病毒。

③ 通过对实时监控系统的全面优化集成，使文件系统、内存系统、协议层邮件系统、因特

网监控系统等，有机地融合成单一系统，有效地降低系统资源消耗，提升监控效率。

④ 瑞星杀毒软件在传统的特征码扫描技术基础上，又增加了行为模式分析和脚本判定两项查杀病毒技术。三个杀毒引擎相互配合，保证系统的安全。

⑤ 软件采用结构化多层可扩展技术，使软件具有较好的可扩展性。

⑥ 采用压缩技术，无须用户干预，定时自动保护计算机系统中的核心数据，即使在硬盘数据遭到病毒破坏，甚至格式化硬盘后，都可以迅速恢复硬盘中的数据。

⑦ 计算机在运行屏幕保护程序的同时，杀毒软件进行后台杀毒，充分利用计算机空闲时间。

⑧ 在安装瑞星杀毒软件时，程序会自动扫描内存中是否存在病毒，以确保其安装在完全无毒的环境中。而且，用户还可选择需要嵌入的程序等，以实时杀毒。

3. 计算机病毒检测技术

杀毒软件本质上是一种亡羊补牢的软件，也就是说，只有某一段病毒代码被编制出来之后，才能断定这段代码是不是病毒，才能去检测或清除这种病毒。从理论上考察，杀毒软件要做到预防全部未知病毒是不可能的。因为，目前计算机硬件和软件的智能水平还远远不能达到图灵测验的程度。但是从局部意义上探讨，利用人工智能防范部分未知病毒是可能的，这种可能性建立在很多先决条件之下。

计算机广泛采用杀毒软件进行计算机病毒防护。杀毒软件广泛采用"特征代码法"的工作原理（见图 9-5）。特征代码法是通过打开被检测的文件，在文件中搜索，检查文件中是否含有病毒数据库中的病毒特征代码。如果发现病毒特征代码，由于特征代码与病毒一一对应，便可以断定，被查文件中患有何种病毒。采用病毒特征代码法的检测工具，面对不断出现的新病毒，必须不断更新版本，否则检测工具便会老化，逐渐失去实用价值。病毒特征代码法对从未见过的新病毒，自然无法知道其特征代码，因此无法去检测这些新病毒。

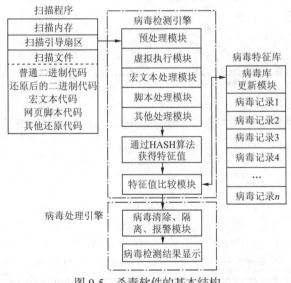

图 9-5 杀毒软件的基本结构

杀毒软件的第一个任务是确定文件是否被病毒感染。杀毒软件必须对常用的文件类型进行扫描，检查是否含有特定的病毒代码字符串。这种病毒扫描软件由两部分组成：一部分是病毒代码库，含有经过特别筛选的各种计算机病毒的特定字符串；另一部分是扫描程序，扫描程序能识别的病毒数目完全取决于病毒代码库内所含病毒种类的多少。这种技术的缺点是：随着硬盘中文件数量的剧增，扫描的工作量会越来越大，容易造成硬盘的损坏。

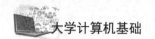

9.2.4 恶意软件的防治

计算机病毒是一种具有自我繁殖和传染能力的程序。但是近几年出现的一些特洛伊木马程序和运行在浏览器环境下的脚本代码，不具有自我繁殖的特性，从严格的意义上说它们不能称为病毒，所以人们用"恶意软件"这个新名词进行描述。确定一段程序是不是恶意软件的基本原则是：是否做了用户没有明确同意它做的事情，是否对用户或系统构成恶意损害。

1. 恶意软件的定义

中国互联网协会2006年公布的恶意软件定义为：恶意软件是指在未明确提示用户或未经用户许可的情况下，在用户计算机或其他终端上安装运行，且侵害用户合法权益的软件，但不包含我国法律法规规定的计算机病毒。具有下列特征之一的软件被认为是恶意软件。

① 强制安装。未明确提示用户或未经用户许可，在用户计算机上安装软件的行为。

② 难以卸载。未提供程序的卸载方式，或卸载后仍然有活动程序的行为。

③ 浏览器劫持。未经用户许可，修改用户浏览器的相关设置，迫使用户访问特定网站，或导致用户无法正常上网的行为。

④ 广告弹出。未经用户许可，利用安装在用户计算机上的软件弹出广告的行为。

⑤ 垃圾邮件。未经用户同意，用于某些产品广告的电子邮件。

⑥ 恶意收集用户信息。未提示用户或未经用户许可，收集用户信息的行为。

⑦ 其他侵害用户软件安装、使用和卸载知情权、选择权的恶意行为。

2. 恶意软件的表现形式

目前，越来越多的恶意软件直接利用操作系统或应用程序的漏洞进行攻击和自我传播，而不再像病毒那样需要依附于某个程序。服务器主机和网络设施越来越多地成为攻击目标。目前恶意软件数量和类型繁多。一个被强制安装了恶意软件的IE浏览器如图9-6所示。

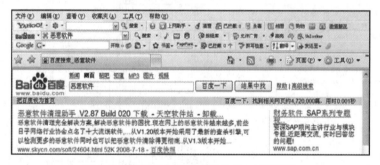

图9-6 安装了众多恶意软件的IE浏览器

垃圾邮件指那些未经用户同意的，用于某些产品广告的电子邮件。垃圾邮件会导致用户工作效率降低，因为用户每天必须花费时间去查看并删除这类邮件。垃圾邮件除了增加邮件服务器的负担之外，并不能自行复制或威胁某个企业计算机系统的健康运行。

广告软件通常与一些免费软件结合在一起，用户如果希望使用某个免费软件，就必须同意接受免费软件中的广告，这些广告软件通常在用户许可协议中进行说明。广告软件虽然不会影响到系统功能，但是弹出式广告常常令人不快。另外，这些广告软件会收集一些用户信息，可能会导致用户的隐私泄露问题。

3. 恶意软件的防治

从安全性角度考虑，最好能够阻止恶意软件的传输，但这将严格限制计算机的实用性，可以利用360安全卫士（见图9-7）等软件将其清除。

图 9-7　利用 360 安全卫士清除恶意软件和木马程序

 ## 9.3　网络安全防护技术

计算机网络系统是由网络硬件、软件及网络系统中的共享数据组成的。显然，网络系统包含计算机系统和信息数据。因此，网络安全问题从本质上讲是网络上的信息安全，是指网络系统的硬件、软件及系统中的数据受到保护，不会因偶然的或者恶意的原因而遭到破坏、更改、泄露，系统连续可靠正常地运行，网络服务不中断。

9.3.1　黑客攻击过程

黑客（Hacker）原指热心于计算机技术、水平高超的计算机专家，尤其是程序设计人员，现通常指那些寻找并利用信息系统中的漏洞进行信息窃取和攻击信息系统的人员。

1. 黑客的攻击形式

（1）报文窃听

报文窃听指攻击者使用报文获取软件或设备，从传输的数据流中获取数据，并进行分析，以获取用户名、口令等敏感信息。在因特网数据传输过程中，存在时间上的延迟，更存在地理位置上的跨越，要避免数据不受窃听，基本不可能。在共享式的以太网环境中，所有用户都能获取其他用户所传输的报文。对付报文窃听主要采用加密技术。

（2）密码窃取和破解

黑客先获取系统的口令文件，再用黑客字典进行匹配比较，由于计算机运算速度提高，匹配速度也很快，而且大多数用户的口令采用人名、常见单词或数字的组合等，所以字典攻击成功率比较高。

黑客经常设计一个与系统登录画面一样的程序，并嵌入相关网页中，以骗取他人的账号和密码。当用户在假的登录程序上输入账号和密码后，该程序会记录所输入的信息。

（3）地址欺骗

黑客常用的网络欺骗方式有：IP 地址欺骗、路由欺骗、DNS 欺骗、ARP（地址转换协议）欺骗以及 Web 网站欺骗等。IP 地址欺骗指攻击者通过改变自己的 IP 地址，伪装成内部网用户或可信任的外部网用户，发送特定的报文，扰乱正常的网络数据传输；或者伪造一些可接受的路由报文来更改路由，以窃取信息。

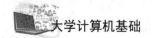

（4）钓鱼网站

钓鱼网站通常指伪装成银行及电子商务网站，窃取用户提交的银行账号、密码等私密信息。典型的"钓鱼"网站欺骗原理是：黑客先建立一个网站副本（见图9-8），使它具有与真网站一样的页面和链接。由于黑客控制了钓鱼网站，用户与网站之间的所有信息交换全被黑客所获取，如用户访问网站时提供的账号、口令等信息。黑客可以假冒用户给服务器发送数据，也可以假冒服务器给用户发送消息，从而监视和控制整个通信过程。

图 9-8　相似度极高的钓鱼网站（左）和真实网站（右）

（5）拒绝服务（DoS）

拒绝服务（Denial of Service，DoS）攻击由来已久，自从有因特网后就有了DoS攻击方法。用户访问网站时，客户端会向网站服务器发送一条信息要求建立连接，只有当服务器确认该请求合法，并将访问许可返回给用户时，用户才可对该服务器进行访问。DoS攻击的方法是：攻击者会向服务器发送大量连接请求，使服务器呈满负载状态，并将所有请求的返回地址进行伪造。这样，在服务器企图将认证结果返回给用户时，无法找到这些用户。服务器只好等待，有时可能会等上1分钟才关闭此连接。可怕的是，在服务器关闭连接后，攻击者又会发送新的一批虚假请求，重复上一过程，直到服务器因过载而拒绝提供服务。这些攻击事件并没有入侵网站，也没有篡改或破坏资料，只是利用程序在瞬间产生大量的数据包，让对方的网络及主机瘫痪，使用户无法获得网站及时的服务。

（6）DDoS攻击

有时，攻击者动员了大量"无辜"的计算机向目标网站共同发起攻击（见图9-9），这是一种DDoS（分布式拒绝服务）攻击手段。DDoS将DoS向前发展了一步，DDoS的行为更为自动化，它让DoS洪流冲击网络，最终使网络因过载而崩溃。

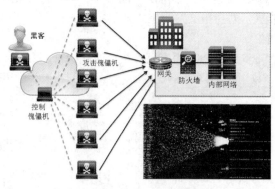

图 9-9　DDoS 攻击过程示意图

如果用户正在遭受攻击，他所能做的抵御工作非常有限。因为在用户没有准备好的情况下，大流量的数据包冲向用户主机，很可能在用户还没回过神之际，网络已经瘫痪。要预防这种灾难性的后果，需要进行以下预防工作：

① 屏蔽假 IP 地址。通常黑客会通过很多假 IP 地址发起攻击，可以使用专业软件检查访问者的来源、IP 地址的真假，如果是假 IP，就将它屏蔽。

② 关闭不用的端口。使用专业软件过滤不必要的服务和端口，如黑客从某些端口发动攻击时，用户可将这些端口关闭，以阻止入侵。

③ 利用网络设备保护网络资源。网络保护设备有路由器、防火墙、负载均衡设备等，它们可将网络有效地保护起来。如果被攻击时最先死机的是路由器，其他机器没有死机，死机的路由器重启后会恢复正常，而且启动很快，没有什么损失。如果服务器死机，其中的数据就会丢失，而且重启服务器是一个漫长的过程，网站会受到无法估量的重创。

2. 黑客攻击的步骤

① 信息收集：为了解所要攻击目标的详细信息，黑客通常会利用相关的网络协议或实用程序来收集信息，例如：用 SNMP 协议可查看路由器的路由表，了解目标主机内部拓扑结构的细节；用 Trace Route 程序可获得到达目标主机所要经过的网络数和路由数，用 ping 程序可以检测一个指定主机的位置并确定是否可到达等。

② 探测分析系统的安全弱点：收集到目标的相关信息后，黑客会探测网络上的每一台主机，以寻找系统的安全漏洞或安全弱点。黑客一般会使用 Telnet、FTP 等软件向目标主机申请服务，如果目标主机有应答就说明开放了这些端口的服务。其次使用一些公开的工具软件，如 Internet 安全扫描程序 ISS（Internet Security Scanner）、网络安全分析工具 SATAN 等来对整个网络或子网进行扫描，寻找系统的安全漏洞，获取攻击目标系统的非法访问权。

③ 实施攻击：获得目标系统的非法访问权后，黑客一般会实施攻击。如试图毁掉入侵痕迹，并在受到攻击的目标系统中建立新的安全漏洞或后门，以便在先前的攻击点被发现以后能继续访问该系统。在目标系统安装探测器软件，如特洛伊木马程序，用来窥探目标系统的活动，收集黑客感兴趣的一切信息，如账号与口令等敏感数据。进一步发现目标系统的信任等级，以展开对整个系统的攻击。

如果黑客在被攻击的目标系统上获得特许访问权，就可以读取邮件，搜索和盗取私人文件，毁坏重要数据以至破坏整个网络系统，其后果不堪设想。

9.3.2　安全体系结构

1. IATF 标准

美国国家安全局（NSA）组织世界安全专家制定 IATF（信息保障技术框架）标准，IATF 从整体和过程的角度看待信息安全问题，代表理论是"深度保护战略"。IATF 标准强调人、技术和操作 3 个核心原则，关注 4 个信息安全保障领域，即保护网络和基础设施、保护边界、保护计算环境和保护支撑基础设施。

2. IATF 网络模型

在 IATF 标准中，飞地是指位于非安全区中的一小块安全区域。IATF 模型（见图 9-10）将网络系统分成局域网、飞地边界、网络设备、支持性基础设施等 4 种类型。

在 IATF 模型中，局域网包括涉密网络（红网，如财务网）、专用网络（黄网，如内部办公网络）、公共网络（白网，如公开信息网站）和网络设备，这一部分主要由企业建设和管理。网络支持性基础设施包括专用网络（如 VPN）、公共网络（如 Internet）、通信网等基础电信设施（如城域传输网），这一部分主要由电信服务商提供。IATF 模型最重要的设计思想是：在网络中进行不同等级的区域划分与网络边界保护。

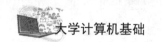

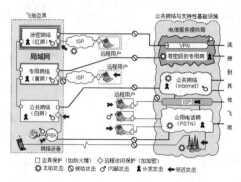

图 9-10　信息保障技术框架（IATF）模型

3. 对手、动机和攻击类型

在网络安全设计中，为了有效抵抗对信息和网络基础设施的攻击，必须了解可能的对手（攻击者）以及他们的动机和攻击能力。可能的对手包括罪犯、黑客或者企业竞争者等。他们的动机包括收集情报、窃取知识产权等。IATF 标准认为有 5 类攻击方法：被动攻击、主动攻击、物理临近攻击、内部人员攻击和分发攻击。除了要防范以上 5 类人为故意攻击外，还必须防范由非恶意事件引发的破坏性后果，如火灾、洪水、电力中断以及用户失误等。表 9-1 描述了上述 5 类攻击的特点。

表 9-1　IATF 描述的 5 类攻击的特点

攻击类型	攻击特点
被动攻击	被动攻击是指对信息的保密性进行攻击。包括分析通信流、监视没有保护的通信、破解弱加密通信、获取鉴别信息（如口令）等。被动攻击会造成在没有得到用户同意或告知的情况下，将用户信息或文件泄漏给攻击者，如泄露个人信用卡号码等
主动攻击	主动攻击是篡改信息来源的真实性、信息传输的完整性和系统服务的可用性。包括试图阻断或破坏安全保护机制、引入恶意代码、偷窃或篡改信息。主动攻击会造成数据资料的泄漏、篡改和传播，或导致拒绝服务
物理临近攻击	指未被授权的个人，在物理意义上接近网络系统或设备，试图改变和收集信息，或拒绝他人对信息的访问。如未授权使用、U 盘复制、电磁信号截获后的屏幕还原等
内部人员攻击	可分为恶意攻击或无恶意攻击。前者是指内部人员对信息的恶意破坏或不当使用，或使他人的访问遭到拒绝；后者指由于粗心、无知以及其他非恶意的原因造成的破坏
分发攻击	在工厂生产或分销过程中，对硬件和软件进行恶意修改。这种攻击可能是在产品中引入恶意代码，如手机中的后门程序等

4. 安全威胁的表现形式

安全威胁的表现形式包括信息泄漏、媒体废弃（如报废的硬盘）、人员不慎、非授权访问、旁路控制（如线路搭接）、假冒、窃听、电磁信号截获、完整性侵犯（如篡改 Email 内容）、数据截获与修改、物理侵入、重放（如后台屏幕录像或键盘扫描）、业务否认、业务拒绝、资源耗尽、业务欺骗、业务流分析、特洛伊木马程序等。

5. 深度保护战略模型

IATF 的深度保护战略（DDS）认为，信息保障依赖于人、技术和操作来共同实现。

① 人：是信息保障体系的核心，同时也是最脆弱的。信息安全保障体系包括安全意识培训、组织管理、技术管理和操作管理等多方面。

② 技术：信息保障体系通过各种安全技术机制实现，安全技术不仅包括以防护为主的静态技术体系，也包括以防护、检测、响应、恢复并重的动态安全技术机制。

③操作：又称运行，操作是将各种安全技术紧密结合在一起的主动过程，包括风险评估、安全监控、安全审计、跟踪告警、入侵检测、响应恢复等内容。

因此网络系统应能抵抗来自黑客的全方位攻击，而且网络系统必须具备限制破坏程度的能力，能在遭受攻击后快速恢复。

9.3.3　防止攻击策略

1. 数据加密

加密的目的是保护信息系统的数据、文件、口令和控制信息等，同时也可以提高网上传输数据的可靠性，这样即使黑客截获了网上传输的信息包，一般也无法得到正确的信息。

2. 身份认证

通过密码、特征信息、身份认证等技术，确认用户身份的真实性，只对确认了的用户给予相应的访问权限。

3. 访问控制

系统应当设置入网访问权限、网络共享资源的访问权限、目录安全等级控制、网络端口和节点的安全控制、防火墙的安全控制等，通过各种安全控制机制的相互配合，才能最大限度地保护系统免受黑客的入侵。

4. 审计

把系统中和安全有关的事件记录下来，保存在相应的日志文件中，如记录网络上用户的注册信息，如注册来源、注册失败的次数等；记录用户访问的网络资源等各种相关信息，当遭到黑客攻击时，这些数据可以用来帮助调查黑客的来源，并作为证据来追踪黑客；也可以通过对这些数据的分析来了解黑客攻击的手段以找出应对的策略。

5. 入侵检测

入侵检测技术是近年出现的新型网络安全技术，目的是提供实时的入侵检测及采取相应的防护手段，如记录入侵证据，用于跟踪和恢复、断开网络连接等。

6. 其他安全防护措施

不运行来历不明的软件，不随便打开陌生人发来的邮件中的附件。经常运行专门的反黑客软件，在系统中安装具有实时检测、拦截和查找黑客攻击程序用的工具软件，经常检查用户的系统注册表和系统启动文件中的自启动程序项是否有异常，做好系统的数据备份工作，及时安装系统的补丁程序等。

9.3.4　网络防火墙技术

防火墙是为了防止火灾蔓延而设置的防火障碍。网络系统中的防火墙功能与此类似，是用于防止网络外部恶意攻击的安全防护设施。在计算机网络安全中，防火墙技术得到了广泛应用。

1. 防火墙的功能

防火墙是由软件或硬件设备构成的网络安全系统，用来在两个网络之间实施访问控制策略。防火墙内部的网络称为"可信任网络"，而防火墙外部的网络称为"不可信任网络"。防火墙可用来解决内网和外网之间的安全问题。一个好的防火墙系统应具备以下几方面的特性和功能：

①所有内部网络和外部网络之间交换的数据必须经过该防火墙。

②只有防火墙安全策略允许的数据，才可以出入防火墙，其他数据一律禁止通过。

③ 防火墙本身受到攻击后，应当仍能稳定有效地工作。

④ 防火墙应当可以有效地记录和统计网络的使用情况。

⑤ 防火墙应当有效地过滤、筛选和屏蔽一切有害的服务和信息。

⑥ 防火墙应当能隔离网络中的某些网段，防止一个网段的故障传播到整个网络。

2. 防火墙的类型

硬件防火墙可以是一台独立的硬件设备；也可以在一台路由器上，经过软件配置成为一台具有安全功能的防火墙设备；还可以是一个纯软件，如瑞星杀毒软件附带的个人防火墙软件、Windows 系统自带的防火墙软件等。一般的，软件防火墙功能强于硬件防火墙，硬件防火墙性能高于软件防火墙。

防火墙可分为：包过滤型防火墙、代理型防火墙或混合型防火墙。企业级的包过滤防火墙典型产品有以色列的 Checkpoint 防火墙、美国 Cisco 公司的 PIX 防火墙；企业级代理型防火墙的典型产品有美国 NAI 公司的 Gauntlet 防火墙。

目前市场上大多数企业级防火墙都是硬件产品，大部分采用 PC（个人计算机）架构，和普通的 PC 没有太大区别。这些 PC 架构的计算机上运行一些经过裁剪和简化的操作系统，最常用的操作系统有 Linux 和 FreeBSD 等。值得注意的是，这类防火墙采用别人的操作系统内核，因此依然会受到操作系统本身的安全性影响。硬件防火墙主要产品有 Cisco PIX 防火墙、美国杰科公司的 NetScreen 系列防火墙、中国天融信公司的网络卫士防火墙等。

3. 包过滤防火墙

包过滤防火墙工作在 OSI/RM 的网络层和传输层，它根据数据包头源地址、目的地址、端口号和协议类型等标志确定是否允许通过。只有满足过滤条件的数据包才被转发到相应的目的地，其余数据包则从数据流中被丢弃（见图 9-11）。

包过滤是一种通用、廉价和有效的安全手段。它不针对各个具体的网络服务采取特殊的处理方式，因此适用于所有网络服务。包过滤防火墙之所以廉价，是因为大多数路由器都提供数据包过滤功能，所以这类防火墙多数是路由器集成。

4. 代理型防火墙

代理型防火墙工作在 OSI/RM 的应用层。特点是完全阻隔了网络通信流，通过对每种应用服务编制专门的代理程序，实现监视和控制应用层通信流的作用。其典型网络结构如图 9-12 所示。

代理型防火墙最突出的优点是安全，由于它工作于最高层，所以它可以对网络中任何一层的数据通信进行筛选保护，而不是像包过滤那样，只是对网络层的数据进行过滤。

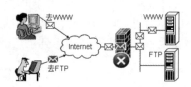

图 9-11　包过滤防火墙

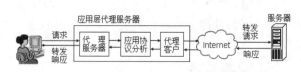

图 9-12　代理型防火墙工作过程

代理防火墙的最大缺点是速度相对比较慢，当用户网关吞吐量要求比较高时，代理防火墙就会成为内部网络与外部网络之间的瓶颈。因为防火墙需要为不同的网络服务建立专门的代理服务，所以给系统性能带来一些负面影响。

5. 利用防火墙建立DMZ网络结构

DMZ这一术语来自于军事领域，原意为禁止任何军事行为的区域，即非军事区（也翻译为隔离区、屏蔽子网）。在计算机网络领域，DMZ的目的是把敏感的内部网络和提供外部服务的网络分离开，为网络层提供深度防御。防火墙设置的安全策略和访问控制系统，定义和限制了通过DMZ的全部通信数据。相反，企业内部网络之间的通信数据通常是不受限制的。由防火墙构成的DMZ网络结构如图9-13所示。

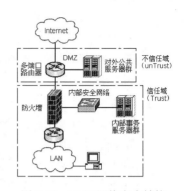

图 9-13　DMZ 网络安全结构

DMZ内通常放置一些不含机密信息的公用服务器，如Web、E-mail、FTP等服务器。这样来自外网的访问者可以访问DMZ中提供的服务，但不可能接触到存放在内网中的公司机密或私人信息等，即使DMZ中服务器受到破坏，也不会对内网中的机密信息造成影响。但是，DMZ并不是网络组成的必要部分。

6. 防火墙的不足

防火墙技术不能解决所有的安全问题，它存在以下不足之处：

① 防火墙不能防范不经过防火墙的攻击。例如，内部网络用户如果采用拨号上网的接入方式（如WLAN、ADSL等），则绕过了防火墙系统所提供的安全保护，从而造成了一个潜在的后门攻击渠道。

② 防火墙不能防范恶意的知情者或内部用户误操作造成的威胁，以及由于口令泄露而受到的攻击。

③ 防火墙不能防止受病毒感染的软件或木马程序文件的传输。由于病毒、木马程序、文件加密的种类太多，而且更新很快，所以防火墙无法逐个扫描每个文件以查找病毒。

④ 由于防火墙不检测数据的内容，因此防火墙不能防止数据驱动式的攻击。有些表面看来无害的数据或邮件在内部网络主机上被执行时，可能会发生数据驱动式攻击。例如，一种数据驱动式攻击可以修改主机系统与安全有关的配置文件，从而使入侵者下一次更容易攻击这个系统。

⑤ 物理上不安全的防火墙设备、配置不合理的防火墙、防火墙在网络中的位置不当等，都会使防火墙形同虚设。

 思考与练习

拓展阅读 ●

**数据加密与
数字签名**

一、思考题

1. 防火墙可以防止计算机病毒吗？为什么？

2. 能够制造出一台不受计算机病毒侵害的计算机吗？

3. 有没有理论上不能被破解的密码？

二、填空题

1. 计算机病毒是破坏计算机功能，并且能够自我复制的计算机（　　）。

2. 加密技术的基本思想就是（　　）信息。

3. 伪装前的原始信息为明文，经伪装的信息为（　　），伪装的过程为加密。

4. 对信息进行加密的一组数学变换方法称为（　　　）。

5. 某些被通信双方掌握的加密、解密算法的关键信息称为（　　　）。

6. 对称加密是信息的发送方和接收方使用同一个（　　　）去加密和解密数据。

7. 非对称加密是加密和解密使用不同（　　　）的加密算法。

三、简答题

1. 外部对计算机的主要入侵形式有哪些？

2. 简要说明什么是恶意软件。

3. IATF（信息保障技术框架）标准定义的攻击形式有哪些？

4. 常用的信息安全技术有哪些？

5. DoS（拒绝服务）是如何进行攻击的？

6. 破译密码有哪些方法？